新型 FRP 海砂混凝土结构

董志强　吴智深　吴　刚　朱　虹　著

U0380301

东南大学出版社
SOUTHEAST UNIVERSITY PRESS
·南京·

内容提要

本书涉及新材料组合结构领域,具体为纤维增强复合材料(FRP)与海砂混凝土的创新组合研究,系统梳理了当前 FRP 与海砂混凝土组合应用方面的研究成果,对 FRP 海砂混凝土耐久性能开展了多层次的加速试验研究,探讨了若干优化提升 FRP 海砂混凝土组合应用效率的新技术。通过本书的阅读,读者可以对 FRP 海砂混凝土组合应用时面临的关键问题和优化提升方向有更深入的了解,为进一步开展该领域的相关研究提供借鉴。本书可供从事复合材料结构体系研究的研究生和教师学习参考。

图书在版编目(CIP)数据

新型 FRP 海砂混凝土结构 / 董志强等著. —南京:
东南大学出版社,2022.3
ISBN 978-7-5766-0048-3

Ⅰ.①新… Ⅱ.①董… Ⅲ.①纤维增强混凝土—混凝
土结构—研究 Ⅳ.①TU37

中国版本图书馆 CIP 数据核字(2022)第 038485 号

责任编辑:曹胜玫 责任校对:子雪莲 封面设计:王 玥 责任印制:周荣虎

新型 FRP 海砂混凝土结构

Xinxing FRP Haisha Hunningtu Jiegou

著 者:董志强 吴智深 吴 刚 朱 虹
出版发行:东南大学出版社
社 址:南京四牌楼 2 号 邮编:210096 电话:025-83793330
网 址:http://www.seupress.com
电子邮件:press@seupress.com
经 销:全国各地新华书店
印 刷:广东虎彩云印刷有限公司
开 本:700mm×1 000mm 1/16
印 张:19.25
字 数:314 千字
版 次:2022 年 3 月第 1 版
印 次:2022 年 3 月第 1 次印刷
书 号:ISBN 978-7-5766-0048-3
定 价:59.00 元

本社图书若有印装质量问题,请直接与营销部联系。电话(传真):025-83791830。

前　言

钢材腐蚀是影响基础设施耐久性的最主要因素之一,已经成为世界性难题,给世界各国带来巨大损失。据 2000 年的调查数据显示,美国仅钢筋腐蚀直接损失为 4 400 亿美元/年,占 GDP 的 5%。显然,普通钢材不是在腐蚀性环境下建造安全、耐久结构的理想材料,亟须开发面向恶劣服役环境的新材料和新结构。

此外,随着河沙资源的枯竭和限采,建筑用砂供需矛盾越来越激烈,而我国拥有漫长的海岸线和广阔的浅海,海砂资源丰富,如能在工程中加以合理利用将取得良好的经济和社会效益。然而,天然海砂中的氯盐会加速腐蚀混凝土中的钢筋,缩短结构寿命。海砂用于建筑需要事先进行"除盐处理"并达到国家标准后方可使用。然而,"除盐处理"会消耗大量宝贵淡水资源,而且会污染水环境。在"利益驱使"下,大量未达标甚至未经"除盐处理"的海砂流入建筑市场,给工程结构埋下了巨大的安全隐患。

耐腐蚀性能优越的纤维增强复合材料(FRP)可为上述问题的解决提供一条理想的途径,近年来 FRP 与海砂混凝土的组合应用吸引了众多研究者的兴趣。本书作者所在团队自 2012 年在国家"973"计划子课题支持下,围绕 FRP 在各类腐蚀性环境下的耐久性退化规律和内在机理开展了系列研究。基于 FRP 及其与混凝土粘结性能在海水浸泡环境和纯水浸泡环境下的退化规律无明显差异的研究发现,团队自 2013 年即着手开展 FRP 筋海砂混凝土梁式构件耐久性能相关研究,之后,团队围绕 FRP 和海砂混凝土(包括天然海水海砂混凝土、海水海砂珊瑚骨料混凝土等)的组合应用开展了持续性的研究。本书对笔者团队近十年来在 FRP 与海砂混凝土组合应用方面的创新研究成果进行了系统的梳理和归纳。通过本书的阅读,读者可以对 FRP 海砂混凝土组合应用的优缺点、关键难题及优化改进方向有更深入的了解,为进一步开展该领域的相关研究提供借鉴。

本书共分 10 章。第 1 章:绪论,对目前国内外涉及 FRP 与海砂混凝土组合应用的相关研究概况进行了梳理和分类总结。第 2 章:FRP 筋与海砂混凝土界面粘结耐久性能研究,对典型海洋环境下 FRP 筋与海砂混凝土的界面粘结耐久性能开展了加速试验研究。第 3 章:FRP 筋海砂混凝土梁力学性能退化规律研究,对 FRP 筋增强海砂混凝土梁式构件在典型海洋环境下的宏观力学性能退化规律进行了加速试验研究。第 4 章:改性 FRP 筋海砂混凝土耐久性能研究,针对碳纳米管改性树脂基体 BFRP 筋与海砂混凝土经过加速腐蚀环境作用后的粘结性能,以及配筋构件抗剪性能的退化规律开展了系统研究。第 5 章:FRP 管新型含 BFRP 短棒海砂混凝土柱性能研究,针对 FRP 管约束新型内含 BFRP 短棒海砂混凝土的力学性能开展了系统研究。第 6 章:FRP 筋海砂混凝土梁滞回性能研究,提出了一类混掺 Minibar 的新型海砂混凝土,并对加速腐蚀环境作用前后 SFCB、BFRP 筋等配筋海砂混凝土构件的滞回性能变化进行了试验研究。第 7 章:FRP 筋新型海砂玻璃骨料混凝土梁性能研究,提出了一种新型掺加废弃玻璃粗骨料的海砂混凝土,并开展了 FRP 配筋含玻璃骨料海水海砂混凝土梁的力学性能研究。第 8 章:FRP 筋-海砂混凝土-UHPC 组合梁性能研究,结合超高性能混凝土(UHPC)优异的力学性能和抗渗性能,开展了两类 FRP 筋-海砂混凝土-UHPC 组合梁研究。第 9 章:FRP 筋/网格-海砂混凝土组合梁性能研究,提出了一种新型 FRP 筋/网格组合增强海水海砂混凝土梁,并对其抗弯抗剪性能进行了系统研究。第 10 章:FRP 管海砂混凝土拱性能研究,创新研发了一类内壁预粘结有 BFRP 纵筋的预制弧形 FRP 管拱结构,并对内灌海砂混凝土的该新型拱结构进行了力学性能测试研究。

　　本书的研究工作先后得到国家"973"计划子课题(编号:2012CB026200)、国家自然科学基金杰出青年基金项目(编号:51525801)、教育部科学技术研究项目(编号:113029A)、国家自然科学基金青年项目(编号:51908118)、江苏省自然科学基金青年及面上项目(编号:BK20190369 和 BK20191146)、澳大利亚 ARC 项目(编号:DP160100739)、东南大学支持计划等项目的资助,在此表示诚挚的感谢!特别感谢澳大利亚工程院院士、新南威尔士大学赵晓林教授在科研项目合作中给予的支持和帮助!课题组研究生徐一谦、连金龙、闫泽宇、钱昊等均参与了本书的相关研究工作,研究生刘子卿、孙瑜、韩天昊、姬江豪、闫孟等参与了本书的文字编辑工作。没有他们的辛勤付出,本书不可能顺利成稿出版。在此,一并表示诚挚的感谢!

　　本书重点介绍了课题组在 FRP 与海砂混凝土组合应用方面的相关研究成果,国内众多兄弟院校和科研机构也在该领域开展了系列相关研究。限于笔者的经验和学术水平,书中难免有不足之处,欢迎读者批评指正。

笔者

2022.1

目　　录

第1章 绪 论

1.1 引言

纤维增强复合材料(英文缩写为"FRP",中文简称为"复材")在土木工程领域的研究和应用已有几十年的历史。图 1-1 中列举了其中典型的几类应用场景,包括外贴 FRP 加固混凝土结构、外包 FRP 约束加固混凝土结构、预应力 FRP 加固混凝土结构等面向结构加固修复领域的应用。近年来,随着研究的深入,FRP 在新建结构方面的应用也越来越多,包括 FRP 配筋混凝土结构、FRP 型材组合结构和 FRP 管增强混凝土结构等。此外,除应用于混凝土结构外,FRP 还可以应用于钢结构、木结构和砌体结构的加固;在制品形式上,还有 FRP 网格材和 FRP 拉索等;另外,目前也有很多关于 FRP-木/竹/泡沫夹芯结构的研究和应用。可以看出,随着研究的深入和规范标准的不断建立和完善,FRP 正逐步从一种"非常规工程材料"向一种土木工程师会日常选用的"常规工程材料"转变。

众所周知,FRP 具有比强度高、耐腐蚀和抗疲劳等诸多优点。其中,耐腐蚀性能,尤其是耐氯离子侵蚀性能,使其在海洋环境下具有替代钢材的显著优势和应用前景。近年来,随着河沙资源的枯竭和限采,建筑用砂供需矛盾日趋激烈。我国拥有漫长的海岸线和广阔的浅海,海砂资源丰富,如能加以合理利用将取得良好的经济和社会效益。然而,天然海砂中的氯盐成分会加速腐蚀混凝土中的钢筋,缩短结构寿命。海砂用于工程建设时需要事先进行"除盐处理"并达到国家标准后方可使用。然而,"除盐处理"会消耗大量宝贵的淡水资源,而且会污染水质环境。在"利益驱使"和"监管漏洞"下,大量未达标甚至未经"除盐处理"的海砂流入建筑市场,给工程结构埋下了巨大的安全隐患[5]。海砂是一把"双刃剑",需要正确认识海砂开发、使用中的利弊问题[6]。

（a）外贴 FRP 加固

（b）外包 FRP 加固[1]

（c）预应力 FRP 加固

（d）FRP 筋增强防波堤[2]

（e）FRP 型材人行天桥[3]

（f）FRP 管混凝土拱桥[4]

图 1-1   FRP 在土木工程中的若干典型应用场景

如图 1-2 所示，结合 FRP 耐氯盐侵蚀和海砂中富含难以去除的易导致钢筋锈蚀的氯盐的现实情况，2011 年中国科学院院士、香港理工大学滕锦光教授等在第七届全国建设工程 FRP 应用学术交流会上倡导提出了"FRP＋海砂混凝土"组合应用的新模式[7]，并指出将 FRP 与海砂混凝土组合应用，可以取得"一石二鸟"的效果。

FRP-海砂混凝土结构

图 1-2   FRP 与海砂混凝土的组合应用

　　本书笔者团队自 2012 年在国家重点基础研究发展计划(973 计划)项目支持下,围绕 FRP 在各类腐蚀性环境下的耐久性退化规律和内在机理开展了系列研究[8-11]。基于 FRP 及其与混凝土粘结性能在含有氯盐的海水浸泡环境和纯水浸泡环境下的退化规律无明显差异的研究发现[12-13],团队自 2013 年即着手开展 FRP 配筋增强海砂混凝土梁式构件耐久性能的相关研究[14],之后,课题组围绕 FRP 和海砂混凝土(包括天然海水海砂混凝土、海水海砂珊瑚骨料混凝土等)的组合应用开展了持续性的研究。先后培养硕博士 8 名,发表论文 30 余篇(其中 SCI 论文 18 篇),申请专利 14 项。本书对笔者团队近十年来在 FRP 与海砂混凝土组合应用方面的创新研究成果进行了系统的梳理和归纳,希望能为该方向的继续深入研究和工程推广应用提供一定的启发和参考。

1.2　复材与海砂混凝土

1.2.1　纤维增强复合材料

　　如图 1-3 所示,FRP 是以连续纤维为增强体、聚合物树脂为基体,经过浸润、固化等工序制备而成的新型复合材料。FRP 由三部分组成:连续纤维、树脂基体以及纤维/树脂界面。其中,连续纤维均匀分散在树脂基体中,借由树脂基体的联系协同受力。FRP 受拉力学性能为线弹性,没有类似于钢材的屈服段。

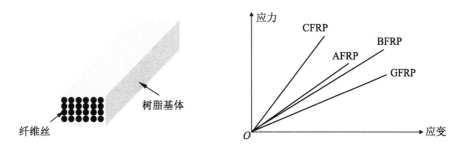

图 1-3　FRP 组成及其力学性能特点

1) 纤维丝

　　目前常用的纤维丝种类有玻璃纤维丝、碳纤维丝、芳纶纤维丝和玄武岩纤维丝等。其中,碳纤维是纤维状的炭材料,具有高强度和高弹性模量的特点。根据其原料及生产方式不同,主要分为聚丙烯腈基碳纤维及沥青基碳纤维。前者是把聚丙烯腈纤维在惰性气体中高温加热所获得的纤维,是高强度型碳纤维。后者是把煤焦油或石油沥青抽丝后经高温烧结而成的纤维,是一种高弹性模量型的碳纤维。玻璃纤维主要由叶蜡石、石英砂、石灰石和白云石等六种矿石原料经高温熔制而成,具有原材料成分相对稳定、生产工艺相对简单、成品性能较为稳定的特点,其中 E-玻璃纤维及其相关制品在混凝土结构加固中使用得最多。芳纶纤维是从石油化工产品化学合成芳香胺聚合液提取而成,除具有化工原料成分稳定、生产工艺成熟、产品性能稳定的特点外,还有较高抗剪、耐冲击的性能,但是在土木工程中的应用要注意其耐热性差的缺陷。玄武岩纤维是由天然火山岩经过1 500℃高温熔融后快速拉制而成,其力学性能略高于玻璃纤维,价格较低,但是现阶段的品控还不是很稳定。表 1-1 中列举了文献中提供的四类纤维丝的基本性能指标。

表 1-1　四种典型纤维丝的基本性能指标

名称	密度/ (g/cm³)	抗拉强度 /MPa	弹性模量 /GPa	工作温度 /℃	抗拉极限 延伸率/%
碳纤维丝[15-16]	1.8	4 400	220	500	1.4
玻璃纤维丝[15]	2.7	1 800	70	—	2.5
芳纶纤维丝[15]	1.4	2 800	60	—	3.6
玄武岩纤维丝[17-18]	2.65	3 300	95	650	3.1

注:"—"代表数据不可得。表中数据仅作参考,具体数值会根据材料组分不同而略有差异。

2) 树脂基体

通常情况下,FRP 所采用的树脂基体有环氧树脂和乙烯树脂两类。环氧树脂是热固性树脂,使用各种固化剂通过固化反应进行固化,它们的性能取决于所使用的环氧树脂和固化剂类型的具体组合。得益于其优良的物理性能、高黏性、良好的耐热性和耐化学性,目前环氧树脂被广泛使用在各个领域,包括作为 FRP 的基体、通用黏合剂、高性能涂料和封装材料等[19]。乙烯树脂也是一类热固性树脂,它结合了环氧树脂的良好化学、机械和热性能以及不饱和聚酯树脂的快速固化特性,具有较高的耐化学性和耐水解性、良好的韧性、高模量以及良好的热和电绝缘性能[20]。此外,与化学结构相对类似的不饱和聚酯树脂相比,乙烯树脂表现出更高的韧性,而且固化时收缩率更低。目前,乙烯树脂被广泛地用作热固性黏合剂,用于汽车等行业的粘合部分和复合材料的基体[21]。表 1-2 中给出了文献中提供的两类树脂基体的基本性能指标。

表 1-2 常用树脂基体的基本性能指标

名称	拉伸强度 /MPa	弯曲强度 /MPa	拉伸模量 /GPa	弯曲模量 /GPa	断后伸长率 /%
环氧树脂[16]	42.3	102	3.4	3.1	2.2
乙烯树脂[22]	7.5	120	3.5	3.6	2.7

注: 表中数据仅作参考,具体数值会根据材料组分不同而略有差异。

3) FRP 制品形式

正如前文引言中所提到的,为满足工程建设中的多样化需求,FRP 拥有众多的制品形式。图 1-4 中列举了目前几类典型的 FRP 制品,包括 FRP 板(含现场浸润树脂形成的 FRP 片材)、FRP 网格、FRP 筋、FRP 索、FRP 管和 FRP 型材等等。FRP 板可用于对抗弯性能不足的构件开展预应力加固,也可用于对钢结构进行粘贴加固;FRP 网格可与砂浆结合用于开展结构加固,具有高效、高强、裂缝较小、防腐蚀以及无需绑扎、施工周期短等优点;FRP 筋可以在腐蚀性环境或者需要无磁的环境下替代普通钢筋使用;FRP 索可用于替代传统钢索,其不仅具有质量轻、强度高的特点,同时还具有抗疲劳、耐腐蚀的特性;FRP 管可以提供环向约束从而提升构件的受压性能,也可以通过提高其纵向抗拉能力来改善被约束构件的受弯性能;FRP 型材可与混凝土形成组合结构,也可以独立使用,建造全复材结构。

FRP板 FRP网格 FRP筋

FRP索 FRP管 FRP型材

图 1-4 典型 FRP 制品

1.2.2　海砂混凝土

1) 海砂及海砂混凝土特性

海砂形成的原因主要有两个方面：一是海底和海岸边的岩石在波浪的冲击下形成的颗粒堆积；二是陆地上的河流携带而来的泥沙沉积（在入海口附近）。海砂的粒径一般在 0.3～1.2 mm 之间，多属于中砂，其具有级配良好、含泥量小、颗粒坚硬的特点，同时海砂的表观密度一般要小于河沙，表面光滑，棱角少[23]。由于受到海水的长期浸泡，海砂中含有大量的腐蚀性盐类，尤其是含有大量的氯盐成分。另外，海砂中通常也会含有薄片状的贝壳类轻物质，其强度低且表面光滑，较易沿纹理破裂，与水泥砂浆的结合力也相对较差[24]。

从海砂混凝土自身力学性能的角度来看，使用海砂的影响可能是有利的，也可能是不利的，这主要由于一方面海砂具有含泥量低和级配良好等优点，但另一方面其自身的氯离子和贝壳等轻物质的含量较高易对混凝土造成不利影响。研究表明，由于含有丰富的氯化物，海砂混凝土的初凝和终凝时间都比普通混凝土的要短，用海砂制成的混凝土的 7 天抗压强度明显较高，28 d 抗压强度相当，长期抗压强度与普通混凝土相似，但是海砂混凝土的和易性会有所下降，会导致混凝土的用水量和坍落度下降[25-26]。另外，相关研究也表明海砂混凝土自身的耐久性相比普通混凝土不会有太大的降低，贝壳等轻物质可以降低混凝土的渗透率，但不会对其耐久性产生太多不利影响[27]。

2) 海砂混凝土的应用

在英国首次使用海砂混凝土作为建筑材料后[28]，日本和中国香港等砂石资源比较稀缺的国家和地区也开始探索海砂作为细骨料的应用。一般来说，海砂在用于制备混凝土之前需要进行严格的淡化处理，以避免引起钢筋锈蚀，目前已有相对成熟的海砂淡化工艺并出台了相应的使用规范。英国的基础设施建设、中国香港的机场、新加坡的城市扩建和中东的巨大填海工程是成功利用海砂作为土木工程原料的一些典型案例[29-30]，这表明在采取了海砂脱氯技术或添加钢筋阻锈剂后，海砂在一定程度上可以缓解河沙的短缺，体现了利用海砂的可靠性和应用价值。

目前对于海砂混凝土的研究和应用主要集中在"钢筋＋海砂混凝土""再生海砂混凝土""高性能海砂混凝土"和"FRP＋海砂混凝土"等几个方向[31]。其中作为传统的组合形式的"钢筋＋海砂混凝土"已有了大量的研究和实际应用，但是需严格控制混凝土中氯离子的含量不大于 0.025%[24]。在该方向上，研究主要关注于如何减轻海砂混凝土腐蚀性，提高海砂混凝土结构的耐久性。包括锈蚀机理分析、使用不锈钢筋、涂层钢筋和掺加阻锈剂等等[32-34]。另一方面，作为新世纪混凝土技术发展方向，也有很多关于使用海砂代替河沙应用于高性能混凝土和再生混凝土的相关研究。

应该说，在规范化的除氯处理下，海砂是可以很好地缓解河沙资源不足的难题的。但是，由于监管抽查不到位、对海砂危害的意识不够、耐久性问题的长期性和隐蔽性等种种主客观原因，使用不合格海砂开展建设的案例时有发生。例如图1-5 中所列举的发生在我国深圳和台湾高雄等地的"海砂屋"倒塌事件，给人民生命财产安全带来巨大隐患。为此，2021 年 7 月 14 日，住建部发布《关于开展 2021年预拌混凝土质量及海砂使用专项抽查的通知》，将严查国内 10 个省（区、市）的海砂非法使用情况。在前文提到的针对海砂混凝土的几大研究方向中，比较公认的能彻底避免海砂中氯盐带来的安全隐患的方式是建设 FRP 增强海砂混凝土结构[35]。但是，FRP 与普通钢材具有明显不同的力学特性，在实际工程应用前还需要在力学性能和耐久性能等方面开展众多深入研究。

（a）深圳海砂屋[36]　　　　　　　　　　（b）高雄海砂屋[37]

图 1-5　海砂屋事件

1.3　复材与海砂混凝土组合应用研究现状

现有研究证实氯离子的富集不会对 FRP 的性能产生显著的不利影响[38]，在使用海砂的情况下，应用 FRP 替代易锈蚀的钢材，可以从"基因"层面阻断风险，甚至可以直接使用海水制备混凝土，节约淡水资源[35]。近年来，FRP 与海砂混凝土的组合应用吸引了学者们的广泛关注。图 1-6（a）所示为 Web of

Science(科学网,WOS)中以"FRP"+"sea sand concrete(海砂混凝土)"为主题词检索得出的历年发文数量统计图。可以看出,该领域的发文数量逐年增加,属于热点研究领域。此外,图 1-6(b)中统计给出了该领域发文数量排名前十的研究机构名单。其中,东南大学排名第一,与东南大学在该领域密切合作的澳大利亚莫纳什大学排名第二,国内的广东工业大学和大连理工大学等高校也在该领域开展了众多研究工作。

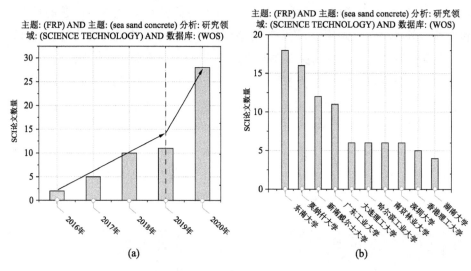

图 1-6　WOS 统计的 FRP 海砂混凝土相关研究的论文数和发文单位排序

(检索日:2021 年 8 月 26 日)

基于文献调研,本书笔者团队对目前"FRP"与"海砂混凝土"组合应用方面的研究脉络进行了梳理。如图 1-7 所示,现有研究工作可以划分为两大类,一类是基于 FRP(筋/网格/管等)与海砂混凝土创新组合形成的各类受弯、受压构件的

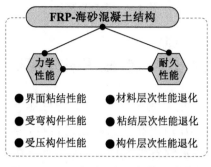

图 1-7　FRP 海砂混凝土结构研究脉络

基本力学性能研究及其与海砂混凝土界面粘结性能研究;另一类是评估和预测FRP与海砂混凝土组合应用时的耐久性能研究,具体涉及材料-粘结-构件三个层次。下文进行详细介绍。

1.3.1 FRP-海砂混凝土结构力学性能研究

目前,针对FRP-海砂混凝土结构力学性能的研究工作可以大致划分为界面粘结性能、横向受弯构件性能和竖向受压构件性能研究三个方面。详述如下:

1) 界面粘结性能研究

由于海砂混凝土的基本力学性能与普通河沙混凝土无本质上的差异,FRP与海砂混凝土的短期界面粘结性能与河沙混凝土的性能基本类似[39-40]。近年来,来自广东工业大学、鲁东大学、中国海洋大学、哈尔滨工业大学、温州大学和东南大学的研究者们从对海砂混凝土改性提升(例如,采用再生骨料、掺加纤维和膨胀剂、采用高铁相水泥和采用碱激发胶凝材料)和不同加载速率(低速、模拟地震速率和模拟爆炸冲击速率)等角度对FRP筋与海砂混凝土的粘结性能开展了相关研究。此外,来自澳大利亚莫纳什大学的学者对FRP管与海水海砂混凝土的界面粘结性能进行了研究。对于FRP筋,现有研究统一采用如图1-8(a)中所示的中心拉拔试件进行测试。对于FRP管,采用如图1-8(b)中所示的推出试件进行测试。研究概况如表1-3所示。

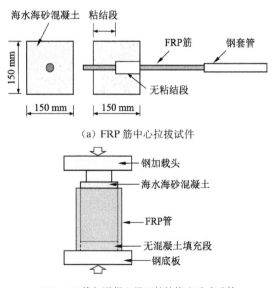

(a) FRP筋中心拉拔试件

(b) FRP管与混凝土界面粘结推出试验试件

图1-8 界面粘结性能测试试件形式

2）受弯构件性能研究

在采用 FRP 与海砂混凝土组合形成横向受弯构件的研究方面,来自广东工业大学、中国矿业大学、深圳大学和陆军工程大学的学者们对 FRP 筋(包括新型钢-FRP 复合筋)增强海砂混凝土梁/板构件的力学性能进行了系列研究;从新材料、新组合形式的角度,来自中国矿业大学、同济大学、东南大学的学者们开展了 FRP 筋增强 ECC/UHPC＋海砂混凝土组合梁的性能研究;另外,来自澳大利亚莫纳什大学学者对内灌海砂混凝土 FRP 管横向受弯性能也开展了相关研究。研究概况如表 1-4 所示。

3）受压构件性能研究

在采用 FRP 与海砂混凝土组合形成竖向受压构件的研究方面,来自澳大利亚莫纳什大学、南京林业大学、广东工业大学、鲁东大学、哈尔滨工业大学、东南大学、大连理工大学、同济大学、河海大学的学者们开展了众多研究。研究工作可以梳理为三类,第一类是 FRP 管增强海砂混凝土柱,包括 FRP 单管约束、FRP 双管约束和 FRP 条带约束等,其中,FRP 管包括圆形管和方形管;第二类是 FRP-钢管组合增强海砂混凝土柱,其中,钢管包括普通钢管和不锈钢管;第三类是采用 FRP 筋作为纵向受压筋的 FRP 筋增强海砂混凝土柱/墙结构。研究概况如表 1-5 所示。

1.3.2　FRP-海砂混凝土结构耐久性能研究

从短期力学性能角度看,由于海砂混凝土的宏观力学性能与普通河沙混凝土没有本质性的区别,传统有关 FRP 增强/约束普通混凝土的理论基本可以移植到海砂混凝土中。但从微/细观层面上来看,海砂混凝土(包括海水海砂混凝土)的内部微孔隙液中的化学离子成分与普通混凝土中的是有显著区别的。为此,研究者们针对 FRP 与海砂混凝土组合应用时的耐久性开展了大量研究工作。相关工作可以划分为三个层次:材料层次,研究 FRP 材料自身在海砂混凝土环境下的长期力学性能退化规律研究;粘结层次,研究 FRP 与海砂混凝土界面粘结性能的长期退化规律;构件层次,研究 FRP 增强海砂混凝土构件的长期力学性能。研究概况如表 1-6 所示。

表1-3 FRP海砂混凝土界面粘结性能研究概况

参考文献	发表年份	FRP类型	混凝土类型	试件形式	研究亮点
徐金金[41]	2019	CFRP筋	海水海砂混凝土（碱激发矿粉）	中心拉拔	采用碱激发矿粉作为海水海砂混凝土的胶凝材料，研究指出CFRP筋与碱激发矿粉海水海砂混凝土的粘结-滑移曲线分成5个阶段：微滑移阶段，滑移阶段，剥离阶段，软化阶段与残余摩擦阶段
韩世文[42]	2019	钢-FRP复合筋（SFCB）	海水海砂混凝土（采用高铁相水泥）	中心拉拔	采用适用于海洋环境的高铁相高抗蚀混凝土，并对FRP-钢筋复合筋其粘结性能进行了试验研究，从破坏形式，极限粘结强度，粘结-滑移曲线等方面，分析了筋材种类，混凝土强度，箍筋约束等变量对粘结性能的影响
林培轩[43]	2019	GFRP筋	海水海砂水泥基材料（混掺PVA纤维）	中心拉拔	研究了GFRP筋与海水海砂水泥基材料（不含有骨料）的粘结性能。考虑了PVA纤维掺量，海水浓度，水泥基材料强度及龄期等因素的影响。研究发现，GFRP筋表面树脂及纤维从本体剥落是发生破坏的主要形式；龄期增长及海水浓度增加都提高了试件发生劈裂破坏的可能性，而一定掺量的PVA纤维可以防止试件出现劈裂破坏
Bazli M[44]	2019	GFRP、CFRP和BFRP管	海水海砂混凝土	推出试验	采用推出加载试验，对FRP管与管内灌海水海砂混凝土的粘结-滑移关系进行了研究。研究表明，CFRP管的粘结性能最优，BFRP管的最差；管径/壁厚（D/t）越小，粘结性能越差

（续表）

参考文献	发表年份	FRP 类型	混凝土类型	试件形式	研究亮点
Wei W[45]	2020	BFRP 筋	海砂混凝土	中心拉拔	测试了 BFRP 筋与海砂混凝土在低速、和模拟爆炸冲击速率下的界面粘结性能，模拟地震速率速加载下的粘结性能要低于低速状态下的
Zhang B[46]	2021	GFRP 和 BFRP 筋	海水海砂混凝土（碱激发矿粉＋粉煤灰＋硅灰）	中心拉拔	优化了碱激发胶凝材料的组分，开展了碱激发海水海砂混凝土与 GFRP 筋和 BFRP 筋粘结性能的研究。研究表明 FRP 筋与采用碱激发胶凝材料的海水海砂混凝土的粘结性能要优于采用水泥基的海水海砂混凝土
Xiong Z[47]	2021	BFRP 筋	海砂混凝土（采用再生骨料）	中心拉拔	测试了 BFRP 筋与海砂再生骨料混凝土低速、模拟地震速率和模拟冲击速率下的界面粘结性能。结果表明低速状态下粘结强度由机械咬合控制，地震速率、高速状态下由化学粘结力和 BFRP 筋表层抗剪性能控制
Xiong Z[48]	2021	GFRP 和 BFRP 筋	海水海砂混凝土（掺加玻璃纤维和膨胀剂）	中心拉拔	测试了掺加玻璃纤维和膨胀剂对 GFRP 筋和 BFRP 筋与海水海砂混凝土粘结性能的影响。结果表明掺加纤维和膨胀剂可以提升界面粘结强度的刚度，但对极限粘结强度的影响较小
Sun J[49]	2021	BFRP 筋	海水海砂混凝土（采用再生骨料并掺加玄武岩纤维）	中心拉拔	测试了 BFRP 筋与掺加短切玄武岩纤维的海水海砂再生骨料混凝土的界面粘结性能。结果表明短切玄武岩纤维的添加提升了 BFRP 筋与海水海砂再生骨料的粘结性能

表1-4　FRP-海砂混凝土受弯构件性能研究概况

参考文献	发表年份	FRP类型	混凝土类型	尺寸和配筋	截面尺寸（单位：mm）	研究亮点
Li L J[50]	2018	BFRP筋	海砂混凝土	试验梁长：2100 mm 试验梁净跨：1800 mm 配筋率：0.175%~1.578%	250/150	进行了10根梁的抗弯性能测试，试验参数包括四种BFRP配筋率和两种海砂混凝土强度等级（C30和C60）
Li L J[51]	2018	BFRP筋	海砂混凝土	试验梁长：1500 mm 和 2100 mm 试验梁净跨：1200 mm 和 1800 mm 配筋率：0.67%和0.60%	200/150 300/180	进行了4根梁的疲劳性能测试，分析了荷载水平和试件尺寸对疲劳寿命的影响，并建议疲劳荷载极限取极限承载力的55%
Li L J[52]	2019	BFRP筋	海砂混凝土	试验梁长：1200 mm 试验梁净跨：1000 mm 剪跨比：1.74~2.78	250/150 150/150	进行了16根梁的抗剪性能测试，试验参数包括海砂混凝土强度（C30和C60），BFRP直径（10/14/18 mm），剪跨比和箍筋间距
韩世文[42]	2019	SFCB	海水海砂混凝土（高铁相水泥）	试验梁长：2400 mm 试验梁净跨：1800 mm 配筋率：0.756%~1.982%	250/150	进行了新型SFCB受拉增强海水海砂混凝土梁的抗弯性能试验，为提升其在海洋环境下的耐久性能，采用高铁相海水水泥制备海砂混凝土
Hua Y T[53-54]	2020	BFRP筋	海水海砂混凝土	试验梁长：2100 mm 试验梁净跨：1800 mm 配筋率：0.313%~1.565%	300/250/350 × 180	进行了试验梁的抗弯性能研究，并提出了短期荷载作用下的裂缝宽度计算公式，评估了各国规范对于正常使用荷载下试验梁挠度计算的准确性

（续表）

参考文献	发表年份	FRP类型	混凝土类型	尺寸和配筋	截面尺寸（单位：mm）	研究亮点
Gao Y J[55]	2020	BFRP筋	海水海砂混凝土	试验板长：1 100 mm 试验板净跨：1 000 mm 配筋率：0.76%		进行了 BFRP 配筋海水海砂混凝土单向板的抗爆性能试验，为其在海洋防护工程中的应用打下基础
Zhou Y W[56]	2021	SFCB	海水海砂混凝土（再生骨料）	试验梁长：1 600 mm 试验梁净跨：1 200 mm 配筋率：0.76%~2.49%		进行了新型 SFCB 受拉增强再生骨料海水海砂混凝土梁的抗弯性能试验，研究指出，采用 SFCB 配筋的梁具有明显的屈服后性能。另外，相比于普通碎石骨料的海水海砂混凝土，采用再生骨料后，梁的极限承载力略有降低，但是延性变化不大
Dong Z Q[57]	2019	BFRP筋和SFCB	海水海砂混凝土	试验梁长：2 400 mm 试验梁净跨：2 100 mm 配筋率：1.05%~1.40%		进行了含有预制 UHPC 模壳的 FRP 筋增强海水海砂混凝土梁的抗弯性能研究。研究指出，UHPC 模壳的存在显著减少了试验梁的剪切裂缝，并可用于实现海洋环境下的快速装配式施工
Jiang J F[58]	2019	BFRP筋	海水海砂混凝土	试验梁长：2 100 mm 试验梁净跨：1 800 mm 配筋率：0.17%~0.69%		进行了 BFRP 配筋增强 ECC/海水海砂混凝土叠合梁的受弯性能试验，研究指出 ECC 叠合层可以使用正常使用极限状态下的裂缝控制能力和变形能力

（续表）

参考文献	发表年份	FRP类型	混凝土类型	尺寸和配筋	截面尺寸（单位：mm）	研究亮点
Dong Z Q[59]	2020	BFRP筋	海水海砂混凝土（珊瑚骨料）	试验梁长：2 400 mm 试验梁净跨：2 100 mm 配筋率：0.62%～1.05%	UHPC 海水海砂珊瑚混凝土 外包FRP钢管 240 120	进行了新型FRP/钢管混合增强海水海砂珊瑚骨料混凝土梁的抗弯性能研究，为提升复合梁的抗弯承载力，受压区混凝土采用UHPC替代，为避免钢管腐蚀，对其表面采用BFRP包裹
Li Y L[60]	2020	CFRP、BFRP和GFRP管	海水海砂混凝土	三点弯构件长度：300 mm 四点弯构件长度：750 mm	FRP管 海水海砂混凝土 53～56 53～56	进行了海水海砂混凝土填充的方形FRP管梁的三点弯和四点弯试验。所采用的FRP管采用缠绕工艺制备而成，可以在任意区环向和纵向都提供抗拉强度。研究指出，管梁的破坏始于受压区FRP管壁的压溃破坏
Wang L C[61]	2021	BFRP筋	海水海砂混凝土	试验梁长：2 100 mm 试验梁净跨：1 800 mm 配筋率：0.313%	海水海砂混凝土 纤维织物增强ECC 300 180	进行了梁底粘贴纤维织物增强ECC薄层的BFRP筋增强海水海砂混凝土梁的抗弯性能试验。研究表明增设ECC薄层可以有效地降低试验梁的挠度和裂缝宽度，并提升其延性
Dong Z Q[62]	2021	BFRP筋和网格	海水海砂混凝土	试验梁长：4 000 mm 试验梁净跨：3 600 mm 配筋率：0.48%～0.96%	BFRP网格 海水海砂混凝土 外包FRP钢管 400 150	进行了BFRP网格作为抗剪箍筋的FRP/钢筋混合增强海水海砂混凝土梁的抗弯性能研究。研究表明，钢管的添加可以显著提升试验梁的抗弯刚度，并减小裂缝宽度

表 1-5 FRP-海砂混凝土受压构件性能研究概况

研究类别	参考文献	发表年份	FRP类型	混凝土类型	构件尺寸参数	研究亮点
第一类（FRP管增强海砂混凝土）	Li Y L[63~65]	2016	C/B/GFRP管	海水海砂混凝土		开展了海水海砂混凝土填充圆形 GFRP、CFRP 和 BFRP 管轴心受压性能试验研究，其中 FRP 管包括单管和单双管。在已有的 FRP 约束混凝土本构模型基础上，建立了适用于海水海砂混凝土填充 FRP 管的本构模型
	Zhou A[66]	2019	CFRP管	海水混凝土		对 CFRP 约束不同氯离子含量的海水混凝土的轴压性能进行了试验测试。研究表明，对于 1 层 FRP 约束情况，当氯离子浓度由 0% 提高到 1.57% 时，极限强度降低了 23%
	Dong Z Q[67~68]	2020	GFRP管	海水海砂混凝土（含 BFRP 短棒）		将废弃的 BFRP 筋切割成长细比为 10 的短棒掺加进海水海砂混凝土中，并研究了 GFRP 约束该类型混凝土的轴压性能。研究表明，适量添加 BFRP 短棒对海水海砂混凝土的性能影响较小，峰值荷载降低 7.2% 左右。GFRP 管的约束同样可以有效提升含有 BFRP 短棒的海水海砂混凝土轴压性能
	Li Y L[69]	2020	C/B/GFRP管	海水海砂混凝土		开展了海水海砂混凝土填充方形 GFRP、CFRP 和 BFRP 管柱轴心受压性能的试验研究。研究表明原有的 FRP 约束矩形截面混凝土的应力-应变模型不能准确地反映海水海砂混凝土填充方形 FRP 管的应力的应力-应变关系。为此，通过对现有模型的修正，建立了更为准确的方形柱轴向应力-应变关系预测方法

（续表）

研究类别	参考文献	发表年份	FRP类型	混凝土类型	构件尺寸参数	研究亮点
第一类（FRP管增强海砂海水混凝土）	Li Y L[69]	2020	FRP管	海水海砂混凝土	50~165	开展了海水海砂混凝土填充双管实心柱的轴心受压性能研究，并对双管约束的复合约束应力进行了分析，通过与单管约束情况下的对比，提出了面向双管约束的受压本构计算模型
	Zeng J J[70-71]	2020	PET-FRP管	海砂混凝土	ρ=0.4　150　高度：300 mm	对新型聚乙烯苯二甲酸乙二醇酯（PET）-FRP约束型海砂混凝土柱和方形海砂混凝土柱进行了试验研究。试验结果表明包裹有大断裂应变的PET-FRP约束柱的轴向变形能力得到了显著提高
	徐焕林[72]	2020	GFRP管	海水海砂混凝土（再生骨料）	GFRP管　海水海砂再生骨料混凝土　150/200/250　高度：450/600/700 mm	研究了GFRP管约束海水海砂再生骨料混凝土短柱的轴压性能。研究参数包括再生骨料取代率、海水海砂再生骨料混凝土强度等级、GFRP管壁厚以及试件尺寸等。研究表明，海水海砂混凝土的使用以及试件的轴压组合柱的使用对柱的轴压限强、并对极限刚度有轻微的降低，最大减低7.32%
	Yang J L[73-75]	2020	CFRP管	海水海砂混凝土	ρ=0.27　150　150　高度：300 mm　高度：300 mm　条带部分约束	对CFRP条带约束增强海水海砂混凝土圆形柱和方形柱进行了轴压性能测试。比较了条带加固量，FRP条带层数等参数的影响，并给出了适用于轴压下FRP条带约束海水海砂混凝土柱的应力-应变模型
	Li P D[76]	2021	CFRP管	海水海砂混凝土（再生骨料）	ρ=0/0.2/0.4/0.6/1.0　150　高度：300 mm	研究了CFRP管约束海水海砂再生骨料混凝土柱的抗压性能，试验参数包括拐角半径与边长一半的比值（ρ），再生骨料替代和CFRP层数等。研究表明，当采用再生骨料时，FRP的约束增强效率更高

（续表）

研究类别	参考文献	发表年份	FRP 类型	混凝土类型	构件尺寸参数	研究亮点
第二类（FRP-钢管组合增强海砂混凝土）	Li Y L[63-64]	2016	FRP 管-不锈钢管双管	海水海砂混凝土	（FRP 管、不锈钢管、海水海砂混凝土；150）	开展了 FRP 管-不锈钢管双管约束海水海砂混凝土空心薄壁柱的轴心受压性能研究。海水海砂混凝土灌注在 FRP 管与不锈钢管之间,形成空心截面
	严康[77]	2020	FRP 布-不锈钢管复合管	海水海砂混凝土	（FRP、不锈钢管、海水海砂混凝土；150）	开展了海水海砂混凝土填充 FRP 布-不锈钢管复合管圆柱的轴压性能测试。其中 FRP 布粘贴在不锈钢管的外表面,海水海砂混凝土灌注在不锈钢管内部
	Sun J Z[78]	2021	FRP 管-钢管复合管（GFRP）	海水海砂混凝土（珊瑚骨料）	（GFRP 管、钢管、GFRP 管、海水海砂珊瑚骨料混凝土；150）	开展了海水海砂珊瑚骨料混凝土填充 GFRP 管-钢管复合管圆柱的轴压性能测试研究,为避免钢管的腐蚀,在钢管内壁和外壁均粘贴了 GFRP 管材
	Wei Y[79]	2021	FRP 布-钢管复合管（BFRP 和 CFRP）	海水海砂混凝土	（FRP、钢管、FRP、海水海砂混凝土；150）	开展了海水海砂混凝土填充 FRP 布-钢管复合管圆柱的轴压性能测试研究,为避免钢管内壁和外壁的腐蚀,在钢管内壁上粘贴了 FRP。研究参数包括钢管壁厚度、FRP 层数和 FRP 类型（BFRP 和 CFRP）等
第三类（FRP 筋增强海砂混凝土柱/墙）	Zhou A[80]	2018	GFRP 筋	海水混凝土	（FRP 箍筋、FRP 纵筋；高度: 300 mm；150）	研究了 GFRP 纵筋和箍筋增强海水混凝土柱的轴心受压性能。研究指出采用饱和盐水作为拌和水的 GFRP 筋增强海水混凝土柱的承载力相比于未采用自来水的降低了 27.9%,但是延性提升了 104%

研究类别	参考文献	发表年份	FRP类型	混凝土类型	构件尺寸参数	研究亮点
第三类（FRP筋增强海砂混凝土柱/墙）	Zhang Q T[81]	2019	GFRP筋	海水海砂混凝土	海水海砂混凝土剪力墙横截面；墙高：2 400 mm；100；120；200	对纵筋和箍筋都为GFRP筋的海水海砂混凝土剪力墙进行了低周往复加载试验，研究指出，在相同配筋率下，GFRP筋海水海砂混凝土剪力墙的极限承载力可以达到钢筋混凝土剪力墙的85%，前者的延性较差，但是残余变形小
	袁世杰[82]	2019	BFRP筋	海水海砂混凝土	高度：1 400 mm；纵筋直径：8 mm、10 mm、12 mm；250；200	开展了BFRP纵筋增强海水海砂混凝土短柱偏心受压性能研究，研究参数包括偏心距、配筋率和混凝土强度，并基于试验推导了BFRP纵筋增强海水海砂混凝土短柱的承载力计算公式
	Zhou J K[83]	2020	GFRP筋	海水海砂混凝土（含PP纤维）	高度：1 100 mm；纵筋直径：8 mm、12 mm、14 mm、16 mm；180；180	研究了GFRP筋增强海水海砂混凝土柱的轴心和偏心受压性能，其中，在海水海砂混凝土中掺加了PP纤维。研究表明，GFRP筋对于试验柱轴压承载力的影响很小，对于偏心情况下，偏心距承载力的影响要比配筋率的影响更大，PP纤维的添加可以一定程度上限制海水海砂混凝土中裂缝的开展
	李天姿[84]	2020	GFRP筋	海砂混凝土	FRP管、FRP箍筋、FRP纵筋；高度：400 mm；200；200	采用FRP管＋FRP筋组合增强海砂混凝土。开展了CFRP管约束海砂-GFRP复合筋海砂混凝土圆柱和CFRP管约束海砂-钢-GFRP管海砂混凝土方柱的单调轴压试验，研究了箍筋种类、箍筋间距、CFRP约束对试件的轴压性能和截面形状四个参数对试件的轴压性能的影响

表 1-6　FRP-海砂混凝土耐久性能研究概况

研究层次	参考文献	发表年份	FRP 类型	混凝土类型	试验环境	研究亮点
材料	Wang Z K[85~87]	2017，2018	B/G/CFRP 筋	海水海砂混凝土	浸泡在模拟海水海砂混凝土内部孔隙液中，设定了 25 ℃，40 ℃和 55 ℃三种温度	研究中考虑了荷载耦合的影响，全面测试了 FRP 筋抗拉性能和层间剪切性能退化规律，并采用 SEM 和 CT 扫描等技术进行了微观损伤分析
	Guo F[88]	2018	C/B/GFRP 管	海水海砂混凝土	FRP 管片试样被浸泡在模拟海水海砂混凝土孔隙液环境中 6 个月，温度设定为 25 ℃，40 ℃和 55 ℃	研究中采用了普通强度海水海砂混凝土孔隙液和高强海水海砂混凝土孔隙液两种环境。对环境作用前后试样开展了吸湿率、SEM，FTIR 等性能测试
	Sharma S[89]	2020	BFRP 筋	海水海砂混凝土	BFRP 筋被浸泡在模拟海水海砂混凝土孔隙液中，温度设定为 32 ℃，40 ℃，48 ℃和 55 ℃	采用多物理场仿真软件 COMSOL 对 BFRP 筋的退化规律进行了量化分析。基于与试验结果的比较，所提出的数值模拟方法能够很好地对 BFRP 筋退化过程进行模拟
	Bazli M[90~91]	2020	拉挤 GFRP 管和缠绕 GFRP 管	海水海砂混凝土	与海水海砂混凝土环境接触，浸泡在海水中，温度设定为 23 ℃，40 ℃和 60 ℃	研究了 FRP 管环向抗拉强度、轴向抗拉强度和轴向抗压强度随环境作用时间的退化规律。研究指出，具有多种纤维方向的缠绕管的耐久性能要优于只有环向纤维的管。CFRP 管的耐久性能要优于其他两种管
	Bazli M[92]	2020	拉挤 GFRP 管和型材	海水海砂混凝土	先经历紫外线和蒸汽环境循环处理(60 ℃下紫外线光照 8 h，50 ℃下水蒸气处理 4 h)，再浸泡在模拟海水海砂混凝土溶液中	该研究对 FRP 材料在存储、运输和使用过程中可能遭遇的紫外线进行了考虑，FRP 种类包括了 FRP 管、工字形 FRP、槽形 FRP 等。研究指出，预先遭受紫外线光照后的型材，在相同浸泡龄期下的退化更为严重

（续表）

研究层次	参考文献	发表年份	FRP类型	混凝土类型	试验环境	研究亮点
材料	Su C[93]	2021	BFRP片材（含碳纳米管和二氧化硅颗粒）	海水海砂混凝土	模拟海水海砂混凝土孔隙液浸泡和干湿循环两种环境，温度设定为55 ℃	对树脂基体采用碳纳米管和二氧化硅颗粒进行了改性，研究表明，添加碳纳米管后的BFRP片材的耐久性能得到了显著改善，二氧化硅颗粒只在掺量为1%时会对BFRP片材的耐久性有所提高
	Lu Z Y[94]	2021	BFRP筋	海水海砂混凝土	BFRP筋被海水海砂混凝土包裹后浸泡在海水、自来水和碱溶液中，温度设定为28 ℃，40 ℃和60 ℃	BFRP筋被海水海砂混凝土包裹浸泡在海水和碱溶液中一起浸泡在腐蚀溶液中，研究指出，碱溶液浸泡环境下BFRP筋的退化最为明显，环境的碱性程度对BFRP筋耐久性最为重要
	Zhao Q[95]	2021	CFRP筋	海水海砂混凝土	CFRP筋被浸泡在模拟海水海砂混凝土孔隙液中，温度设定为25 ℃、40 ℃和55 ℃	采用了扫描电子显微镜、CT机和傅里叶红外光谱分析仪等技术，对环境作用前后的CFRP筋进行微观观测。研究指出，CFRP的退化主要是由于树脂基体的水解引起的，并且，在碱性环境下，羟基离子与水解产生的羧酸发生反应，进一步加速了这一过程
	Morales C N[96]	2021	GFRP筋	海水混凝土	包裹在海水混凝土板中，在自然环境和60 ℃海水浸泡环境下1,6,12和24个月	GFRP筋从真实海水混凝土包裹环境中取出，全面测试了其拉伸强度、弹性模量、横向抗剪强度等力学性能指标的变化。研究预测指出在自然环境下GFRP筋长期力学性能保持率为92%和72%
	Bazli M[97]	2021	拉挤GFRP管和型材	海水海砂混凝土	冻融循环环境＋海水海砂混凝土模拟溶液浸泡环境	该研究重点考虑了冻融循环环境对FRP材料耐久性的影响，对各类FRP型材在环境作用前后的受弯、受压、受拉性能进行了测试，并对力学性能退化的微观机理进行了分析

（续表）

研究层次	参考文献	发表年份	FRP类型	混凝土类型	试验环境	研究亮点
粘结	Dong Z Q[98]	2018	SFCB	海水海砂混凝土	50℃海水浸泡环境和40℃海水干湿循环环境	通过定制装置,开展了SFCB海水海砂混凝土偏心拉拔试验,混凝土中的应力接近真实服役状态。研究表明,9个月干湿循环作用后粘结强度降低5%,9个月海水浸泡作用后粘结强度降低26.2%
	Dong Z Q[99]	2018	BFRP筋和SFCB	海水海砂混凝土	50℃海水浸泡环境和40℃海水干湿循环环境	通过中心拉拔试件,研究了BFRP筋和SFCB海水海砂混凝土界面粘结耐久性能,并开展了长期粘结性能预测研究。研究指出,在50年的设计使用年限下,BFRP筋粘结强度保留率在47%~83%之间
	Bazli M[100]	2020	GFRP管	海水海砂混凝土	25和40℃的海水浸泡环境	采用推出试验,对内灌海水海砂混凝土与FRP管间粘结耐久性能进行了试验研究。研究指出,海水浸泡后,FRP管与混凝土的最大粘结强度增大,但是初始滑移时对应的化学胶结力下降
	李炳男[101]	2020	GFRP筋	海水海砂混凝土	海水浸泡和荷载耦合环境	通过定制的弹簧装置,对FRP筋中心拉拔试件施加25%极限拉拔力的恒定荷载,研究荷载和海水浸泡环境耦合下,粘结应力的退化规律。试验结果表明,极限粘结强度随持载水平的提升(从0%到25%的极限拉拔荷载)呈下降趋势
构件	Dong Z Q[102]	2017	SFCB	海砂混凝土	恒载和海水干湿循环耦合作用环境	对SFCB纵筋增强海砂混凝土梁开展了恒载耦合下的耐久性试验,试件被放置在20℃海水干湿循环耦合下90d

（续表）

研究层次	参考文献	发表年份	FRP类型	混凝土类型	试验环境	研究亮点
构件	Dong Z Q[103]	2018	SFCB和BFRP筋	海水海砂混凝土	50℃海水浸泡环境和40℃海水干湿循环环境	对FRP配筋（纵筋和箍筋）增强海水海砂混凝土梁在海水浸泡和干湿循环环境下进行了最长9个月龄期的加速老化试验。研究表明,高温海水持续浸泡环境要比干湿循环环境对梁的耐久性影响更大
	Li Y L[104]	2018	G/B/CFRP管	海水海砂混凝土	浸泡在40℃人工海水（质量分数为3.5%的盐溶液）中	对海水海砂混凝土填充的GFRP、BFRP和CFRP管柱经历海水浸泡后的轴压性能变化进行了试验。海水浸泡后,海水海砂混凝土自身强度没有减低,复合柱轴压承载力的降低主要是由于外包FRP管环向抗拉性能降低导致的
	李炳男[101]	2020	GFRP筋和SFCB	海水海砂混凝土	海水浸泡和荷载耦合环境	开展了GFRP筋和SFCB作为纵筋增强海水海砂混凝土梁在荷载和海水浸泡耦合环境下长达270 d的耐久性试验,分析了试验龄期和持载水平对试验梁抗弯耐久性能的影响
	曾小雨[105]	2020	BFRP筋和BFRP箍筋	海水海砂混凝土	海水、纯水、碱溶液浸泡环境	测试了BFRP筋增强海水海砂混凝土梁经历环境作用后的疲劳性能变化,分析了疲劳寿命、挠度变化及材料混凝土应变变化及裂缝开展规律

1.4　本书主要内容

本书对课题组自 2012 年以来在 FRP 与海砂混凝土组合应用方面的系列研究成果进行了全面梳理和汇总[57, 59, 62, 67-68, 98-99, 102-103, 106]。全书共包括十章,书中各章节核心内容如下:

第 1 章:绪论。阐述了 FRP 与海砂混凝土组合应用的背景和优势,介绍了 FRP 和海砂混凝土各自的特性,并对目前国内外涉及 FRP 与海砂混凝土(包括海水海砂混凝土、海砂珊瑚骨料混凝土等)组合应用的相关研究概况进行了细致的梳理和分类总结。

第 2 章:FRP 筋与海砂混凝土界面粘结耐久性能研究。针对海水浸泡和干湿循环两种环境下 FRP 筋与海砂混凝土(包括海水海砂混凝土)的界面粘结耐久性能开展了加速试验研究。

第 3 章:FRP 筋海砂混凝土梁力学性能退化规律研究。针对 BFRP 筋和 SFCB 增强海砂/海水海砂混凝土梁式构件在试验室加速模拟海洋环境下的长期性能开展了研究,并与 CFRP 筋和普通钢筋作为受拉纵筋的情况进行了对比。

第 4 章:改性 FRP 筋海砂混凝土耐久性能研究。创新提出了采用新型碳纳米管改性树脂作为基体的 BFRP 筋,对改性 BFRP 筋与海砂混凝土界面粘结耐久性能开展了加速腐蚀试验研究,并对采用改性 BFRP 箍筋的海砂混凝土梁的短期和长期抗剪性能进行了测试研究。

第 5 章:FRP 管新型含 BFRP 短棒海砂混凝土柱性能研究。提出了一类内掺废弃 BFRP 短棒的海水海砂混凝土,研究了 GFRP 管约束该新型混凝土柱的轴压性能和抗折性能,并在粗骨料类型上进行了进一步的创新,部分试件中采用了天然珊瑚骨料。

第 6 章:FRP 筋海砂混凝土梁滞回性能研究。创新提出了一类混掺 Minibar 的海砂混凝土,开展了 SFCB、SFCB/BFRP 筋混杂增强海砂混凝土梁的抗震性能研究。基于低周往复荷载试验,分析了新型构件的破坏模式、滞回性能、刚度退化、塑性耗能、纵筋应变和梁端曲率等。在此基础上,通过室内加速试验,研究了经高温海水干湿循环作用后,新型海砂混凝土梁的滞回性能变化规律。

第 7 章:FRP 筋新型海砂玻璃骨料混凝土梁性能研究。提出了一种新型掺加废弃玻璃粗骨料的海砂混凝土,并从粘结和梁式构件两个层次,开展了 FRP 配筋含玻璃骨料海水海砂混凝土结构的基本性能研究。

第 8 章：FRP 筋-海砂混凝土 - UHPC 组合梁性能研究。结合超高性能混凝土（UHPC）优异的力学性能和抗渗性能，开展了两类 FRP 筋-海砂混凝土- UHPC 组合梁研究。

第 9 章：FRP 筋/网格-海砂混凝土组合梁性能研究。提出了一种新型 FRP 筋/网格组合增强海水海砂混凝土梁，并对其抗弯抗剪性能进行了系统研究。

第 10 章：FRP 管海砂混凝土拱性能研究。创新研发了一类内壁预粘结有 BFRP 纵筋的预制弧形 FRP 管拱结构，可以通过内灌注海水海砂珊瑚骨料混凝土快速在岛礁环境下建设高耐久拱桥结构。通过试验研究拱体自身的轴压性能、偏压性能，并对拱体进行了加载测试。

本书是笔者团队多年来在 FRP 海砂混凝土组合应用研究方面的成果总结，书中内容涉及 FRP 海砂混凝土结构耐久性机理研究和基于新材料、新工艺和新组合方式的 FRP -海砂混凝土综合性能优化提升研究等。本书可供从事复合材料结构体系研究的研究生和教师学习参考，也可为从事海洋等腐蚀性环境下结构设计的工程师提供一定的借鉴。

本章参考文献

［1］ACI. Applying Continuous FRP Systems for Axial Strengthening of RCC Columns.［EB/OB］.（2017）［2022-02-21］. https://theconstructor.org/structural-engg/frp-rcc-column-axial-strengthening/16683/.

［2］ACI440.1R-15. Guide for the design and construction of structural concrete reinforced with fiber-reinforced polymer （FRP） bars［R］. American Concrete Institute （ACI） Committee 440，2015.

［3］刘国祥.人行天桥结构型材.［EB/OB］.2017［2022-02-21］. http://www.njspare.com/market.aspx？CateID＝105 & BaseInfoCateId＝105.

［4］Brit Svoboda. FRP pipe concrete arch bridge.［EB/OB］.2021［2021-02-21］https://www.bridges.aitcomposites.com/bridges/wanzer-brook.

［5］张伟，叶法平.沿海城市海砂混凝土问题及对策［J］.技术与市场，2013，20（7）：104.

［6］毛江鸿，金伟良，张华，等.海砂混凝土建筑的耐久性提升技术及应用研究［J］.中国腐蚀与防护学报，2015，35（6）：563-570.

［7］Teng J G，Yu T，Dai J，et al. FRP composites in new construction：current status and opportunities［C］// Proceedings of 7th National Conference on FRP Composites in

Infrastructure（Supplementary Issue of Industrial construction）HangZhou，China，2011.

［8］朱莹，张光超，吴刚.BFRP 片材在腐蚀溶液环境下耐腐蚀性能试验研究［J］.高科技纤维与应用，2013，38(1)：43-47.

［9］张光超.多因素耦合作用下 FRP 耐腐蚀性能试验研究［D］.南京：东南大学，2012.

［10］谢琼.连续纤维增强复合筋/索耐腐蚀性能试验研究［D］.南京：东南大学，2011.

［11］施嘉伟，朱虹，吴智深，等.冻融循环与荷载耦合作用下 frp-混凝土粘结界面性能的试验研究［C］//第五届全国 FRP 学术交流会论文集，2007.

［12］朱莹.FRP 筋长期力学性能及寿命预测方法研究［D］.南京：东南大学，2013.

［13］徐博.海洋环境下 FRP 筋与混凝土界面黏结性能研究［D］.南京：东南大学，2014.

［14］徐一谦.钢-连续纤维复合筋增强海砂混凝土梁基本性能研究［D］.南京：东南大学，2015.

［15］吕雁.玻璃纤维混凝土弯曲疲劳性能及累积损伤研究［D］.昆明：昆明理工大学，2013.

［16］李志霞.单向碳纤维预浸料性能评价与工艺研究［D］.上海：东华大学，2014.

［17］裴悦.掺入玻璃纤维及玄武岩纤维增强混凝土性能的试验研究［D］.太原：中北大学，2019.

［18］石磊.基于声发射方法的玄武岩纤维混凝土力学性能试验研究［D］.邯郸：河北工程大学，2021.

［19］Jin F L，Li X，Park S J. Synthesis and application of epoxy resins：A review［J］. Journal of Industrial and Engineering Chemistry，2015，29：1-11.

［20］Launikitis M B. Vinyl ester resins［M］// Handbook of Composites. Boston，MA：Springer，1982：38-49.

［21］Alia C，Biezma M V，Pinilla P，et al. Degradation in seawater of structural adhesives for hybrid fibre-metal laminated materials［J］. Advances in Materials Science and Engineering，2013：869075.

［22］马悦.碳纤维/乙烯基酯树脂复合材料残余热应力研究［D］.哈尔滨：哈尔滨工业大学，2019.

［23］农瑞.海砂混凝土结构构件力学性能的试验研究［D］.哈尔滨：哈尔滨工业大学，2008.

［24］苏岳威，张佳康，吴蓬，等.海砂对混凝土耐久性能的影响研究综述［J］.混凝土，2021(2)：63-67.

［25］Xiao J Z，Qiang C B，Nanni A，et al. Use of sea-sand and seawater in concrete construction：Current status and future opportunities［J］. Construction and Building Materials，2017，155：1101-1111.

［26］Etxeberria M，Fernandez J M，Limeira J. Secondary aggregates and seawater employment for sustainable concrete dyke blocks production：Case study［J］.

Construction and Building Materials，2016，113：586-595.

［27］Yang E I，Kim M Y，Park H G，et al. Effect of partial replacement of sand with dry oyster shell on the long-term performance of concrete［J］. Construction and Building Materials，2010，24(5)：758-765.

［28］Ahmed A，Guo S C，Zhang Z H，et al. A review on durability of fiber reinforced polymer（FRP）bars reinforced seawater sea sand concrete［J］. Construction and Building Materials，2020，256：119484.

［29］Limeira J，Agulló L，Etxeberria M. Dredged marine sand as a new source for construction materials［J］. Materiales de Construcción，2012，62(305)：7-24.

［30］Pascal P. Sand，rarer than one thinks［J］. Environmental Development，2014，11：208-218.

［31］Xiao J Z，Qiang C B，Nanni A，et al. Use of sea-sand and seawater in concrete construction：Current status and future opportunities［J］. Construction and Building Materials，2017，155：1101-1111.

［32］黄华县.海砂混凝土耐久性试验研究［D］.广州：暨南大学，2007.

［33］唐修生，黄国泓，蔡跃波，等.阻锈剂对海砂高性能混凝土的性能影响［J］.人民长江，2011，42(15)：47-49.

［34］吴彰钰，余红发，麻海燕，等.海水淡化对钢筋珊瑚混凝土结构服役寿命的影响［J］.材料科学与工程学报，2021，39(1)：82-88.

［35］冯鹏，王杰，张枭，等.FRP与海砂混凝土组合应用的发展与创新［J］.玻璃钢/复合材料，2014(12)：13-18.

［36］唐泽苗. 深圳海砂房.［EB/OB］.(2019-11-12).［2022-02-21］. http：//www.cssqt.com/xw/gn/sh/403527.shtml.

［37］刘平.台湾"海砂屋"：大量房屋和公共建筑出现了腐蚀劣化现象.［EB/OB］.(2021-08-01)［2022-02-21］. https：//www.163.com/dy/article/GGBJ4JH70512MI6A.html.

［38］Feng P，Wang J，Wang Y，et al. Effects of corrosive environments on properties of pultruded GFRP plates［J］. Composites Part B：Engineering，2014，67：427-433.

［39］高婧，范凌云.CFRP筋与海水海砂混凝土粘结性试验与机理分析［J］.复合材料学报，2021，38：1-11.

［40］单波，佟广权，刘其元.CFRP筋与海水海砂混凝土黏结性能试验［J］.建筑科学与工程学报，2020，37(5)：113-123.

［41］徐金金，杨树桐，刘治宁.碱激发矿粉海水海砂混凝土与CFRP筋粘结性能研究［J］.工程力学，2019，36(S1)：175-183.

［42］韩世文.FRP-钢筋复合筋海水海砂混凝土梁的受弯性能及设计方法［D］.哈尔滨：哈尔滨

工业大学，2019.

[43] 林培轩. 海水海砂纤维水泥基复合材料（混凝土）与 GFRP 筋表面粘结性能的研究[D]. 温州：温州大学，2019.

[44] Bazli M，Zhao X L，Bai Y，et al. Bond-slip behaviour between FRP tubes and seawater sea sand concrete[J]. Engineering Structures，2019，197(15)：109421.

[45] Wei W，Liu F，Xiong Z，et al. Effect of loading rates on bond behaviour between basalt fibre-reinforced polymer bars and concrete[J]. Construction and Building Materials，2020，231：117138.

[46] Zhang B，Zhu H，Cao R M，et al. Feasibility of using geopolymers to investigate the bond behavior of FRP bars in seawater sea-sand concrete[J]. Construction and Building Materials，2021，282：122636.

[47] Xiong Z，Wei W，He S H，et al. Dynamic bond behaviour of fibre-wrapped basalt fibre-reinforced polymer bars embedded in sea sand and recycled aggregate concrete under high-strain rate pull-out tests [J]. Construction and Building Materials，2021，276：122195.

[48] Xiong Z，Zeng Y，Li L G，et al. Experimental study on the effects of glass fibres and expansive agent on the bond behaviour of glass/basalt FRP bars in seawater sea-sand concrete[J]. Construction and Building Materials，2021，274：122100.

[49] Sun J Z，Ding Z H，Li X L，et al. Bond behavior between BFRP bar and basalt fiber reinforced seawater sea-sand recycled aggregate concrete[J]. Construction and Building Materials，2021，285(9)：122951.

[50] Li L J，Lu J K，Fang S，et al. Flexural study of concrete beams with basalt fibre polymer bars[J]. Proceedings of the Institution of Civil Engineers — Structures and Buildings，2018，171(7)：505-516.

[51] Li L J，Hou B，Lu Z Y，et al. Fatigue behaviour of sea sand concrete beams reinforced with basalt fibre-reinforced polymer bars [J]. Construction and Building Materials，2018，179：160-171.

[52] Li L J，Zeng L，Li S W，et al. Shear capacity of sea sand concrete beams with polymer bars[J]. Proceedings of the Institution of Civil Engineers — Structures and Buildings，2019，172(4)：237-248.

[53] Hua Y T，Yin S P，Peng Z T. Crack development and calculation method for the flexural cracks in BFRP reinforced seawater sea-sand concrete（SWSSC）beams[J]. Construction and Building Materials，2020，255：119328.

[54] Hua Y T，Yin S P，Feng L L. Bearing behavior and serviceability evaluation of seawater

sea-sand concrete beams reinforced with BFRP bars [J]. Construction and Building Materials, 2020, 243(4): 118294.

[55] Gao Y J, Zhou Y Z, Zhou J N, et al. Blast responses of one-way sea-sand seawater concrete slabs reinforced with BFRP bars [J]. Construction and Building Materials, 2020, 232: 117254.

[56] Zhou Y W, Gao H, Hu Z H, et al. Ductile, durable, and reliable alternative to FRP bars for reinforcing seawater sea-sand recycled concrete beams: Steel/FRP composite bars[J]. Construction and Building Materials, 2021, 269: 121264.

[57] Dong Z Q, Wu G, Zhao X L, et al. Behaviors of hybrid beams composed of seawater sea-sand concrete (SWSSC) and a prefabricated UHPC shell reinforced with FRP bars [J]. Construction and Building Materials, 2019, 213: 32-42.

[58] Jiang J F, Luo J, Yu J T, et al. Performance improvement of a fiber-reinforced polymer bar for a reinforced sea sand and seawater concrete beam in the serviceability limit state [J]. Sensors, 2019, 19(3): 654.

[59] Dong Z Q, Wu G, Zhu H, et al. Flexural behavior of seawater sea-sand coral concrete-UHPC composite beams reinforced with BFRP bars [J]. Construction and Building Materials, 2020, 265(4): 120279.

[60] Li Y L, Zhao X L, Singh Raman R K. Behaviour of seawater and sea sand concrete filled FRP square hollow sections[J]. Thin-Walled Structures, 2020, 148: 106596.

[61] Wang L C, Yin S P, Hua Y T. Flexural behavior of BFRP reinforced seawater sea-sand concrete beams with textile reinforced ECC tension zone cover[J]. Construction and Building Materials, 2021, 278: 122372.

[62] Dong Z Q, Sun Y, Wu G, et al. Flexural behavior of seawater sea-sand concrete beams reinforced with BFRP bars/grids and BFRP-wrapped steel tubes [J]. Composite Structures, 2021, 268: 113956.

[63] Li Y L, Zhao X L, Raman Singh R K, et al. Tests on seawater and sea sand concrete-filled CFRP, BFRP and stainless steel tubular stub columns[J]. Thin-Walled Structures, 2016, 108: 163-184.

[64] Li Y L, Zhao X L, Raman Singh R K, et al. Experimental study on seawater and sea sand concrete filled GFRP and stainless steel tubular stub columns [J]. Thin-Walled Structures, 2016, 106: 390-406.

[65] Li Y L, Teng J G, Zhao X L, et al. Theoretical model for seawater and sea sand concrete-filled circular FRP tubular stub columns under axial compression [J]. Engineering Structures, 2018, 160: 71-84.

[66] Zhou A, Qin R Y, Chow C L, et al. Structural performance of FRP confined seawater concrete columns under chloride environment[J]. Composite Structures, 2019, 216: 12-19.

[67] Dong Z Q, Wu G, Zhu H. Mechanical properties of seawater sea-sand concrete reinforced with discrete BFRP-Needles[J]. Construction and Building Materials, 2019, 206: 432-441.

[68] Dong Z Q, Wu G, Zhao X L, et al. Mechanical properties of discrete BFRP needles reinforced seawater sea-sand concrete-filled GFRP tubular stub columns [J]. Construction and Building Materials, 2020, 244: 118330.

[69] Li Y L, Zhao X L. Hybrid double tube sections utilising seawater and sea sand concrete, FRP and stainless steel[J]. Thin-Walled Structures, 2020, 149: 106643.

[70] Zeng J J, Duan Z J, Gao W Y, et al. Compressive behavior of FRP-wrapped seawater sea-sand concrete with a square cross-section[J]. Construction and Building Materials, 2020, 262: 120881.

[71] Zeng J J, Gao W Y, Duan Z J, et al. Axial compressive behavior of polyethylene terephthalate/carbon FRP-confined seawater sea-sand concrete in circular columns[J]. Construction and Building Materials, 2020, 234: 117383.

[72] 徐焕林. GFRP 管约束海水海砂再生混凝土短柱轴压性能试验研究[D]. 广州: 广东工业大学, 2020.

[73] Yang J L, Wang J Z, Wang Z R. Axial compressive behavior of partially CFRP confined seawater sea-sand concrete in circular columns — Part I: Experimental study [J]. Composite Structures, 2020, 246: 112373.

[74] Yang J L, Wang J Z, Wang Z R. Axial compressive behavior of partially CFRP confined seawater sea-sand concrete in circular columns — Part II: A new analysis-oriented model[J]. Composite Structures, 2020, 246: 112368.

[75] Yang J L, Lu S W, Wang J Z, et al. Behavior of CFRP partially wrapped square seawater sea-sand concrete columns under axial compression[J]. Engineering Structures, 2020, 222: 111119.

[76] Li P D, Yang T Q, Zeng Q, et al. Axial stress-strain behavior of carbon FRP-confined seawater sea-sand recycled aggregate concrete square columns with different corner radii [J]. Composite Structures, 2021, 262: 113589.

[77] 严康. FRP-不锈钢管-海水海砂混凝土柱轴压力学性能试验研究[D]. 广州: 广东工业大学, 2020.

[78] Sun J Z, Wei Y M, Wang Z Y, et al. A new composite column of FRP-steel-FRP clad

tube filled with seawater sea-sand coral aggregate concrete: Concept and compressive behavior[J]. Construction and Building Materials, 2021, 301: 124096.

[79] Wei Y, Bai J W, Zhang Y R, et al. Compressive performance of high-strength seawater and sea sand concrete-filled circular FRP-steel composite tube columns[J]. Engineering Structures, 2021, 240: 112357.

[80] Zhou A, Chow C L, Lau D. Structural behavior of GFRP reinforced concrete columns under the influence of chloride at casting and service stages[J]. Composites Part B: Engineering, 2018, 136: 1-9.

[81] Zhang Q T, Xiao J Z, Liao Q X, et al. Structural behavior of seawater sea-sand concrete shear wall reinforced with GFRP bars[J]. Engineering Structures, 2019, 189: 458-470.

[82] 袁世杰. BFRP 纵筋增强海水海砂混凝土短柱偏心受压性能试验研究[D]. 南宁: 广西大学, 2019.

[83] Zhou J K, He X, Shen W. Compression behavior of seawater and sea-sand concrete reinforced with fiber and glass fiber-reinforced polymer bars[J]. ACI Structural Journal, 2020, 117(4): 103-114.

[84] 李天姿. FRP 管约束复合筋海砂混凝土柱轴压性能研究[D]. 广州: 广东工业大学, 2020.

[85] Wang Z K, Zhao X L, Xian G J, et al. Long-term durability of basalt- and glass-fibre reinforced polymer (BFRP/GFRP) bars in seawater and sea sand concrete environment [J]. Construction and Building Materials, 2017, 139: 467-489.

[86] Wang Z K, Zhao X L, Xian G J, et al. Effect of sustained load and seawater and sea sand concrete environment on durability of basalt- and glass-fibre reinforced polymer (B/GFRP) bars[J]. Corrosion Science, 2018, 138: 200-218.

[87] Wang Z K, Zhao X L, Xian G J, et al. Durability study on interlaminar shear behaviour of basalt-, glass- and carbon-fibre reinforced polymer (B/G/CFRP) bars in seawater sea sand concrete environment [J]. Construction and Building Materials, 2017, 156: 985-1004.

[88] Guo F, Al-Saadi S, Singh Raman R K, et al. Durability of fiber reinforced polymer (FRP) in simulated seawater sea sand concrete (SWSSC) environment[J]. Corrosion Science, 2018, 141: 1-13.

[89] Sharma S, Zhang D X, Zhao Q. Degradation of basalt fiber-reinforced polymer bars in seawater and sea sand concrete environment[J]. Advances in Mechanical Engineering, 2020, 12(3): 168781402091288.

[90] Bazli M, Zhao X L, Bai Y, et al. Durability of pultruded GFRP tubes subjected to

seawater sea sand concrete and seawater environments[J]. Construction and Building Materials, 2020, 245: 118399.

[91] Bazli M, Li Y L, Zhao X L, et al. Durability of seawater and sea sand concrete filled filament wound FRP tubes under seawater environments [J]. Composites Part B: Engineering, 2020, 202: 108409.

[92] Bazli M, Zhao X L, Jafari A, et al, Mechanical properties of pultruded GFRP profiles under seawater sea sand concrete environment coupled with UV radiation and moisture [J]. Construction and Building Materials, 2020, 258: 120369.

[93] Su C, Wang X, Ding L N, et al. Effect of carbon nanotubes and silica nanoparticles on the durability of basalt fiber reinforced polymer composites in seawater and sea sand concrete environment[J]. Polymer Composites, 2021, 42(7): 3427-3444.

[94] Lu Z Y, Li Y C, Xie J H. Durability of BFRP bars wrapped in seawater sea sand concrete[J]. Composite Structures, 2021, 255: 112935.

[95] Zhao Q, Zhang D X, Zhao X L, et al. Modelling damage evolution of carbon fiber-reinforced epoxy polymer composites in seawater sea sand concrete environment[J]. Composites Science and Technology, 2021, 215: 108961.

[96] Morales C N, Claure G, Emparanza A R, et al. Durability of GFRP reinforcing bars in seawater concrete[J]. Construction and Building Materials, 2021, 270: 121492.

[97] Bazli M, Zhao X L, Jafari A, et al. Durability of glass-fibre-reinforced polymer composites under seawater and sea-sand concrete coupled with harsh outdoor environments[J]. Advances in Structural Engineering, 2021, 24(6): 1090-1109.

[98] Dong Z Q, Wu G, Zhao X L, et al. Bond durability of steel-FRP composite bars embedded in seawater sea-sand concrete under constant bending and shearing stress [J]. Construction and Building Materials, 2018, 192: 808-817.

[99] Dong Z Q, Wu G, Zhao X L, et al. Long-term bond durability of fiber-reinforced polymer bars embedded in seawater sea-sand concrete under ocean environments[J]. Journal of Composites for Construction, 2018, 22(5): 04018042.

[100] Bazli M, Zhao X L, Singh Raman R K, et al. Bond performance between FRP tubes and seawater sea sand concrete after exposure to seawater condition[J]. Construction and Building Materials, 2020, 265: 120342.

[101] 李炳男. 海水浸泡与荷载耦合作用下 FRP 筋海水海砂混凝土梁抗弯耐久性能研究[D]. 大连: 大连理工大学, 2020.

[102] Dong Z Q, Wu G, Xu Y Q. Bond and flexural behavior of sea sand concrete members reinforced with hybrid steel-composite bars presubjected to wet-dry cycles[J]. Journal

of Composites for Construction，2017，21(2)：04016095.

[103] Dong Z Q，Wu G，Zhao X L，et al. Durability test on the flexural performance of seawater sea-sand concrete beams completely reinforced with FRP bars［J］. Construction and Building Materials，2018，192：671-682.

[104] Li Y L，Zhao X L，Singh Raman R K.Mechanical properties of seawater and sea sand concrete-filled FRP tubes in artificial seawater［J］. Construction and Building Materials，2018，191：977-993.

[105] 曾小雨. BFRP筋海水海砂混凝土梁的耐久性研究[D]. 广州:广东工业大学，2020.

[106] Dong Z Q，Wu G，Xu Y Q. Experimental study on the bond durability between steel-FRP composite bars（SFCBs）and sea sand concrete in ocean environment［J］. Construction and Building Materials，2016，115：277-284.

第 2 章　FRP 筋与海砂混凝土界面粘结耐久性能研究

2.1　引言

由于 FRP(BFRP 和 GFRP)相对较低的弹性模量(50～60 GPa)和线弹性的力学特性,仅配置 FRP 筋的混凝土构件的刚度往往相对较低,并且破坏突然,延性不足[1-2]。为解决这一问题,课题组团队研发并工业化生产制作了以普通钢筋(弹性模量 200 GPa)为内芯,外包纵向连续纤维的钢-FRP 复合筋(简称 SFCB),所用纤维为玄武岩纤维(Basalt fiber),并已对其基本力学性能[3]、配筋增强混凝土梁性能[4]、嵌入式加固梁性能[5]以及配筋增强混凝土柱抗震性能[6]等进行了系统研究。由于 SFCB 的外表面也是 FRP,其也可以与海砂混凝土组合使用。另一方面,当工程建设是在远离内陆的岛礁上进行时,不仅砂石骨料材料短缺,浇筑海砂混凝土的淡水资源也是稀缺的,若能直接采用海水作为混凝土的拌和水,将进一步提高效率、降低造价、加快工程进度。

因此,将 FRP 筋(包括新型 SFCB)与就地取材的海水、海砂组合使用,形成的 FRP 筋(SFCB)海水海砂混凝土结构在沿海和岛礁建设中具有良好的应用前景。然而,虽然海水、海砂中富集的氯离子不会对 FRP 产生类似于钢材的电化学加速腐蚀,但是混凝土内部的微孔隙碱性环境却可能会对 FRP 的力学性能产生不利影响[7-8]。考虑到侵蚀是从筋材表面开始,这往往会对其与混凝土的界面粘结性能首先带来不利影响。据笔者所知,目前研究多局限于 BFRP 筋与混凝土短期粘结性能的研究[9-12],对影响短期粘结强度的一些参数进行了初步的比较研究。对于海洋环境下,BFRP 筋与混凝土的界面粘结耐久性能还缺乏足够的研究[13],对于 SFCB 与海砂混凝土界面粘结长期性能的则更少[14-15]。因此,针对海洋环境下 FRP 筋(包括 SFCB)海砂混凝土(包括海水海砂混凝土)这一新组合在界面层次的损伤退化规律和劣化机理亟须开展深入研究[14-16]。

为此,本章通过在试验室内模拟两类典型的海洋环境(海水浸泡环境和海水干湿循环环境),开展了 SFCB 和 BFRP 筋与海砂混凝土(包括海水海砂混凝土)界面粘结耐久性能试验研究,研究中也同步设置了少量普通河沙混凝土和普通钢筋作为对比。此外,为更真实地模拟 FRP 筋在构件中的应力状态,本章创新设计了 FRP 筋偏心拉拔试验。本章研究有助于人们了解 FRP 筋(包括 SFCB)与海砂混凝土界面粘结性能在海洋环境下的长期演化规律和劣化机理。

2.2　钢-FRP 复合筋与海砂混凝土粘结耐久性能

本节重点对课题组研发的新型钢-FRP 复合筋(SFCB)与海砂混凝土在海洋环境下的粘结耐久性能进行了加速老化试验。同时,也采用普通河沙混凝土和普通钢筋进行了对比分析。

2.2.1　试验材料和方案

本节试验所用 SFCB 由直径为 8.0 mm 的内芯钢筋和 30 束 2 400 tex 的玄武岩纤维增强乙烯基酯树脂外包层组成。其中玄武岩纤维由浙江石金玄武岩纤维有限公司生产,树脂由无锡蓝星树脂厂提供。SFCB 采用拉挤工艺制备,表面由尼龙绳缠绕形成螺旋肋,肋深度约为 1.0 mm,筋材名义直径为 12.5 mm。如图2-1(a)中所示,实测 SFCB 屈服强度为 244.5 MPa,极限强度为 480.9 MPa,弹性模量为97.8 GPa,极限应变为5%。试验同时也对名义直径为 12 mm 的 HRB400 级钢筋与混凝土的粘结性能进行了测试,用于和 SFCB 进行对比。SFCB 和钢筋的表面形貌参数如图2-1(b)中所示。本节试验所用混凝土的配合比和抗压强度如表 2-1 所示。

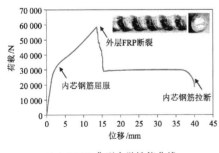

(a) SFCB 典型力学性能曲线

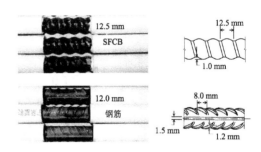

(b) SFCB 和钢筋表面形貌参数

图 2-1　筋材的力学性能和表面形貌

表 2-1　混凝土配比和抗压强度

种类	配比	抗压强度/MPa
河沙混凝土	水泥∶水∶河沙∶粗骨料 = 1∶0.43∶1.50∶2.50	49.7
海砂混凝土	水泥∶水∶海砂∶粗骨料∶氯化钠 = 1∶0.46∶1.50∶2.50∶0.013	41.7

注：采用便携式氯离子滴定仪测试海砂中的氯离子浓度为 0.4%。

　　本节粘结性能测试采用中心拉拔的形式，试件尺寸如图 2-2 所示，筋材的总长度为 700 mm，与混凝土粘结段为 48 mm（约为 4 倍的筋材直径），混凝土块为边长 100 mm 的立方体。

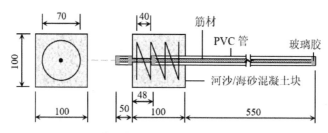

图 2-2　中心拉拔试件尺寸示意图（单位：mm）

　　为了模拟海洋潮汐区的干湿循环作用，参考张庆章[17]的设计理念，在试验室内建造了可模拟海洋潮汐环境的干湿循环试验系统。试验系统的构造如图 2-3 所示，利用两个磁力水泵交替抽水，从而实现干湿循环。每 12 h 完成一次干湿循环（循环制度可任意调节）。在试验周期内，水温由温控加热棒保持在 20℃ 左右，所用海水为 5% 质量分数的氯化钠溶液。模拟海洋水下环境的浸泡加速试验在恒温浸泡箱中进行，海水也为 5% 质量分数的氯化钠溶液，温度设定为 40℃。

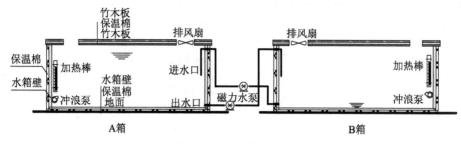

图 2-3　自制干湿循环模拟试验箱示意图

试验方案如表 2-2 所示,共包含 66 个中心拉拔试件。试验变量包括筋材种类、混凝土类别、加速环境类型和环境作用时间等,重点对 SFCB 与河沙混凝土和海砂混凝土粘结耐久性能的差异进行了比较。

表 2-2　试验方案

试件编号	筋材类型	细骨料	混凝土强度/MPa	环境类型	环境作用时间/d			
					对比组	30	60	90
B30-s-1	SFCB	海砂	41.7	干湿循环(20℃)	3	3	3	3
B30-s-2	SFCB	海砂	41.7	浸泡(40℃)		3	3	3
B30-r-1	SFCB	河沙	49.7	干湿循环(20℃)	3	3	3	3
S12-s-1	钢筋	海砂	41.7	干湿循环(20℃)	3	3	3	3
S12-s-2	钢筋	海砂	41.7	浸泡(40℃)		3	3	3
S12-r-1	钢筋	河沙	49.7	干湿循环(20℃)	3	3	3	3

注:试件编号中,"B30"代表 SFCB,"S12"代表钢筋,"s"代表海砂混凝土,"r"代表河沙混凝土,数字"1"代表干湿循环环境,"2"代表海水浸泡环境。表中"3"代表每组 3 个相同试件。

2.2.2　加载及测试方法

本节中心拉拔试验测试装置如图 2-4 所示,在加载端和自由端分别安置一个位移计用于测量筋材的滑移值,拉拔力由荷载传感器测得。试验过程中采用 TDS-530 数据采集仪同步获得荷载和滑移值。拉拔试验在万能试验机上进行,采用位移控制的加载方式,加载速度为 0.75 mm/min。当出现以下三种情况之一即停止试验:①筋材拔出;②混凝土劈裂;③自由端滑移超过 10 mm。

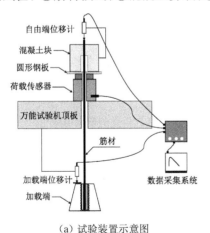

（a）试验装置示意图　　　　（b）试验装置实物图

图 2-4　中心拉拔试验装置

2.2.3　破坏模式

在拉拔试验完成后,敲开混凝土试块,观察筋材表面的情况。以最长 90 d 龄期组为例,结果如图 2-5 所示。可以明显看出,环境作用后的 SFCB,表面颜色变成纤维原丝的棕色,由于高温(40℃)大大加速了混凝土微孔隙碱溶液对 SFCB 表面的侵蚀速度,且浸泡环境下,孔隙碱溶液充足。因此,B30-s-2 组的表面损伤最为严重,其次是 B30-r-1 组,其表面 BFRP 横肋被剪坏且与内层有分离的现象,B30-s-1 组发生了相对较轻的损伤,仅发生表面 BFRP 横肋部分剪坏。分析认为,可能是由于内掺氯盐降低了混凝土孔溶液的碱性,从而减缓了 SFCB 表层 BFRP 的损伤。

对于钢筋而言,S12-s-1 组的钢筋表面产生了明显的锈迹,肋表面有磨损。由此可见,钢筋表面的钝化膜由于氯离子的活化作用已被完全破坏,自此之后,钢筋将迅速发生锈蚀,严重影响结构的长期性能。S12-s-2 组的钢筋表面也有锈迹产生,但程度明显轻于 S12-s-1 组。S12-r-1 组中的钢筋表面几乎没有出现锈蚀,说明外部海水中氯离子的渗透在混凝土内还没有达到足够的浓度,还未能引起钝化膜的破坏。

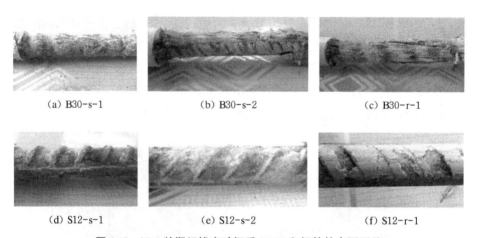

(a) B30-s-1	(b) B30-s-2	(c) B30-r-1
(d) S12-s-1	(e) S12-s-2	(f) S12-r-1

图 2-5　90 d 龄期组拔出破坏后 SFCB 和钢筋的表面形貌

2.2.4　粘结-滑移曲线和极限粘结强度变化规律

图 2-6 所示为试验各龄期下的代表性粘结-滑移曲线。图 2-6(a)所示为 SFCB-海砂混凝土在干湿循环条件下的粘结-滑移曲线,可以明显看出,经海水干湿循环作用后的粘结-滑移曲线的峰值点得到提高,并且在达到峰值点后,出现突

然的一个下降,之后粘结-滑移曲线又与对比组基本吻合。图 2-6(c)所示为 SFCB-河沙混凝土在干湿循环条件下的粘结-滑移曲线,可以看出,粘结强度在达到峰值点后,同样出现了突然的下降,与海砂混凝土中不同的是,极限粘结强度的提高较小。图 2-6(e)所示为 SFCB-海砂混凝土在 40℃高温海水持续浸泡下的粘

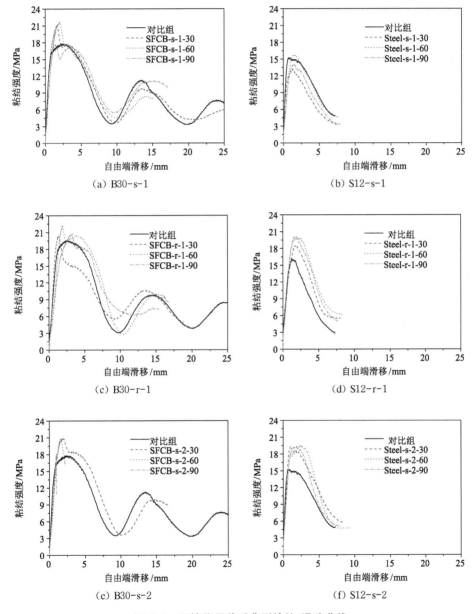

图 2-6　环境作用前后典型粘结-滑移曲线

结-滑移关系，可以发现，在 30 d 龄期时，极限粘结强度得到提高且在峰值点后有个突然下降的过程。但当龄期延长至 60 d 和 90 d 时，由于高温、高碱环境对表层 BFRP 的侵蚀作用，使得表层肋出现软化、分层现象，SFCB 发生了突然的拔出破坏，未测得波浪形的下降段。

图 2-6(b)所示为钢筋-海砂混凝土在干湿循环条件下的粘结-滑移曲线，可以看出，除了 60 d 的极限粘结强度出现略微提高之外，30 d 和 90 d 的极限粘结强度都出现降低，而且，腐蚀后的曲线上升段的斜率都低于对比组。图 2-6(d)所示为钢筋-河沙混凝土干湿循环条件下的粘结-滑移曲线，可以看出，各龄期下的粘结强度也都得到了明显提高。图 2-6(f)所示为钢筋-海砂混凝土在 40℃ 高温海水浸泡条件下的粘结-滑移曲线，可以看出，环境作用后的粘结强度都要大于对比组。分析原因认为，一方面由于持续浸泡条件下，水中氧气缺乏，钢筋不易锈蚀，另一方面，高温海水持续浸泡也使得混凝土强度得到提高，钢筋拔出破坏时，粘结强度与混凝土强度成正比。通过比较图 2-6(b)和图 2-6(d)可以明显看出，海砂混凝土中的氯盐对钢筋的加速锈蚀作用以及对粘结强度的影响十分明显。

1) 环境作用龄期的影响

如图 2-7(a)所示，在各龄期条件下，B30-s-1 的粘结强度都得到了提高，在 60 d 时提高幅度最大（17.4%），之后开始下降。B30-s-2 的粘结强度在 30、60 d 时分别提高了 10.4% 和 6.8%，在 90 d 时下降了 4.6%。B30-r-1 在各龄期条件下基本保持不变（除了 60 d 时提高了 4%）。如图 2-7(b)所示，S12-s-1 的粘结强度随龄期有降低的趋势（除了 60 d 时提高了 5.1%）。S12-s-2 在 30、60 和 90 d 的粘结强度都出现了较明显的提高，平均提高了约 20%。S12-r-1 在 30、60 和 90 d 的粘结强度分别提高了 11.5%、23.8% 和 15.8%。

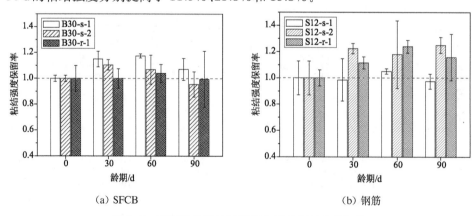

（a）SFCB　　　　　　　　（b）钢筋

图 2-7　极限粘结强度随环境作用龄期的变化规律

2) 环境类型的影响

试验采用了两种类型的老化环境,分别为海水干湿循环(20℃)和海水恒温浸泡(40℃)。如图 2-8(a)所示,在干湿循环条件下(B30-s-1),SFCB 与海砂混凝土的粘结强度在 60 d 时达到峰值后才开始下降,到 90 d 时,其粘结强度仍然大于初始值。在浸泡条件(B30-s-2)下,SFCB 与海砂混凝土的粘结强度在 30 d 时达到峰值后即开始下降,到 90 d 时,其粘结强度低于初始值,且小于同龄期干湿循环试件的粘结强度,此时 SFCB 表面 BFRP 吸湿膨胀对粘结性能的增强效果已不及腐蚀环境对 SFCB 表面侵蚀的影响。可见,对于 SFCB 筋,海水高温浸泡环境较为不利。

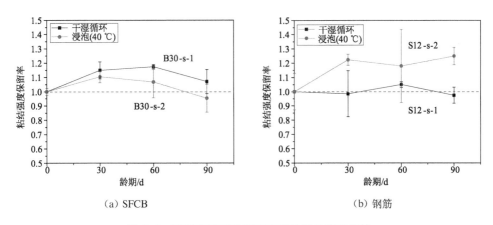

（a）SFCB　　　　　　　　　　（b）钢筋

图 2-8　两种环境下粘结强度随龄期的变化规律

如图 2-8(b)所示,比较 S12-s-1 和 S12-s-2 可以发现,在各个龄期条件下,干湿循环环境下的粘结强度值都要小于浸泡环境下的。这是由于,在干湿循环条件下,由于氧气的供应充分,钢筋的锈蚀要大于海水浸泡条件下的,而海水浸泡条件下,内部钢筋的锈蚀速率明显变缓。

3) 含氯离子的影响

试验采用了两种类型的混凝土。比较图 2-9(a)中的 B30-s-1 和 B30-r-1 可以发现,SFCB 与海砂混凝土的粘结强度保留率在各龄期下都大于其与河沙混凝土的。在 30 d、60 d 和 90 d 龄期时,B30-s-1 的极限粘结强度保留率比 B30-r-1分别高 15%、13.4% 和 7.6%。分析认为,海砂中的盐分可能对 SFCB 在混凝土碱性环境中的耐久性有一定的提升,可以降低孔溶液的碱性,延缓其对 SFCB 表面BFRP 的侵蚀速度。

比较图 2-9(b)中的 S12-s-1 和 S12-r-1 可以看出,钢筋与海砂混凝土的粘结强度保留率在各龄期下都要小于其与河沙混凝土的粘结强度保留率。分析认为,这是由于海砂混凝土中内含的氯离子会直接诱使钢筋表面的钝化膜发生破坏,加速钢筋锈蚀的发生,而海水中的氯离子通过河沙混凝土保护层渗透至钢筋表面达到可破坏钝化膜的浓度则需要一段时间。在试验的腐蚀龄期内,河沙混凝土中的钢筋仅有轻微锈蚀,该程度下钢筋的锈蚀非但不会降低钢筋与混凝土间的粘结强度,反而会增加钢筋与混凝土间的摩擦系数,对粘结强度有着有利的影响。

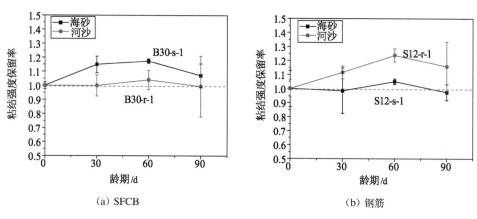

（a）SFCB　　　　　　　　　　（b）钢筋

图 2-9　两种混凝土环境下粘结强度随龄期的变化规律

2.2.5　长期粘结应力变化趋势预测

基于试验研究和理论分析,预测干湿循环环境下海砂混凝土中 SFCB 与钢筋的粘结强度长期变化趋势如图 2-10 所示。对 SFCB 而言,在 90 d 的试验龄期内,所有粘结强度均有所提高。在初始阶段,吸水引起的膨胀效应大于碱性溶液侵蚀引起的软化效应。但吸水饱和后,碱性溶液侵蚀造成的不利影响将大于溶胀作用,粘结强度会随之降低。SFCB 粘结强度主要是由外部纤维层提供,先前的研究[18]表明混凝土孔隙碱性环境是 FRP 筋损伤的主要原因,在海水中的氯离子或海砂不会加快 FRP 筋的降解[19]。但随着时间的推移,由于混凝土碳化和海水冲刷,混凝土孔隙溶液的碱度会降低。因此,从理论上讲,随着时间的增加粘结强度下降应该是收敛的。相比之下,尽管在 90 d 龄期没有观察到明显的粘结强度下降,但钢筋已经开始生锈,其中所含的氯离子大大缩短了生锈所需的时间。随着时间的推移,由于锈蚀产物的积累,混凝土碳化、裂缝和海水冲刷造成的碱度降低,粘结强度退化应不收敛。

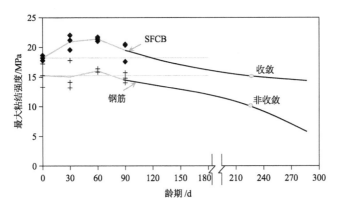

图 2-10　干湿循环环境下 SFCB 与海砂混凝土钢筋粘结强度退化的理论趋势

2.3　FRP 筋与海水海砂混凝土粘结耐久性能

当在远海岛礁环境下开展工程建设时,可在就地取材使用海砂的同时,进一步考虑使用天然海水作为制备混凝土的拌和水,从而形成 FRP 筋海水海砂混凝土结构。本节对 BFRP 筋和 SFCB 与天然海水海砂混凝土的界面粘结耐久性能进行了试验室内的加速老化试验。除了传统的中心拉拔试件外,还设计了考虑混凝土真实应力状态的偏心拉拔试件。

2.3.1　试验材料和方案

本节试验采用了两种形式的拉拔试验,分别为中心拉拔和偏心拉拔。其中,中心拉拔试件的形式与 2.2 节中的相同,粘结段长度为 $4d$(其中 d 为筋材直径)。所不同的是,本节所用混凝土为天然海水海砂混凝土。另外,为了更准确地模拟实际构件中混凝土所处的应力状态,本节中创新设计了偏心拉拔试验,试件形式如图 2-11 所示。海水海砂混凝土块的尺寸为 $0.12\text{ m}\times0.24\text{ m}\times0.40\text{ m}$,筋材长度为 1.2 m,筋材中心到混凝土边缘统一为 35 mm,粘结段位于块体中间位置。在块体内部配置钢筋笼用于防止块体在横向荷载作用下开裂,钢筋笼的纵筋为 12 mm HRB400 钢筋,箍筋为 8 mm HPB300 钢筋。试件制作过程如图 2-12 所示。

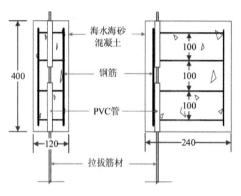
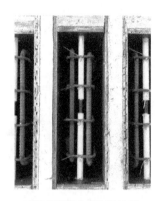

（a）试件尺寸示意图（单位：mm）　　　　　（b）钢筋笼和筋材粘结段

图 2-11　偏心拉拔试件尺寸图

（a）待浇筑试件　　　　　　　　　　（b）拆模后的偏心拉拔试件

图 2-12　偏心拉拔试件制备

由于试件数量较多，体积较大，已有耐久性试验设备（恒温浸泡水箱和自制干湿循环水箱）的尺寸无法满足要求。为此，如图 2-13 所示，在试验室内建设了大

（a）试验池全景图　　　　　　　　　　（b）盖上镀锌盖板后全景图

图 2-13　海水浸泡和干湿循环环境加速模拟试验池

型的海水浸泡和干湿循环环境加速模拟试验池，可满足本章及后续大型构件的加速老化试验要求。所用海水为质量分数为 5% 的 NaCl 溶液。本节的粘结性能老化试验方案如表 2-3 所示。

表 2-3　试验方案

筋材类型	名义直径/mm	环境类型（温度）	环境作用时间/月							
			中心拉拔				偏心拉拔			
			对比组	3	6	9	对比组	3	6	9
BFRP 筋	13.0	浸泡（50℃）	3	3	3	3	3	3	3	3
		干湿循环（40℃）		3	3	3		3	3	3
SFCB	15.0	浸泡（50℃）	3	3	3	3	3	3	3	3
		干湿循环（40℃）		3	3	3		3	3	3
钢筋	12.0	浸泡（50℃）	3	3	3	3	3	3	3	3
		干湿循环（40℃）		3	3	3		3	3	3

注：干湿循环制度为 6 h 干燥、6 h 浸泡，实测环境温度有 ±3℃ 的波动，表中数字"3"代表每组 3 个相同试件。

2.3.2　加载及测试方法

（1）中心拉拔试验的加载和测试方法与 2.2.2 节中的相同。

（2）偏心拉拔试验测试装置如图 2-14 所示，在加载端和自由端分别安置一个位移计用于测量筋材的滑移值，拉拔力由竖向荷载传感器测得。试验过程中，混凝土块体被放置在定制的钢架中，通过横向千斤顶对混凝土块体施加 50 kN 的恒定水平荷载，使得混凝土内产生恒定的弯-剪耦合应力。试验时，采用 TDS-530 数据采集仪同步获得荷载和滑移值。拉拔试验在万能试验机上进行，采用位移控制的加载方式，加载速度为 1.0 mm/min。当自由端滑移值超过 10 mm 时停止加载。

2.3.3　破坏模式

1）中心拉拔

在中心拉拔试验结束后，小心地锤开试块取出筋材，观察粘结段的表面形貌。在试件编号中，"B13"代表 BFRP 筋，"SF"代表 SFCB，"S"代表钢筋，"W"代表干湿循环，"I"代表浸泡环境，"control"表示对比组，数字"3"、"6"和"9"代表 3 个月、

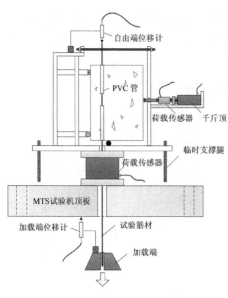

（a）试验装置示意图

（b）试验装置实物图

图 2-14　偏心拉拔试验装置

6 个月和 9 个月的龄期。图 2-15 中给出了对比组和 9 个月龄期组筋材的表面形貌。可以看出，对比组 BFRP 筋和 SFCB 的表面横肋保存得相对完好，而经历 9 个月的环境作用后，其表层磨损变得严重，横肋都被混凝土剪切掉。对于钢筋，对比组的钢筋表面未见明显锈迹，其肋间残留剪切下来的混凝土残渣。而经历 9 个月的环境作用后，在粘结段钢筋表面均观察到点蚀痕迹。总体上，浸泡环境下 BFRP 筋和 SFCB 的表面磨损程度要比干湿循环环境下严重。

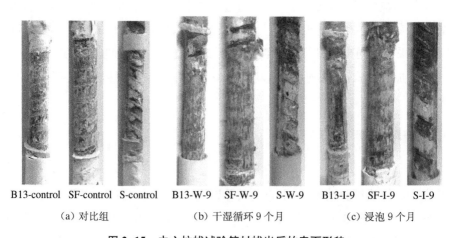

B13-control　SF-control　S-control　　B13-W-9　SF-W-9　S-W-9　　B13-I-9　SF-I-9　S-I-9

（a）对比组　　　　　　　（b）干湿循环 9 个月　　　　　（c）浸泡 9 个月

图 2-15　中心拉拔试验筋材拔出后的表面形貌

2）偏心拉拔

本节的偏心拉拔试件与中心拉拔试件同时浇筑。在拉拔试验结束后,小心地敲开试块取出筋材,观察粘结段的表面形貌。试件编号原则与中心拉拔相同。图2-16 中给出了对比组和 9 个月龄期组筋材的表面形貌。可以看出,筋材的表面形貌变化规律与中心拉拔组的一致。另外,从肉眼观察来看,总体上,浸泡环境下BFRP 筋和 SFCB 的表面磨损程度要比其在干湿循环环境下略微严重。

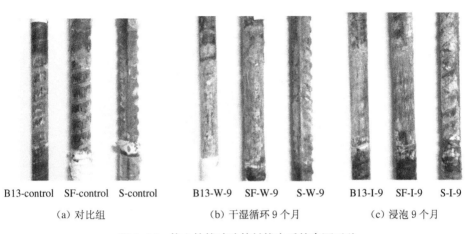

B13-control SF-control S-control   B13-W-9 SF-W-9 S-W-9   B13-I-9 SF-I-9 S-I-9

（a）对比组   （b）干湿循环 9 个月   （c）浸泡 9 个月

图 2-16 偏心拉拔试验筋材拔出后的表面形貌

2.3.4 粘结-滑移曲线和极限粘结强度变化规律

本节采用了两种形式的拉拔试验。如图 2-17(a)所示,对于中心拉拔试验,在筋材拔出过程中,混凝土块体由于受到底板的约束反力作用,始终处于受压的应力状态。这与实际构件中混凝土的受力状态不一致。为此,本节创新设计了如图 2-17(b)所示的偏心拉拔试验,在筋材拔出过程中,对混凝土块体施加恒定的水平荷载,使得混凝土块体处于弯-剪耦合应力下,从而使得混凝土所处的应力状态与实际构件中一致。

对于如图 2-17(b)所示的偏心拉拔试件,试验过程中混凝土块体内没有出现裂缝。根据材料力学理论,拉拔试验筋材位置处的混凝土的应力状态可按下式计算:

$$\sigma = \frac{M \cdot y}{I_z} \tag{2-1}$$

$$\tau = \frac{F_s \cdot S_z^*}{I_z \cdot b} \tag{2-2}$$

式中：σ 为拉应力；τ 为剪应力；M 为弯矩值（筋材粘结段内近似都取最大弯矩值）；y 为筋材至中和轴距离；I_z 为截面惯性矩；F_s 为剪力值；S_z^* 为筋材位置以下对中和轴的面积矩；b 为截面宽度。计算求得拉应力 σ 为 2.31 MPa（略小于 C50 混凝土的抗拉强度值），剪应力 τ 为 0.65 MPa。

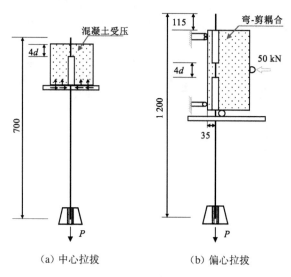

图 2-17　两种拉拔试验下混凝土应力状态比较（单位：mm）

图 2-18 所示为中心拉拔试验测得的粘结-滑移曲线，图 2-19 所示为偏心拉拔试验测得的粘结-滑移曲线。表 2-4 中列出了上述中心拉拔和偏心拉拔试验的实测极限粘结强度值。图 2-20 所示为两种拉拔试验下极限粘结强度的变化规律。下面对上述试验结果进行对比分析。

（1）混凝土应力状态的影响

如图 2-20 所示，同等条件下，中心拉拔的极限粘结强度值都要高于偏心拉拔的极限粘结强度值。以对比组为例，BFRP 筋、SFCB 和钢筋中心拉拔的极限粘结强度分别比偏心拉拔情况下高出 23.4%、8.3% 和 20.8%。以梁式构件为例，其受拉纵筋周围的混凝土大多处于弯-剪应力的耦合作用下。因此，偏心拉拔测得的粘结强度相比中心拉拔更接近实际情况。

（2）环境类型的影响

由图 2-20 可以看出，对于 BFRP 筋和 SFCB，总体上来看，水下区的退化要比干湿区严重（这一现象在中心拉拔情况下表现得较为明显，在偏心拉拔情况下，由于部分数据的离散性较大，规律不显著）。分析认为，这是由于在干湿循环的干

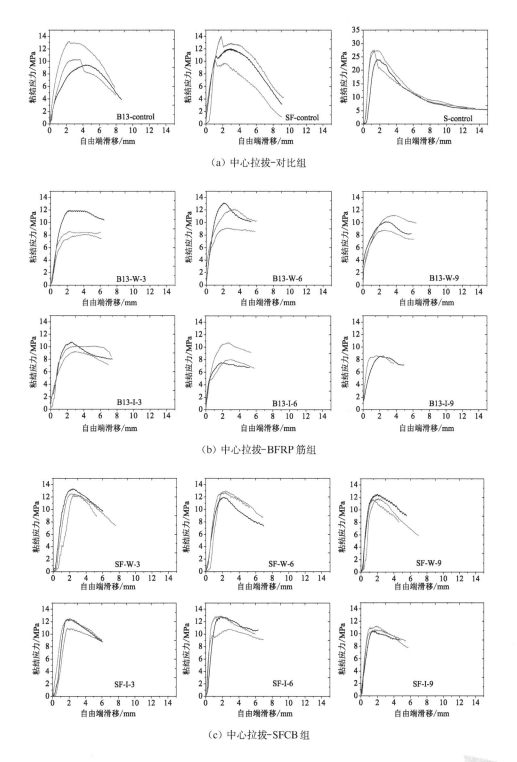

（a）中心拉拔-对比组

（b）中心拉拔-BFRP 筋组

（c）中心拉拔-SFCB 组

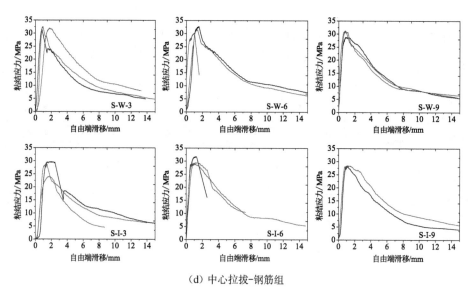

（d）中心拉拔-钢筋组

图 2-18　中心拉拔试验粘结-滑移曲线

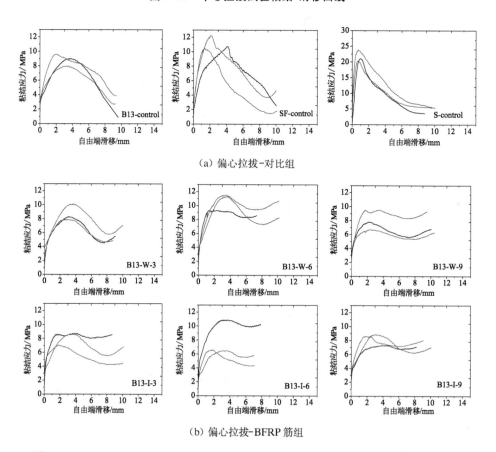

（a）偏心拉拔-对比组

（b）偏心拉拔-BFRP 筋组

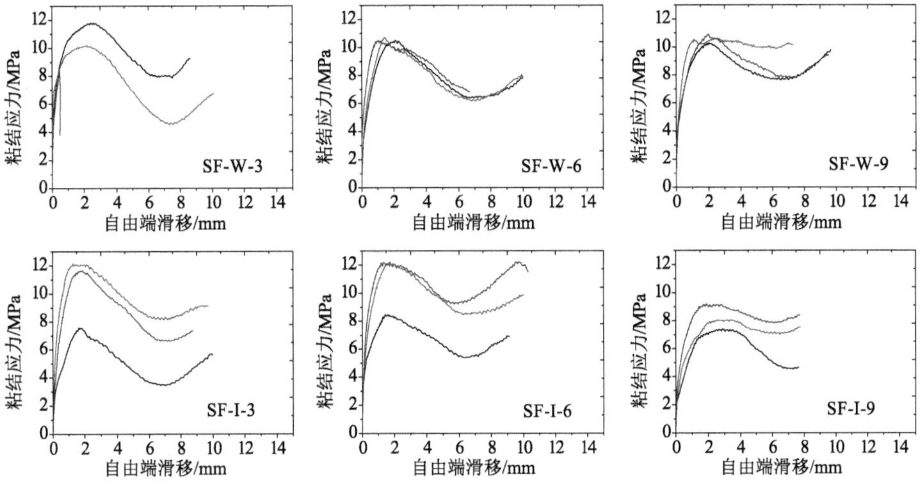

（c）偏心拉拔-SFCB 组

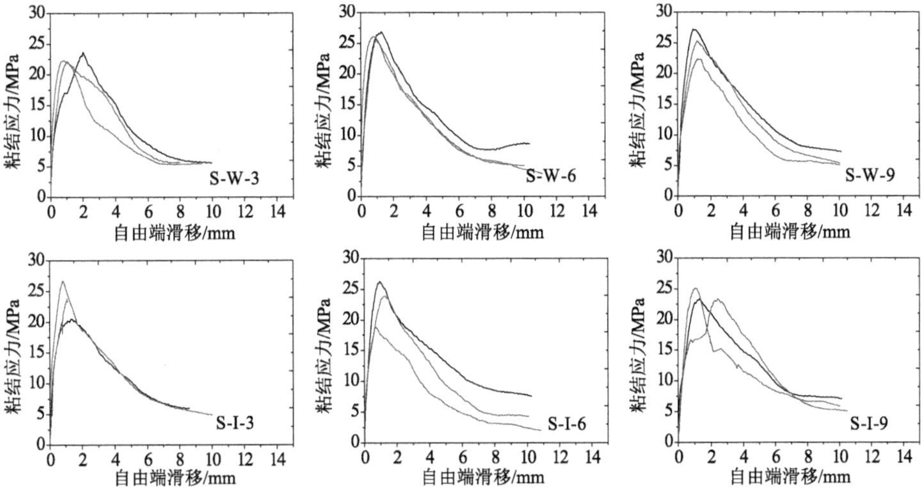

（d）偏心拉拔-钢筋组

图 2-19　偏心拉拔试验粘结-滑移曲线

表 2-4　各龄期下的极限粘结强度

试件编号	中心拉拔						偏心拉拔					
	No.1	No.2	No.3	平均/MPa	CV/%	保留率/%	No.1	No.2	No.3	平均/MPa	CV/%	保留率/%
B13-control	9.44	10.12	13.22	10.93	15.1	100.0	9.01	9.60	7.97	8.86	9.3	100.0
B13-W-3	11.92	8.60	8.11	9.54	17.7	87.3	8.29	10.10	7.88	8.76	13.5	98.8

（续表）

试件编号	中心拉拔						偏心拉拔					
	No.1	No.2	No.3	平均/MPa	CV/%	保留率/%	No.1	No.2	No.3	平均/MPa	CV/%	保留率/%
B13-W-6	13.12	9.13	12.07	11.44	14.8	104.7	9.29	11.51	11.28	10.69	11.4	120.7
B13-W-9	10.15	11.17	8.82	10.05	9.6	91.9	7.79	9.51	6.70	8.00	17.7	90.3
B13-I-3	10.74	9.19	10.09	10.01	6.4	91.6	8.74	7.07	8.61	8.14	11.4	91.9
B13-I-6	7.52	10.68	7.99	8.73	15.9	79.9	10.87	6.48	6.61	7.99	31.3	90.1
B13-I-9	8.51	8.63	NA	8.57	0.7	78.4	7.29	8.83	8.61	8.24	10.1	93.0
SF-control	12.04	14.02	10.11	12.06	13.2	100.0	10.72	12.25	10.45	11.14	8.7	100.0
SF-W-3	13.34	12.51	12.32	12.72	3.5	105.5	11.81	10.21	8.27	10.10	17.6	90.6
SF-W-6	11.72	12.72	12.95	12.46	4.3	103.3	10.51	10.72	10.51	10.58	1.1	95.0
SF-W-9	12.53	11.65	11.86	12.01	3.1	99.6	10.77	10.62	10.92	10.77	3.0	96.7
SF-I-3	12.39	12.53	10.93	11.95	6.1	99.1	7.59	12.15	11.64	10.46	23.9	93.9
SF-I-6	12.81	12.86	10.76	12.14	8.1	100.7	8.47	12.11	12.21	10.93	19.5	98.1
SF-I-9	10.49	11.23	10.67	10.80	2.9	89.5	7.42	8.06	9.19	8.22	10.9	73.8
S-control	23.94	27.35	27.43	26.24	6.2	100.0	21.05	23.87	20.26	21.73	8.7	100.0
S-W-3	31.68	32.55	31.97	32.07	1.1	122.2	23.71	22.33	21.96	22.67	4.1	104.3
S-W-6	32.66	31.42	30.15	31.41	3.3	119.7	26.90	26.10	25.62	26.21	2.5	120.6
S-W-9	28.73	31.24	30.88	30.28	3.7	115.4	27.22	25.31	22.38	24.97	9.8	114.9
S-I-3	29.57	24.12	28.52	27.40	8.6	104.4	20.52	26.69	23.82	23.68	13.0	109.0
S-I-6	31.71	29.24	28.99	29.98	4.1	114.3	26.26	23.92	18.82	23.00	16.5	105.9
S-I-9	28.19	28.41	NA	28.30	0.4	107.9	23.39	23.39	25.09	23.96	4.1	110.3

注：表中"control"指对比组，"NA"表示数据未测得，"CV"代表变异系数。

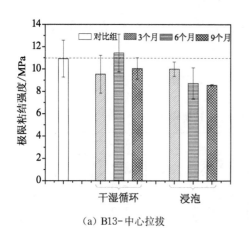

（a）B13-中心拉拔

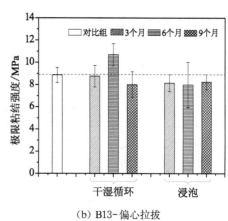

（b）B13-偏心拉拔

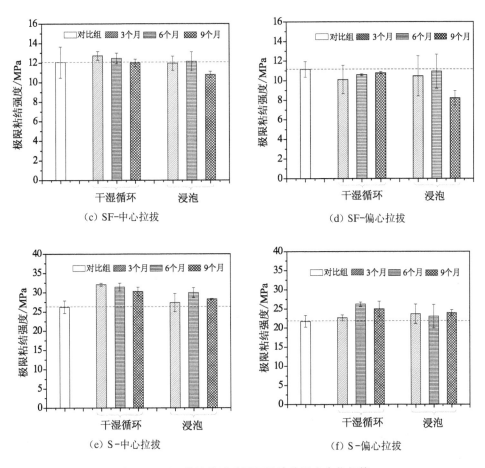

图 2-20　两种拉拔试验下极限粘结强度变化规律

燥过程中,混凝土内部碱性孔隙溶液不充足,内置于其中的 BFRP 的退化速率要比孔隙液始终充足的海水浸泡环境下来得慢。对于钢筋组,由于混凝土强度的提高,干湿循环环境和浸泡环境下的粘结强度都得到了提高。对于中心拉拔组,干湿循环环境下的提高幅度要高于浸泡环境下,对于偏心拉拔组,由于试验数据的离散性较大,两种环境下孰高孰低暂不能明确。

(3) 筋材类型的影响

对于中心拉拔组,比较图 2-20(a)和图 2-20(c)可以发现,同等条件下(环境类别和龄期)SFCB 的极限粘结强度保留率要高于 BFRP 筋。而对于偏心拉拔组,比较图 2-20(b)和图 2-20(d)后,并没有得出明确的结论。对于钢筋组,由于混凝土强度的提升,钢筋组的粘结强度都得到了提高。其中,中心拉拔干湿循环组的钢筋极限粘结强度表现出随龄期逐渐降低的趋势,其他各组没有明显的规律。

2.3.5 微观损伤观测

从图 2-21(a)可以看出,在 9 个月的海水环境中,虽然对比组 BFRP 筋表观存在一定程度损伤,但相比 B13-W-9 和 B13-I-9 组,其表观更完整。B13-W-9 和 B13-I-9 组试件的表观损伤情况如图 2-21(b)(c)所示,图中可以看出纤维-树脂界面出现大量的脱粘现象。因此可以推断,粘结强度的下降是由于混凝土碱性环境中纤维树脂的脱粘导致 FRP 表面抗剪能力降低所导致。

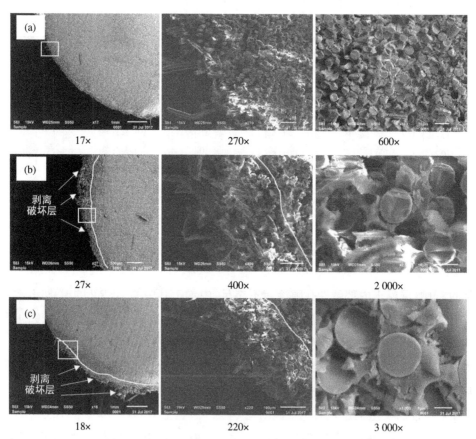

图 2-21 BFRP 筋的 SEM 图像:(a)B13-control;(b)B13-W-9;(c)B13-I-9

图 2-22 为 SFCB 试件的部分 SEM 图像。虽然 SFCB 的外包 BFRP 与 BFRP 筋相同,但在外包 BFRP 与内部钢筋间存在一个界面层。玄武岩纤维长丝

在钢筋内部螺旋缠绕形成的这一界面层,对 SFCB 的整体性能有着至关重要的影响。从图 2-22 可以看出,长期海水环境下界面层没有出现明显损伤,内部钢筋与外部 BFRP 层仍然紧密连接。与 BFRP 筋试件相似,SFCB 表面纤维同样因外界腐蚀变得松散,海水浸泡 9 个月后的 SF-I-9 组试件损伤情况明显大于干湿循环 9 个月后的 SF-W-9 试件。

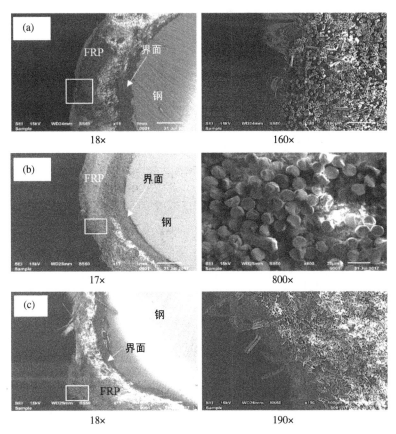

图 2-22　SFCB 的 SEM 图像:(a)SF-control;(b)SF-W-9;(c)SF-I-9

2.3.6　长期粘结应力预测

基于上述试验数据,参考 Fib Bulletin 40 中的方法,对 50℃海水浸泡环境下,BFRP 筋-SWSSC 的粘结强度退化规律进行预测分析。Fib Bulletin 40 中建议采用下式来考虑粘结性能的退化:

$$\eta_{\mathrm{env,b}} = 1/[(100 - R_{10})/100]^n \qquad (2-3)$$

$$n = n_{mo} + n_T + n_{SL} \tag{2-4}$$

式中：n_{mo}、n_T 和 n_{SL} 是考虑环境湿度、服役温度和服役年限的参数；R_{10} 为依据试验数据在双对数坐标轴中每十年的降低值。如图 2-23 所示，其环境影响参数 R_{10} 的取值 BFRP 筋在 50℃ 条件下为 14.76%。曲线拟合结果表明，50 年后预测的粘结应力保持率（$1/\eta_{env,b}$）为 41.4%。表 2-5 所示为参考 Fib Bulletin 40 中的参数取值，得出的不同环境条件下 BFRP 筋与海水海砂混凝土 50 年后的粘结强度保留率值。可以看出，粘结强度保留率在 47%～83% 的范围内。

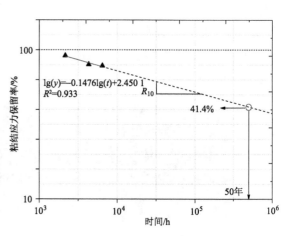

图 2-23　BFRP 筋试件在 50℃海水中的粘结应力预测曲线

表 2-5　基于 Fib Bulletin 40 的 BFRP 筋在 SWSSC 中的粘结应力预测值

试件	水分状况	n_{mo}	n_{SL}	年平均温度/℃	n_T	n	$\eta_{env,b}$	$(1/\eta_{env,b})/\%$
13 mm BFRP 筋	干燥	−1	2.7	<5	−0.5	1.2	1.21	83
				5～15	0	1.7	1.31	76
				15～25	0.5	2.2	1.42	70
				25～35	1.0	2.7	1.54	65
	潮湿	0	2.7	<5	−0.5	2.2	1.42	70
				5～15	0	2.7	1.54	65
				15～25	0.5	3.2	1.67	60
				25～35	1.0	3.7	1.81	55
	水分充足	1	2.7	<5	−0.5	3.2	1.67	60
				5～15	0	3.7	1.81	55
				15～25	0.5	4.2	1.96	51
				25～35	1.0	4.7	2.12	47

2.4　本章小结

本章针对海洋环境下 FRP 筋与混凝土的粘结耐久性能开展了多批次的加速试验研究。首先,针对课题组研发的新型 SFCB 与河沙/海砂混凝土在海洋环境下的粘结耐久性进行了针对性的对比研究。然后,对 BFRP 筋、SFCB 与天然海水海砂混凝土在海洋环境下的粘结耐久性开展了系统的加速试验。并且,在粘结性能测试试件形式上创新设计,设计了能够考虑混凝土实际应力状态的偏心拉拔试验。基于本章试验研究,主要得出以下结论:

(1) 经过 30 d、60 d 和 90 d 的海水干湿循环后,海砂混凝土中的 SFCB 与海砂混凝土的极限粘结强度分别提高了 14.9%、17.4% 和 7.1%。而钢筋与海砂混凝土的极限粘结强度却有降低的趋势,90 d 后降低了 2.6%。海砂中的盐分可能对 SFCB 在混凝土碱性环境中的耐久性有一定的正面影响,可以降低微孔隙溶液的碱性,延缓 SFCB 表面 BFRP 的退化速度。对于 SFCB 而言,海水持续浸泡环境对粘结强度的侵蚀速率要大于海水干湿循环环境,而对于钢筋则恰恰相反,干湿循环区的腐蚀更为严重。

(2) 海水海砂混凝土中,同等条件下,中心拉拔组的极限粘结强度值都要高于偏心拉拔组。以对比组为例,BFRP 筋、SFCB 和钢筋中心拉拔组的极限粘结强度分别比偏心拉拔组高出 23.4%、8.3% 和 20.8%。

(3) 海水海砂混凝土中,对于 BFRP 筋和 SFCB,总体上来看,水下区的退化要比干湿区严重。这一现象在中心拉拔情况下表现得较为明显。

(4) 随着时间的增长,SFCB 和 BFRP 与 SWSSC 之间的粘结强度下降程度是收敛的,并最终保持一定的水平,BFRP 粘结强度保留率在 47%~83% 的范围内。而钢筋粘结强度随着时间的增长下降趋势并不收敛,最终粘结性能完全丧失。

本章参考文献

［1］Mahroug M E M, Ashour A F, Lam D. Experimental response and code modelling of continuous concrete slabs reinforced with BFRP bars[J]. Composite Structures, 2014, 107: 664-674.

［2］Tomlinson D, Fam A. Performance of concrete beams reinforced with basalt FRP for flexure and shear[J]. Journal of Composites for Construction, 2015, 19(2): 04014036.

[3] Wu G, Wu Z S, Luo Y B, et al. Mechanical properties of steel-FRP composite bar under uniaxial and cyclic tensile loads[J]. Journal of Materials in Civil Engineering, 2010, 22 (10): 1056-1066.

[4] Sun Z Y, Yang Y, Qin W H, et al. Experimental study on flexural behavior of concrete beams reinforced by steel-fiber reinforced polymer composite bars [J]. Journal of Reinforced Plastics and Composites, 2012, 31(24): 1737-1745.

[5] Sun Z Y, Wu G, Wu Z S, et al. Flexural strengthening of concrete beams with near-surface mounted steel — fiber-reinforced polymer composite bars [J]. Journal of Reinforced Plastics and Composites, 2011, 30(18): 1529-1537.

[6] Sun Z Y, Wu G, Wu Z S, et al. Seismic behavior of concrete columns reinforced by steel-FRP composite bars[J]. Journal of Composites for Construction, 2011, 15(5): 696-706.

[7] Davalos J F, Chen Y, Ray I. Long-term durability prediction models for GFRP bars in concrete environment[J]. Journal of Composite Materials, 2012, 46(16): 1899-1914.

[8] Kamal A S M, Boulfiza M. Durability of GFRP rebars in simulated concrete solutions under accelerated aging conditions[J]. Journal of Composites for Construction, 2011, 15 (4): 473-481.

[9] Ramakrishnan V, Tolmare N S, Brik V B.Performance evaluation of 3-D basalt fiber reinforced concrete & basalt rod reinforced concret[R]. Nchrp Idea Program Project Final Report, 1998.

[10] Brik V B. Advanced concept concrete using basalt fiber/BF composite rebar reinforcement[R]. IDEA Project 86, 2003.

[11] Parnas R, Shaw M T, Liu Q.Basalt fiber reinforced polymer composites[C] //The New England Transportation Consortium, 2007.

[12] El Refai A, Ammar M A, Masmoudi R. Bond performance of basalt fiber-reinforced polymer bars to concrete [J]. Journal of Composites for Construction, 2015, 19 (3): 04014050.

[13] El Refai A, Abed F, Altalmas A. Bond durability of basalt fiber — reinforced polymer bars embedded in concrete under direct pullout conditions[J]. Journal of Composites for Construction, 2015, 19(5): 04014078.

[14] Dong Z Q, Wu G, Xu Y Q.Experimental study on the bond durability between steel-FRP composite bars (SFCBs) and sea sand concrete in ocean environment [J]. Construction and Building Materials, 2016, 115: 277-284.

［15］ Dong Z Q，Wu G，Xu Y Q.Bond and flexural behavior of sea sand concrete members reinforced with hybrid steel-composite bars presubjected to wet-dry cycles［J］. Journal of Composites for Construction，2017，21(2)：04016095.

［16］ Dong Z Q，Wu G，Xu B，et al. Bond durability of BFRP bars embedded in concrete under seawater conditions and the long-term bond strength prediction［J］. Materials & Design，2016，92：552-562.

［17］ 张庆章，黄庆华，张伟平，等.潮汐区海水侵蚀混凝土结构加速模拟试验装置［J］.实验室研究与探索，2011，30(8)：4-7.

［18］ Robert M，Benmokrane B.Effect of aging on bond of GFRP bars embedded in concrete ［J］. Cement & Concrete Composites，2010，32(6)：461-467.

［19］ Robert M，Benmokrane B.Combined effects of saline solution and moist concrete on long-term durability of GFRP reinforcing bars［J］. Construction and Building Materials，2013，38：274-284.

［20］ ACI 440.3R - 04. Guide test methods for fiber-reinforced polymers（FRPs）for reinforcing or strengthening concrete structures［R］. ACI Committee 440，2004.

第3章 FRP筋海砂混凝土梁力学性能退化规律研究

3.1 引言

将耐氯盐侵蚀的FRP筋与就地取材的海水、海砂组合使用,形成FRP筋增强海砂混凝土甚至海水海砂混凝土结构,在沿海和岛礁建设中具有广泛的应用前景。为了安全、高效地推广应用FRP筋增强海砂混凝土这一新型结构形式,需要对其在海洋环境下的长期性能有充分的把握。然而,目前大量针对FRP材料的耐久性加速试验都表明,FRP在混凝土内部孔隙碱性溶液环境下会出现力学性能的退化[2-5]。这主要是由于OH^-/H_2O渗透扩散进入树脂基体内,作用于树脂/纤维界面,导致界面脱粘,使得纤维丝不能协同受力,从而降低整体力学性能。研究表明环境湿度和温度会对FRP材料的力学性能退化速率起到重要的影响[6-8]。FRP筋应用于海砂混凝土(包括海水海砂混凝土)中时,同样会面临这种问题,甚至会更为复杂(孔隙液成分中含有Cl^-)。

现有耐久性试验大多针对的是FRP筋自身[9-13]和FRP筋-混凝土界面粘结等微-细观层次[14-17],针对FRP配筋混凝土新构件(如梁、板、柱)在经历环境作用后的宏观力学性能的退化研究不是很充分。Sen等[18]在1993年对海水干湿循环下预应力GFRP筋混凝土梁的长期性能进行了测试,Tannous等[19]在1998年对盐水浸泡环境下的GFRP筋增强混凝土梁进行了长达2年的测试,由于采用的GFRP筋都是初代的产品,混凝土梁的性能退化较为明显。随着材料性能的提升,Laoubi等[20]在其研究中指出,荷载和冻融环境共同作用对喷砂GFRP筋增强混凝土梁的长期性能没有明显不利影响。目前,针对预应力CFRP筋增强混凝土结构[21]和GFRP筋增强纤维混凝土结构[22]在经历环境作用后力学性能的变化也有少量开展。然而,针对新开发的BFRP筋和钢-FRP复合筋(SFCB)增强混凝土构件长期性能的研究则很少。尽管针对 FRP 筋自身和 FRP 筋-混凝土界面粘结长期性能的评价十分重要,但是,针对配筋混凝土构件整体性能的变化规律的研究却是最接近实际和最具有指导价值的。

为此,本章开展了一系列 FRP 筋增强混凝土梁式构件在试验室加速模拟海洋环境下的长期性能研究。首先,对 SFCB 增强海砂混凝土梁开展了最长 3 个月龄期的加速试验研究,需要指出的是,当使用海水、海砂配制混凝土时,构件内的箍筋和架立筋的锈蚀问题也需要避免,箍筋和架立筋也应该采用 FRP 筋。因此,本章随后系统性地对全 FRP 配筋增强海水海砂混凝土梁开展了最长 9 个月龄期的加速试验。研究中综合考虑了多种环境因素的耦合作用,采取尽可能接近服役环境的加速试验,对试验梁的破坏形态、承载力变化、裂缝开展和分布等进行了测试和比较;并基于计算分析,对变化机理进行了揭示。本章研究将进一步推进 FRP 筋增强海砂混凝土(包括海水海砂混凝土)这一新型组合在海洋环境下的应用。

3.2　钢-FRP 复合筋海砂混凝土梁力学性能退化规律研究

首先采用课题组研发的新型钢-FRP 复合筋(SFCB)作为底部受拉纵筋制作海砂混凝土小梁(梁尺寸为 120 mm×200 mm×1 400 mm)。本节针对该小梁在试验室模拟海洋干湿循环环境下的长期性能变化进行了试验研究。环境作用过程中的混凝土梁中耦合有服役荷载,试验同时采用了普通钢筋进行对比。

3.2.1　试验方案

选用了 SFCB 和普通钢筋作为底部受拉纵筋,其力学性能见表 3-1 所示。试验梁所用混凝土为海砂混凝土,具体配合比为水泥∶水∶海砂∶石子∶氯化钠 = 1∶0.46∶1.50∶2.50∶0.013 1。实测 28 d 边长 150 mm 立方体抗压强度平均值为 41.7 MPa。试验梁的箍筋和架立筋屈服强度均为 240 MPa 的 6 mm 光圆钢筋。

为了更真实地模拟梁试件实际服役过程,在干湿循环的同时对试验梁耦合作用恒定的荷载,施加方法如图 3-1(a)所示。首先,将两根试验梁顶面对顶面放置,在三分点位置处分别放置一根钢棒作为力施加点。然后,在试验梁的两端分别套上由螺杆、螺帽和钢板制成的反力加载装置。如图 3-1(a)所示,通过拧紧两端的螺帽-1,使得两端的荷载传感器读数稳定在 15 kN,然后,拧紧试验梁两端的螺帽-2,使得荷载传感器的读数稳定在 0 kN。最后,卸掉钢板-1 和荷载传感器,截断多余的螺杆,并对钢板、螺杆和螺帽等进行防腐处理。持续荷载约为钢筋梁的极限荷载的 37%,SFCB 梁极限荷载的 33%。

施加恒载后实测 SFCB 梁纵筋位置处的平均裂缝宽度为 0.113 mm,钢筋梁纵筋位置处的平均裂缝宽度为 0.097 mm。随后试件被放置到自制的干湿循环模拟试验箱中。图 3-1(b) 和图 3-1(c) 所示分别为试验梁盐溶液浸泡状态和干燥状态,所用盐溶液为 5% 质量分数的氯化钠溶液。表 3-2 所示为具体试验方案。需要指出的是,干湿循环为 12 h 一循环,由于试验在冬季开展,5% 质量分数的氯化钠溶液的温度维持在 (20±5)℃。

表 3-1　两类受拉纵筋的力学性能

筋材种类	纤维	树脂	名义直径/mm	屈服强度/MPa	极限强度/MPa	弹性模量/GPa	极限应变/%
SFCB	玄武岩纤维	乙烯基酯	12.5	244.5	480.9	97.8	5.0
钢筋	—	—	10.0	576.6	689.2	211.4	9.1

注:"—"代表没有此项。

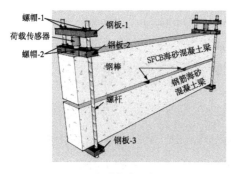

(a) 恒载耦合试件　　　　　　(b) 试件浸泡状态　　　　　(c) 试件干燥状态

图 3-1　海砂混凝土梁恒载耦合试件及其干湿循环过程

3.2.2　加载和测试方法

如图 3-2(a) 所示,采用四点弯曲试验测试试验梁的抗弯性能,试验梁的净跨为 1.2 m,剪跨为 0.4 m。采用千斤顶手动分级加载,屈服前,每级荷载 5 kN,在约 1 min 时间内加载完成,之后测试裂缝宽度并描绘裂缝分布。屈服后,停止测试

表 3-2　海砂混凝土梁干湿循环试验方案

腐蚀环境	试验梁种类	温度/℃	试验龄期/月			
			对比组	1	2	3
盐溶液干湿循环（12 h 一循环）	钢筋-海砂混凝土梁	20±5	S10-0	S10-1	S10-2	S10-3
	SFCB-海砂混凝土梁		B30-0	B30-1	B30-2	B30-3

注：在试验梁的编号中，"B30"代表 SFCB 增强梁，"S10"代表钢筋增强梁，数字"0"代表对比梁，数字"1"、"2"和"3"分别代表经历 1 个月、2 个月和 3 个月的龄期。

裂缝宽度，以 5 kN/min 的速度持续加载直至试件破坏。试验梁的荷载由设置在千斤顶与分配梁之间的荷载传感器直接测得，位移由位于梁的支座、加载点及跨中的 5 个位移计测得。另外，如图 3-2(b) 所示，在试验梁的纯弯段不同高度位置处，共设置了 7 个 π 位移计，用于测试混凝土沿梁高的应变变化。试验数据由 TDS530 动态数据采集仪同步采集。

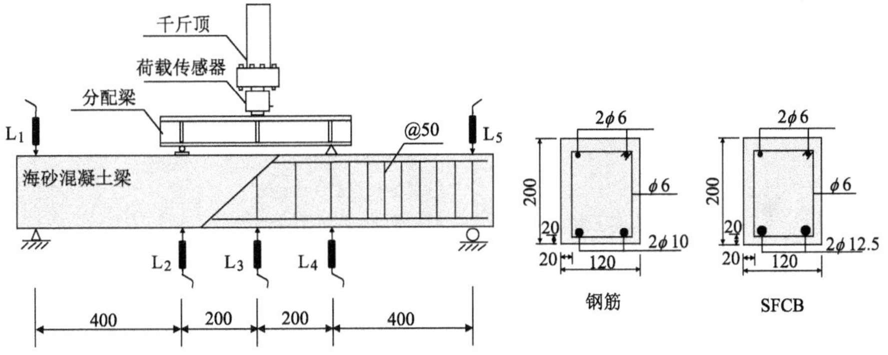

（a）加载装置和梁配筋示意图

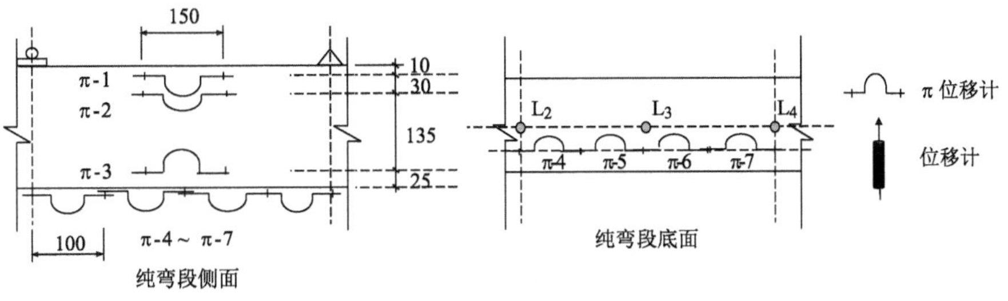

（b）测试仪器布置图

图 3-2　海砂混凝土梁的尺寸和测试方法示意图（单位：mm）

3.2.3 破坏模式

海砂混凝土梁的破坏模式如图 3-3 所示。其中,4 根钢筋梁都为受拉纵筋屈服,受压区混凝土压溃的破坏模式。4 根 SFCB 梁都表现为 SFCB 内芯钢筋屈服后,受压区混凝土压溃破坏,SFCB 没有发生断裂。可以看出,在 3 个月的干湿循环龄期内,试验梁的破坏模式都没有发生变化。在抗弯试验结束后,对最长龄期(3 个月)的钢筋梁和 SFCB 梁内受拉纵筋的表面情况进行了观察。如图 3-4(a)所示,对于钢筋梁,干湿循环后,在梁底预开裂位置处的纵筋表面出现明显锈蚀痕迹。如图 3-4(b)所示,对于 SFCB 梁,干湿循环后,SFCB 表面没有任何锈迹出现,表层 FRP 由于加载过程中的受拉作用,出现开裂并伴随少量纤维丝断裂的现象。

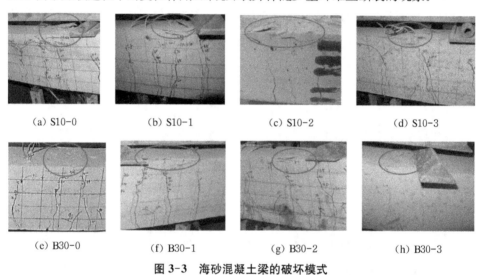

| (a) S10-0 | (b) S10-1 | (c) S10-2 | (d) S10-3 |

| (e) B30-0 | (f) B30-1 | (g) B30-2 | (h) B30-3 |

图 3-3　海砂混凝土梁的破坏模式

(a) S10-3　　　　　　　　　　(b) B30-3

图 3-4　试验结束后受拉纵筋的表面形貌

3.2.4　荷载-挠度曲线和特征荷载值

图 3-5 所示为海砂混凝土梁经历海水干湿循环作用前后的荷载-跨中挠度曲线。各试验梁的特征荷载和破坏模式如表 3-3 所示。对于钢筋梁而言,屈服荷载和极限荷载的变化都在 ±5% 以内,考虑到试验梁制作,混凝土强度的变化,测试过程中的误差等,可以认为在试验周期内钢筋梁的特征荷载值没有出现明显的变化。分析认为,在 3 个月的龄期内,虽然钢筋有锈蚀产生,但仍不足以对试验梁的宏观特征荷载值带来明显的影响,细微的影响也消弭在试验误差中。相比于对比组,所有环境作用后的 SFCB 梁的屈服荷载都降低了 5 kN,经历 1 个月、2 个月和 3 个月干湿循环的 SFCB 梁的极限荷载分别降低了 2.2 kN、5.0 kN 和 5.4 kN。初步分析认为,上述现象可能是由于外包 FRP 和内芯钢筋的协同工作能力因腐蚀性离子的渗透而降低导致的。

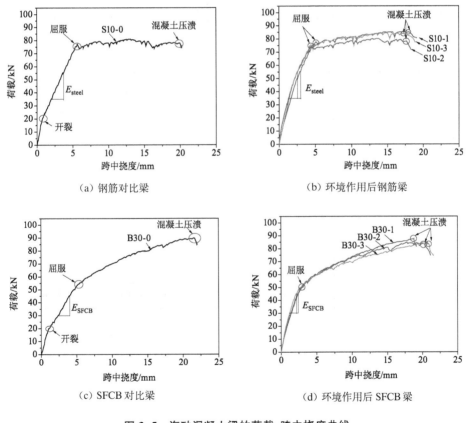

（a）钢筋对比梁　　　　　（b）环境作用后钢筋梁

（c）SFCB 对比梁　　　　　（d）环境作用后 SFCB 梁

图 3-5　海砂混凝土梁的荷载-跨中挠度曲线

表 3-3　海砂混凝土梁的特征荷载和破坏模式

试件编号	P_{cr} /kN	α_{cr}	P_y /kN	α_y	P_{max} /kN	α_{max}	破坏模式
S10-0	20	1.00	75	1.00	80.9	1.00	混凝土压溃
S10-1	—	—	77	1.03	85.0	1.05	混凝土压溃
S10-2	—	—	72	0.96	80.1	0.99	混凝土压溃
S10-3	—	—	75	1.00	84.4	1.04	混凝土压溃
B30-0	20	1.00	55	1.00	89.8	1.00	混凝土压溃
B30-1	—	—	50	0.91	87.6	0.98	混凝土压溃
B30-2	—	—	50	0.91	84.8	0.95	混凝土压溃
B30-3	—	—	50	0.91	84.4	0.94	混凝土压溃

注：P_{cr} 为开裂荷载，P_y 为屈服荷载，P_{max} 为极限荷载。此外，表中"—"代表试验梁预开裂，不存在开裂荷载。

3.2.5　抗弯刚度和延性系数

如图 3-5 所示，通过比较环境作用前后试验曲线在使用荷载范围内的斜率变化来定量分析试验梁抗弯刚度的变化规律。曲线斜率的取值如图 3-5 和表 3-4 所示。对钢筋梁，取 35～55 kN 间的斜率值，约为 40%～70% 的极限荷载范围，采用 E_{steel} 表示。对于 SFCB 梁，取 30～45 kN 间的斜率值，约为 30%～50% 的极限荷载范围，采用 E_{SFCB} 表示。同时，也对环境作用前后试验梁能量延性指标的变化进行了分析。能量延性指标取为 E_u/E_y，其中 E_y 为荷载-挠度曲线屈服荷载点以下的三角形面积，E_u 为荷载-挠度曲线的全部面积。如表 3-4 所示，环境作用后的 E_{steel} 和 E_{SFCB} 值都得到了提高，钢筋梁和 SFCB 梁的能量延性指标 E_u/E_y 也都得到了提高，并且后者的提高幅度更为明显。

3.2.6　裂缝宽度和分布

图 3-6 所示为对比组和 3 个月龄期组的荷载-纯弯段平均裂缝宽度曲线。由图 3-6(a) 可以看出，钢筋梁在经历海水干湿循环作用后，裂缝宽度有着明显的增加。例如，经过 3 个月的加速作用后的钢筋梁裂缝宽度在 30 kN、50 kN 和 70 kN 荷载级别下分别比对比梁增加了 26.8%、77.4% 和 34.4%。如图 3-6(b) 所示，在 SFCB 内芯钢筋屈服前，经干湿循环作用后的 SFCB 梁的裂缝宽度略有增加但并不明显。例如，经过 3 个月的加速作用后的 SFCB 梁裂缝宽度在 35 kN、40 kN 和

表 3-4　试验梁的抗弯刚度和延性

试件编号	Δ_{35kN} /mm	Δ_{55kN} /mm	E_{steel} /(kN/mm)	Δ_{30kN} /mm	Δ_{45kN} /mm	E_{SFCB} (kN/mm)	Δ_y /mm	Δ_{max} /mm	E_y /(kN·mm)	E_u /(kN·mm)	E_u/E_y
S10-0	2.01	3.67	12.05	—	—	—	5.65	19.27	245	1 370	5.59
S10-1	1.67	2.96	15.50	—	—	—	5.04	17.90	225	1 293	5.75
S10-2	1.33	2.52	16.81	—	—	—	4.56	17.60	210	1 225	5.83
S10-3	1.37	2.57	16.67	—	—	—	4.41	17.20	178	1 285	7.22
B30-0	—	—	—	2.40	3.95	9.68	4.62	21.48	179	1 455	8.13
B30-1	—	—	—	1.46	2.42	15.63	3.07	18.80	101	1 289	12.76
B30-2	—	—	—	1.39	2.35	15.63	2.90	20.10	93	1 434	15.42
B30-3	—	—	—	1.21	2.15	15.96	2.68	20.50	97	1 443	14.88

注：表中 Δ_{35kN} 和 Δ_{55kN} 分别为钢筋梁在 35 kN 和 55 kN 时对应的挠度值，Δ_{30kN} 和 Δ_{45kN} 分别为 SFCB 梁在 30 kN 和 45 kN 时对应的挠度值，"—"代表没有相应数值。

50 kN 荷载级别下分别比对比梁增加了 5.7%、16.7% 和 9.7%。在内芯钢筋屈服时 (55 kN)，SFCB 梁裂缝宽度的增幅较为明显，但随着荷载进一步增大，经环境作用后的 SFCB 梁下部出现较多分支裂缝，主裂缝宽度的增长速度放缓。

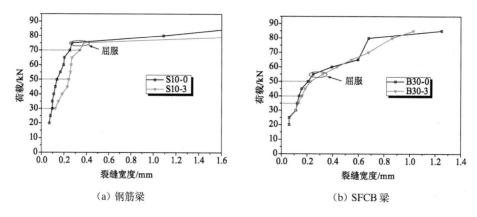

（a）钢筋梁　　　　　　　　（b）SFCB 梁

图 3-6　海砂混凝土梁的荷载-平均裂缝宽度曲线

试验梁破坏后的裂缝分布如图 3-7 所示。观察对比梁 S10-0 的裂缝分布和干湿循环作用后钢筋梁的裂缝分布形态可以看出，钢筋梁的裂缝分布形态没有发生明显的变化。而比较对比梁 B30-0 的裂缝分布和干湿循环后的裂缝分布可以明显看出，环境作用后 SFCB 梁的裂缝开展更多，裂缝变得更密集，尤其是出现了更多的分支小裂缝。

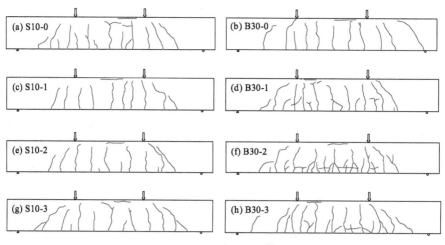

图 3-7　海砂混凝土梁的裂缝分布形态

3.3　FRP 筋海水海砂混凝土梁力学性能退化规律研究

本小节在上一节试验基础上,进一步考虑箍筋的防腐,将原来的光圆钢筋箍替换成 FRP 箍筋,同时,采用天然海水作为混凝土的拌和水。最后形成了全 FRP 配筋海水海砂混凝土梁式构件,试验梁的尺寸为 120 mm×240 mm×2 400 mm。开展了新型试验梁在海水高温浸泡和干湿循环两类环境下的长期抗弯性能退化规律加速试验研究。

3.3.1　试验方案

图 3-8(a)所示为海水海砂混凝土梁内采用的三类底部受拉纵筋。三类受拉筋材的力学性能见表 3-5 所示。当使用海水、海砂配制混凝土时,试验梁箍筋和架立筋的锈蚀问题也需要避免。为此,采用全复合材料筋作为骨架。图 3-8(b)所示为绑扎好的三类海水海砂混凝土梁的配筋笼。其中,架立筋为 10 mm BFRP 筋,其抗拉强度为 1 141 MPa,弹性模量为 47.6 GPa,箍筋为直径 8 mm 的 BFRP 箍筋。

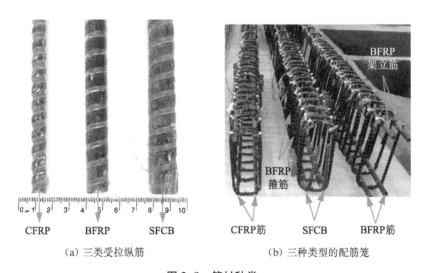

（a）三类受拉纵筋　　　　　　　（b）三种类型的配筋笼

图 3-8　筋材种类

海水海砂混凝土配合比为水泥：天然海水：海砂：粗骨料＝1：0.45：1.50：2.50。实测 28 d 150 mm 立方体抗压强度为 50.5 MPa,经历高温海水作用后的海水海砂混凝土的强度由 C50 提升至 C60。

表 3-5 受拉纵筋的力学性能

筋材种类	名义直径/mm	纤维种类	树脂种类	屈服强度/MPa	CV/%	抗拉强度/MPa	CV/%	弹性模量/GPa	CV/%
CFRP 筋	8.0	碳纤维	乙烯基	—	—	2113	9.9	113.3	5.1
BFRP 筋	13.0	玄武岩纤维	乙烯基	—	—	1142	0.6	48.6	0.5
SFCB	15.0	玄武岩纤维	乙烯基	256	0.8	718	6.3	108.9	0.3

注：表中"CV"代表变异系数，"—"代表没有此项。

如图 3-9(a)所示，在试验室内浇筑全 FRP 配筋的海水海砂混凝土梁。试验梁的加速老化在如图 3-9(b)所示的大型海洋环境模拟试验池中进行，具体试验方案如表 3-6 所示。试验共测试了 21 根梁，其中 3 根为对比梁，18 根经历模拟海洋环境的加速老化。

（a）试件浇筑及养护

（b）加速环境作用

图 3-9 海水海砂混凝土梁的制备和加速老化试验过程

表 3-6 海水海砂混凝土梁加速试验方案

试验梁种类	环境类型（温度）	腐蚀龄期/月			
		对比组	3	6	9
BFRP 筋-海水海砂混凝土梁	浸泡（50℃）	1	1	1	1
	干湿循环（40℃）		1	1	1
CFRP 筋-海水海砂混凝土梁	浸泡（50℃）	1	1	1	1
	干湿循环（40℃）		1	1	1

（续表）

试验梁种类	环境类型（温度）	腐蚀龄期/月			
		对比组	3	6	9
SFCB-海水海砂混凝土梁	浸泡（50℃）	1	1	1	1
	干湿循环（40℃）		1	1	1

注：干湿循环制度为 6 h 干燥、6 h 浸泡,实测环境温度有 ±3℃ 的波动,表中数字"1"代表每组 1 根梁。

3.3.2 加载和测试方法

如图 3-10 所示,海水海砂混凝土梁在 MTS 试验机上进行四点弯曲试验,试验采用位移控制的加载方式,所有试验梁开裂前的加载速度都为 0.3 mm/min,对有屈服点的 SFCB 梁,屈服前加载速度为 0.75 mm/min,屈服后加载速度为 1.0 mm/min,对无屈服点的 CFRP 筋/BFRP 筋梁,开裂后加载速度为 1.0 mm/min。试验数据由 TDS-530 动态数据采集仪同步采集。每 5 kN 测量一次梁侧受拉纵筋处的裂缝宽度。

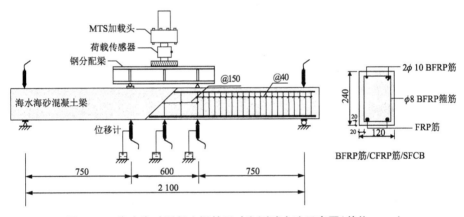

图 3-10 海水海砂混凝土梁的尺寸和测试方法示意图（单位：mm）

3.3.3 破坏模式

图 3-11 所示为所有海水海砂混凝土梁的破坏形态。对于 BFRP 筋梁和 CFRP 筋梁,经历加速环境作用后,其破坏模式由受压区混凝土压溃破坏逐步向剪-压破坏模式转变。对于 SFCB 梁,经历加速环境作用后,其破坏模式由受压区混凝土压溃破坏逐步向 SFCB 拉断破坏转变。

在 6 个月龄期组的试验结束后,对环境作用后的受拉纵筋进行了观察。如图 3-12(a)所示,干湿循环 6 个月的 BFRP 筋表面失去光泽,且有一定的磨损。如图 3-12(b)所示,6 个月干湿循环后的 CFRP 筋表面明显泛白,突出的肋有明显磨损痕迹。如图 3-12(c)所示,6 个月干湿循环的 SFCB 筋表面 BFRP 由于加载过程中的拉力作用,出现裂缝。对于浸泡环境组,如图 3-12(d)所示,浸泡 6 个月的 BFRP 筋梁发生剪-压破坏,BFRP 纵筋被剪断,且在断面观察到明显的 BFRP 箍筋残留痕迹,在痕迹内有纤维毛丝残留。如图 3-12(e)所示,浸泡 6 个月的 CFRP 筋梁,在发生破坏的剪缝处,CFRP 纵筋发生明显的折裂破坏。如图 3-12(f)所示,浸泡 6 个月的 SFCB 梁,在纯弯段裂缝处,SFCB 断裂。

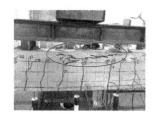

BFRP-对比组

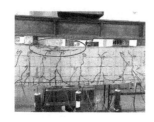

CFRP-对比组

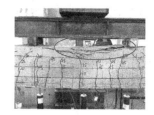

SFCB-对比组

BFRP-干湿循环 3 个月

CFRP-干湿循环 3 个月

SFCB-干湿循环 3 个月

BFRP-干湿循环 6 个月

CFRP-干湿循环 6 个月

SFCB-干湿循环 6 个月

BFRP-干湿循环 9 个月

CFRP-干湿循环 9 个月

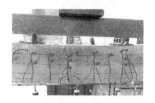

SFCB-干湿循环 9 个月

BFRP-浸泡 3 个月

CFRP-浸泡 3 个月

SFCB-浸泡 3 个月

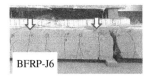
BFRP-浸泡 6 个月

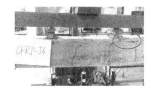
CFRP-浸泡 6 个月

SFCB-浸泡 6 个月

BFRP-浸泡 9 个月

CFRP-浸泡 9 个月

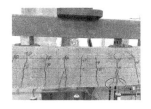
SFCB-浸泡 9 个月

图 3-11　海水海砂混凝土梁的破坏模式

（a）BFRP-干湿循环

（b）CFRP-干湿循环

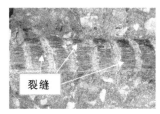
（c）SFCB-干湿循环

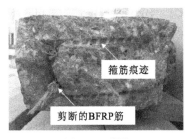
（d）BFRP-浸泡

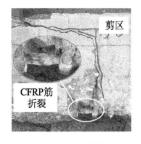
（e）CFRP-浸泡

（f）SFCB-浸泡

图 3-12　6 个月龄期组受拉纵筋的破坏形态

3.3.4 荷载-挠度曲线和特征荷载值

图 3-13 所示为三类试验梁经历加速环境作用前后的荷载-跨中挠度曲线。各试验梁的特征荷载、特征挠度和破坏模式如表 3-7 所示。其中,试验梁的编号中,"G"代表干湿循环环境,"J"代表浸泡环境,数字"3"、"6"和"9"分别代表 3 个月、6 个月和 9 个月的龄期。

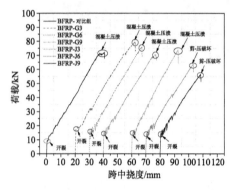

（a）BFRP 筋海水海砂混凝土梁

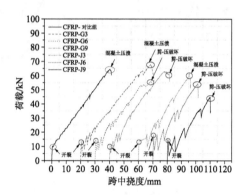

（b）CFRP 筋海水海砂混凝土梁

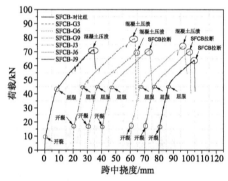

（c）SFCB 海水海砂混凝土梁

图 3-13　海水海砂混凝土梁的荷载-跨中挠度曲线

表 3-7　海水海砂混凝土梁的测试结果

试件编号	P_{cr} /kN	α_{cr}	P_y /kN	α_y	P_{max} /kN	α_{max}	Δ_y /mm	Δ_{max} /mm	Δ_{max}/Δ_y	破坏模式
BFRP-对比组	10	1.00	—	—	72.0	1.00	—	40.8	—	混凝土压溃
BFRP-G3	18	1.80	—	—	79.3	1.10	—	42.5	—	混凝土压溃

（续表）

试件编号	P_{cr} /kN	α_{cr}	P_y /kN	α_y	P_{max} /kN	α_{max}	Δ_y /mm	Δ_{max} /mm	Δ_{max} / Δ_y	破坏模式
BFRP-G6	17	1.70	—	—	75.9	1.05	—	37.3	—	混凝土压溃
BFRP-G9	16	1.60	—	—	73.1	1.02	—	40.6	—	混凝土压溃
BFRP-J3	15	1.50	—	—	73.8	1.03	—	32.4	—	混凝土压溃
BFRP-J6	15	1.50	—	—	63.7	0.88	—	33.1	—	剪-压破坏
BFRP-J9	15	1.50	—	—	56.7	0.79	—	28.4	—	剪-压破坏
CFRP-对比组	10	1.00	—	—	64.4	1.00	—	40.1	—	混凝土压溃
CFRP-G3	14	1.40	—	—	67.9	1.05	—	48.4	—	混凝土压溃
CFRP-G6	15	1.50	—	—	56.0	0.87	—	38.7	—	剪-压破坏
CFRP-G9	10	1.00	—	—	63.0	0.98	—	38.0	—	剪-压破坏
CFRP-J3	14	1.40	—	—	58.8	0.91	—	34.9	—	混凝土压溃
CFRP-J6	16	1.60	—	—	54.3	0.84	—	31.4	—	剪-压破坏
CFRP-J9	15	1.50	—	—	44.9	0.70	—	30.1	—	剪-压破坏
SFCB-对比组	10	1.00	43.0	1.00	71.7	1.00	8.1	34.7	4.3	混凝土压溃
SFCB-G3	17	1.70	45.2	1.05	79.3	1.11	7.3	42.5	5.8	混凝土压溃
SFCB-G6	17	1.70	45.2	1.05	70.6	0.98	7.2	33.9	4.7	混凝土压溃
SFCB-G9	16	1.60	45.0	1.05	71.0	0.99	7.0	33.0	4.7	SFCB 拉断
SFCB-J3	17	1.70	45.2	1.05	73.8	1.03	7.2	36.6	5.1	混凝土压溃
SFCB-J6	17	1.70	45.6	1.06	71.0	0.99	7.0	31.6	4.5	SFCB 拉断
SFCB-J9	16	1.60	45.5	1.06	64.0	0.89	6.6	24.3	3.7	SFCB 拉断

注：表中"—"代表没有相应数据。

由表 3-7 可以看出，由于环境作用后混凝土强度的提升，各试验梁的开裂荷载都有不同程度的提高。对于 BFRP 筋梁，在浸泡 6 个月和 9 个月后的极限强度保留率分别为 88% 和 79%，而在其他环境下的极限强度都没有出现退化。分析认为上述现象是由于破坏模式的转变导致的。在 50℃ 高温海水的持续侵蚀下，升温的混凝土微孔隙碱性环境使得位于剪区的 BFRP 箍筋与混凝土的粘结握裹性能严重退化，剪区本该形成的斜裂缝退变成沿着箍筋高度方向开展的近似竖向裂缝，加载点外侧在弯-剪耦合作用下发生混凝土压溃-纵筋剪切的破坏模式，从而导致试验梁的极限强度出现降低。同样的现象也出现在 CFRP 筋混凝土梁中，发生剪-压破坏的试验梁的极限强度都出现了较为严重的退化,如浸泡 6 个月和 9 个月后,极限强度保留率为 84% 和 70%。而对于 SFCB 梁,由于 SFCB 梁的纵筋配筋率较大,且 SFCB 的抗剪强度较高,SFCB 梁没有出现上述剪-压破坏。经历环境作用后的 SFCB 梁,由于混凝土强度的提升,其屈服荷载有 5%～6% 的略微提升。另外,由于 SFCB 力学性能的退化,破坏模式由混凝土压溃破坏向 SFCB 拉断转变。SFCB 梁的极限强度在 9 个月龄期组退化最为严重,强度保留率为 89%。

此外,由图 3-13(a)和图 3-13(b)中的荷载-挠度曲线可以明显看出,环境作用后的试验梁在加载过程中的荷载波动更为明显,开裂造成的荷载突降更加明显。上述现象对于截面配筋率较低的 CFRP 筋梁尤其突出。为了对上述现象进行更清晰的展示,以 BFRP 筋梁对比组和浸泡组的试验数据为例,对经历 50℃ 高温海水浸泡加速侵蚀前后的混凝土梁的截面弯矩-曲率曲线的变化进行分析。纯弯段的截面曲率可以通过加载点和跨中挠度值的差异计算得出,假定纯弯段的挠曲线成圆弧形,截面平均曲率可通过以下公式计算得出[23]:

$$\kappa = \frac{2\delta}{(l_b/2)^2 + \delta^2} \tag{3-1}$$

$$\delta = \delta_3 - \frac{\delta_2 + \delta_4}{2} \tag{3-2}$$

式中:κ 为纯弯段截面平均曲率值;l_b 为纯弯段的长度;δ_2、δ_3 和 δ_4 分别为左加载点、跨中和右加载点下的挠度值。计算结果如图 3-14 所示,可以看出,经过环境作用后的梁,其裂缝开展阶段的范围变大。结合试验结果分析后认为,FRP 筋

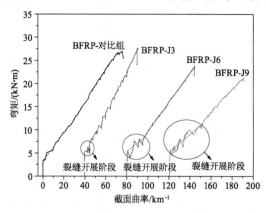

图 3-14　50℃ 高温海水浸泡前后 BFRP 筋梁纯弯段弯矩-曲率曲线变化

与混凝土粘结性能的退化是上述现象出现的原因。对于对比组梁,由于 FRP 筋与混凝土粘结性能良好,裂缝在较短时间内充分生成(即指不再有新的主裂缝生成),荷载抖动较小。但经过高温海水浸泡后,FRP 筋与混凝土粘结性能出现一定程度的退化,需要在更高的荷载水平才能使裂缝充分生成,并且,每当有新裂缝出现时,荷载的抖动明显。

需要特别指出的是,上述试验现象是针对未开裂梁得出的,在实际工程中,混凝土梁在服役条件下都是带裂缝工作,裂缝一般已经全部或部分开展。在此情况下,FRP 筋与混凝土粘结性能的退化对构件变形的影响需要进一步分析。

3.3.5　抗弯刚度和延性系数

如表 3-8 所示,为定量比较各试验梁的抗弯刚度变化,对各试验梁在正常使用荷载水平下的实测跨中挠度值进行了统计。对于 BFRP 筋梁,经历环境作用的试验梁在相同荷载水平下的跨中挠度值都要小于对比组。这表明,环境作用后的试验梁的抗弯刚度得到了提升。其中,龄期为 3 个月的挠度最小,刚度提升最大。分析认为,环境作用后混凝土强度的提升对刚度提升有很大帮助,而随着龄期增长,混凝土强度提升带来的影响基本维持稳定,BFRP 筋与混凝土粘结性能的退化使得抗弯刚度在 3 个月龄期后开始降低。对于 CFRP 筋梁,干湿循环条件下的刚度变化不是很有规律,而浸泡环境下,由于 CFRP 筋-混凝土粘结性能的退化较为严重,裂缝开展极为稀疏,刚度退化较大。对于 SFCB 梁,由表 3-8 中可以看出,无论是干湿循环环境下还是浸泡环境下,试验梁的刚度都得到了提升,且浸泡环境下的提升更为明显。分析认为,混凝土强度的提升和 SFCB 粘结性能退化较小是出现上述现象的主要原因。

表 3-8　正常使用荷载水平下的跨中挠度值

试验梁类别	正常使用荷载水平	跨中挠度值/mm					
		对比组	干湿循环			浸泡		
			3 个月	6 个月	9 个月	3 个月	6 个月	9 个月
BFRP 筋梁	40%M_u	13.4	9.3	10.1	11.0	9.5	11.2	11.1
CFRP 筋梁	40%M_u	11.7	11.8	9.6	10.7	14.7	11.2	16.0
SFCB 梁	65%M_y	4.7	3.8	3.6	3.4	3.6	3.0	3.0

注: BFRP 筋梁和 CFRP 筋梁的使用荷载取为极限荷载 M_u 的 40%,分别为 30 kN 和 25 kN。SFCB 梁的使用荷载取为屈服荷载 M_y 的 65%,为 30 kN。

如表 3-7 所示,对 SFCB 配筋梁在环境作用后的位移延性系数($\Delta_{\max}/\Delta_y$)的变化进行了计算。可以看出,除了 SFCB-J9 组,其他各组的延性系数都没有降低。SFCB-J9 组,由于 SFCB 梁的断裂,使得延性系数指标降低了 14%。

3.3.6 裂缝宽度和分布

图 3-15 所示为海水海砂混凝土梁对比组和 9 个月龄期组的荷载-最大裂缝宽度曲线。如图 3-15(a)所示,实测在正常使用荷载(约 30 kN)前,环境作用后的裂缝宽度都要比对比组的小。之后,干湿循环组的裂缝宽度大于对比组,浸泡组的裂缝宽度仍然小于对比组。如图 3-15(b)所示,环境作用 9 个月的 CFRP 筋梁的最大裂缝宽度要远大于对比组。这是由于,9 个月龄期组的裂缝开展极为稀疏,变形集中在仅有的几条主裂缝处。如图 3-15(c)所示,SFCB 梁对比组的裂缝宽度要大于环境作用 9 个月龄期组,说明 SFCB 与混凝土的粘结性能在试验龄期内表现良好。

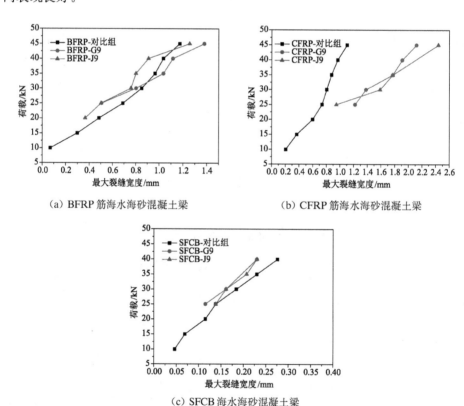

(a) BFRP 筋海水海砂混凝土梁　　　　(b) CFRP 筋海水海砂混凝土梁

(c) SFCB 海水海砂混凝土梁

图 3-15　海水海砂混凝土梁的荷载-最大裂缝宽度曲线

　　图 3-16 中给出了所有试验梁破坏时的裂缝分布形态,由图 3-16(a)看出,环境作用导致试验梁破坏形态发生转变的同时,也使得裂缝分布更为稀疏,剪区斜裂缝明显减少。由图 3-16(b)看出,环境作用使得 CFRP 筋梁的裂缝变得极为稀疏,侧面反映了 CFRP 筋与混凝土的粘结性能退化较为严重。由图 3-16(c)可以看出,环境作用后,尤其是持续浸泡环境下,SFCB 梁的裂缝分布也变得越来越稀疏,破坏模式由混凝土压溃转变为 SFCB 断裂破坏。

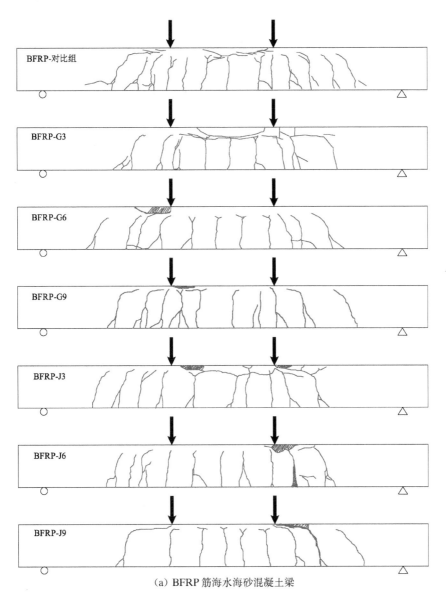

(a) BFRP 筋海水海砂混凝土梁

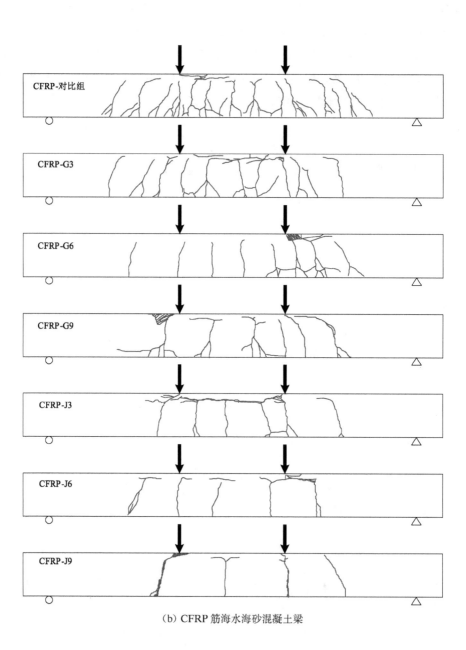

（b）CFRP 筋海水海砂混凝土梁

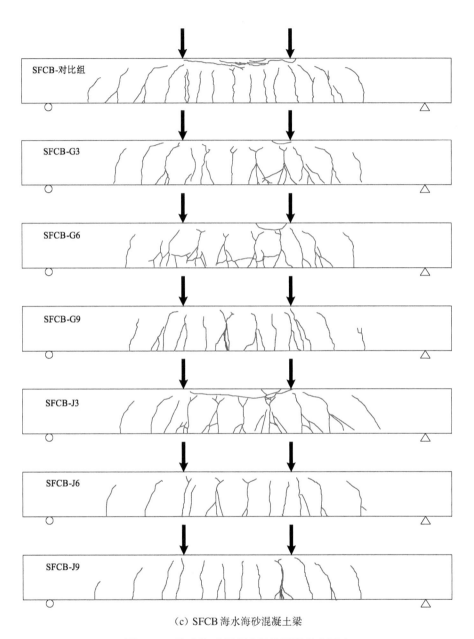

（c）SFCB 海水海砂混凝土梁

图 3-16　海水海砂混凝土梁的裂缝分布形态

3.3.7 抗弯承载力分析

如图 3-17 所示,海水海砂混凝土超筋梁的抗弯承载力可根据 ACI 440.1R-15 由下式确定[24]:

$$M_n = \rho_f f_f \left(1 - 0.59 \frac{\rho_f f_f}{f_c'}\right) b d^2 \tag{3-3}$$

式中:M_n 为抗弯承载力;ρ_f 为 BFRP 筋配筋率;f_f 为受拉钢筋的应力;f_c' 为混凝土的规定抗压强度,采用 $0.79 f_{cu}$,其中 f_{cu} 为边长 150 mm 立方体的强度测试值。对于对比梁,混凝土强度 f_c' 为 39.9 MPa;环境作用后梁,混凝土强度 f_c' 为 50.2 MPa;d 为极限受压纤维到受拉钢筋质心的距离,为 213.5 mm;b 为梁的宽度,取 120 mm。当破坏模式为混凝土压溃时,纵向钢筋的抗拉强度没有得到充分利用。将实测的 M_n 值代入上式,可得到其破坏时的实际应力水平 f_f(MPa),计算结果如表 3-9 所示。

如图 3-16 和表 3-7 所示,对于 SFCB-对比组、SFCB-G3、SFCB-G6 和 SFCB-J3 试件,其破坏模式为 SFCB 屈服(没有断裂),然后混凝土被压溃。因此,梁破坏时 SFCB 内的实际应力也可由式(3-3)求得。计算结果如表 3-9 所示。然而,其他的环境条件 SFCB 加固 SWSSC 梁(即 SFCB-G9、SFCB-J6 和 SFCB-J9)因 SFCB 断裂而失效。海水海砂混凝土在此情况下参照 GB 50608—2010[25],极限抗弯强度可由下式计算:

$$M_n = 0.9 \cdot f_{fu} A_f h_{of} \tag{3-4}$$

式中,f_{fu} 为 SFCB 暴露后的残余极限抗拉强度;A_f 为加固区;h_{of} 为 SFCB 的质心到极限压缩纤维的距离为 212.5 mm。式中,假定 SFCB 到受压混凝土中心的高度为 $0.9 h_{of}$。 计算结果如表 3-9 所示。

表 3-9 底部受拉钢筋的应力状态

试件	破坏模式	配筋形式	P_{max} /kN	f_f, f_{fu} /MPa
BFRP-对比组	混凝土压碎	超筋	72.0	518
BFRP-G3	混凝土压碎	超筋	79.3	564
BFRP-G6	混凝土压碎	超筋	75.9	538
BFRP-G9	混凝土压碎	超筋	73.1	516

（续表）

试件	破坏模式	配筋形式	P_{max}/kN	f_f, f_{fu}/MPa
BFRP-J3	混凝土压碎	超筋	73.8	522
BFRP-J6	剪切破坏	—	63.7	—
BFRP-J9	剪切破坏	—	56.7	—
SFCB-对比组	SFCB 屈服和混凝土压碎	少筋	71.7	389
SFCB-G3	SFCB 屈服和混凝土压碎	少筋	79.3	426
SFCB-G6	SFCB 屈服和混凝土压碎	少筋	70.6	375
SFCB-G9	SFCB 断裂	少筋	71.0	394*
SFCB-J3	SFCB 屈服和混凝土压碎	少筋	73.8	394
SFCB-J6	SFCB 断裂	少筋	71.0	394*
SFCB-J9	SFCB 断裂	少筋	64.0	355*

由表 3-9 可知，对于 BFRP 筋对比梁，在梁破坏时，BFRP 筋中的应力水平为其极限强度的 45.4%。经环境作用后，BFRP 筋的残余抗拉强度至少为 516 MPa，约为极限抗拉强度的 45.2%。在海水浸泡 9 个月后，SFCB 梁的残余抗拉强度约为初始值的 49.4%。分析认为，这是由于 50℃ 高温饱和吸湿状态下，混凝土内碱性环境对 SFCB 外层 BFRP 加速侵蚀导致的[15,26]。

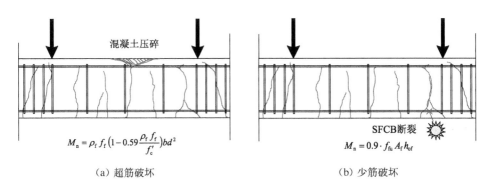

（a）超筋破坏　　　　　　　　　　　（b）少筋破坏

图 3-17　两种弯曲破坏模式

3.3.8　抗剪承载力分析

如表 3-9 所示，BFRP-J6 和 BFRP-J9 试件在海水中浸泡 6 个月和 9 个月后均出现剪切破坏。总抗剪承载力可分为两部分，即混凝土提供的抗剪承载力

(V_c) 和箍筋提供的抗剪承载力 (V_f)。根据 ACI 440.1R-15[24]，可由以下公式计算：

$$V_c = \frac{2}{5} \sqrt{f'_c} \, b_w(kd) \tag{3-5}$$

$$V_f = \frac{A_{fv} f_{fv} d}{s} \tag{3-6}$$

式中：b_w 为梁的宽度，取 120 mm；k 为中性轴深度与钢筋深度的比值；A_{fv} 为箍筋总截面积；s 为箍筋间距，取 40 mm；f_{fv} 为箍筋提供的抗拉强度。

表 3-10 为对比试件与受剪破坏试件抗剪承载力计算结果对比。在计算 BFRP-对比试件的 V_f 时，BFRP 箍筋采用的应变为规范推荐的 0.004[24-25]，弹性模量为 47.6 GPa，与顶部 BFRP 筋相同。可以看出，对比梁的总抗剪承载力 (V) 大于弯曲试验时产生的实际剪力 (V_t)。因此，对比梁没有发生剪切破坏。但经过环境处理后，BFRP-J6 和 BFRP-J9 梁实际发生剪切破坏，V_f 分别小于 20.7 kN 和 17.2 kN。因此，将 V_f 值代入式（3-6）可知，BFRP 箍筋的实际应变分别为 0.000 82 和 0.000 67，分别约为初始值的 20.5% 和 16.8%。

经过上述计算分析可以看出，高温海水浸泡作用后，BFRP 箍筋在抗剪过程中发挥的作用在减小。结合对图 3-17 中的斜裂缝分布形态分析后认为，这主要是由于箍筋与混凝土粘结性能退化后，剪切斜裂缝不穿过竖向箍筋，而是沿着箍筋竖向向梁底开展导致的。另外，本书较大的剪跨比也会使得剪切裂缝容易沿竖向发展。因此，建议当采用 FRP 箍筋时，需注意因环境作用导致 BFRP 箍筋与混凝土粘结性能退化后，箍筋在抗剪承载力中贡献值的下降，相关研究尚需进一步开展。值得注意的是，本书中获得的 BFRP 箍筋贡献的减少程度受限于材料、尺寸和使用的环境。

表 3-10　抗剪承载力计算值和试验值比较

试件	V_c/kN	V_f/kN	$V_{test} = P_{max}/2$	$V = V_c + V_f$	破坏模式
BFRP-对比	10.3	102.1	36.0	112.4	混凝土压溃
BFRP-J6	11.2	<20.7	31.9	<31.9	剪切破坏
BFRP-J9	11.2	<17.2	28.4	<28.4	剪切破坏

3.4　本章小结

本章围绕利用 FRP 提升海洋环境下工程结构耐久性的研究主旨，先后开展了两批次的 FRP 筋增强混凝土梁抗弯性能试验。试验层层推进，从 SFCB 增强（箍筋仍然是钢筋）海砂混凝土梁到全 FRP 配筋（纵筋和箍筋都是 FRP）增强的天然海水海砂混凝土梁。通过对经历实验室加速模拟海洋环境作用后的梁式构件的力学性能的测试，为将来在海洋环境下的实际工程应用打下基础。基于本章试验研究，主要得出以下结论：

（1）在海砂混凝土研究中，经过最长 90 d 的环境作用后，钢筋梁和 SFCB 梁的特征荷载都没有出现显著的变化，荷载-挠度曲线的斜率都得到了提高，能量延性指标也都得到了提高，并且 SFCB 梁的提高幅度更为明显。钢筋梁的裂缝分布形态没有出现变化，而 SFCB 梁跨中出现较多的分支裂缝，在 SFCB 内芯钢筋屈服后，主裂缝宽度的增幅明显变缓。

（2）在海水海砂混凝土研究中，经历高温海水作用后，BFRP 筋梁和 CFRP 筋梁的破坏模式都由受压区混凝土压溃破坏逐步向剪-压破坏模式转变，SFCB 梁的破坏模式由受压区混凝土压溃破坏逐步向 SFCB 拉断破坏转变。

（3）在海水海砂混凝土研究中，对于 BFRP 筋作为受拉纵筋的全 FRP 配筋梁，由于破坏模式的转变，海水浸泡环境下的极限承载力出现了较为明显的退化，在 9 个月龄期时，极限承载力为对比组的 79%；采用 CFRP 筋作为受拉纵筋的全 FRP 配筋梁，其在海水浸泡环境下的损伤程度要明显大于海水干湿循环环境下，在 9 个月浸泡龄期组，承载力降为对比组的 70%；SFCB 梁的长期性能表现得最为稳定，在 9 个月浸泡龄期下，由于 SFCB 力学性能的退化，极限承载力最多出现了 11% 的降低。

本章参考文献

［1］Robert M，Benmokrane B. Combined effects of saline solution and moist concrete on long-term durability of GFRP reinforcing bars[J]. Construction and Building Materials，2013，38：274-284.

［2］Ceroni F，Cosenza E，Gaetano M，et al. Durability issues of FRP rebars in reinforced concrete members[J]. Cement and Concrete Composites，2006，28(10)：857-868.

［3］Benmokrane B，Elgabbas F，Ahmed E A，et al. Characterization and comparative durability study of glass/vinylester，basalt/vinylester，and basalt/epoxy FRP bars[J]. Journal of Composites for Construction，2015，19(6)：04015008.

[4] Benmokrane B，Wang P，Ton-That T M，et al. Durability of glass fiber-reinforced polymer reinforcing bars in concrete environment[J]. Journal of Composites for Construction，2002，6(3)：143-153.

[5] Chen Y，Davalos J F，Ray I. Durability prediction for GFRP reinforcing bars using short-term data of accelerated aging tests[J]. Journal of Composites for Construction，2006，10(4)：279-286.

[6] Dong Z Q，Wu G，Zhao X L，et al. A refined prediction method for the long-term performance of BFRP bars serviced in field environments[J]. Construction & Building Materials，2017，155：1072-1080.

[7] Robert M，Wang P，Cousin P，et al. Temperature as an accelerating factor for long-term durability testing of FRPs：Should there be any limitations[J]. Journal of Composites for Construction，2010，14(4)：361-367.

[8] Huang J W，Aboutaha R. Environmental reduction factors for GFRP bars used as concrete reinforcement：New scientific approach[J]. Journal of Composites for Construction，2010，14(5)：479-486.

[9] Wang Z K，Zhao X L，Xian G J，et al. Long-term durability of basalt-and glass-fibre reinforced polymer (BFRP/GFRP) bars in seawater and sea sand concrete environment [J]. Construction and Building Materials，2017，139：467-489.

[10] Wang Z K，Zhao X L，Xian G J，et al. Durability study on interlaminar shear behaviour of basalt-，glass-and carbon-fibre reinforced polymer (B/G/CFRP) bars in seawater sea sand concrete environment[J]. Construction and Building Materials，2017，156：985-1004.

[11] Benmokrane B，Robert M，Mohamed H M，et al. Durability assessment of glass FRP solid and hollow bars (rock bolts) for application in ground control of Jurong rock Caverns in Singapore[J]. Journal of Composites for Construction，2017，21 (3)：06016002.

[12] Al-Salloum Y A，El-Gamal S，Almusallam T H，et al. Effect of harsh environmental conditions on the tensile properties of GFRP bars[J]. Composites Part B：Engineering，2013，45(1)：835-844.

[13] Robert M，Cousin P，Benmokrane B. Durability of GFRP reinforcing bars embedded in moist concrete[J]. Journal of Composites for Construction，2009，13(2)：66-73.

[14] Dong Z Q，Wu G，Xu Y Q. Experimental study on the bond durability between steel-

FRP composite bars（SFCBs）and sea sand concrete in ocean environment［J］. Construction and Building Materials，2016，115：277-284.

［15］Dong Z Q，Wu G，Xu B，et al. Bond durability of BFRP bars embedded in concrete under seawater conditions and the long-term bond strength prediction［J］. Materials & Design，2016，92：552-562.

［16］Yan F，Lin Z B. Bond durability assessment and long-term degradation prediction for GFRP bars to fiber-reinforced concrete under saline solutions［J］. Composite Structures，2017，161：393-406.

［17］Altalmas A，El Refai A，Abed F. Bond degradation of basalt fiber-reinforced polymer （BFRP）bars exposed to accelerated aging conditions［J］. Construction and Building Materials，2015，81：162-171.

［18］Sen R，Mariscal D，Shahawy M. Durability of fiberglass pretensioned beams［J］. ACI Structural Journal，1993，90(5)：525-533.

［19］Tannous F E，Saadatmanesh H. Environmental effects on the mechanical properties of E-glass FRP rebars［J］. ACI Materials Journal，1998，95(2)：87-100.

［20］Laoubi K，El-Salakawy E，Benmokrane B.Creep and durability of sand-coated glass FRP bars in concrete elements under freeze/thaw cycling and sustained loads［J］. Cement & Concrete Composites，2006，28(10)：869-878.

［21］Sen R，Shahawy M，Sukumar S，et al. Durability of carbon fiber reinforced polymer （CFRP）pretensioned elements under tidal/thermal cycles［J］. ACI Structural Journal，1999，96(3)：450-457.

［22］Wang H Z，Belarbi A. Flexural durability of FRP bars embedded in fiber-reinforced-concrete［J］. Construction and Building Materials，2013，44：541-550.

［23］Gribniak V，Kaklauskas G，Torres L，et al. Comparative analysis of deformations and tension-stiffening in concrete beams reinforced with GFRP or steel bars and fibers［J］. Composites Part B：Engineering，2013，50：158-170.

［24］ACI 440. 1R-15. Guide for the design and construction of structural concrete reinforced with fiber-reinforced polymer（FRP）bars［R］. ACI Committee 440，2015.

［25］Ministry of Housing and Urban-Rural Development of the People's Republic of China. Technical code for infrastructure application of FRP composites：GB50608 — 2010［S］. Beijing：China Planning Press，2010.

［26］Wang Z K，Zhao X L，Xian G J，et al. Long-term durability of basalt- and glass-fibre reinforced polymer（BFRP/GFRP）bars in seawater and sea sand concrete environment ［J］. Construction and Building Materials，2017，139：467-489.

第 4 章　改性 FRP 筋海砂混凝土耐久性能研究

4.1　引言

已有研究[1-2]对 BFRP 在不同腐蚀环境下的耐久性试验分析表明,在 55℃ 的海水海砂混凝土环境溶液中浸泡 9 周后,直径 6 mm、纤维体积分数为 65% 的 BFRP 筋的拉伸强度保留率仅为 26%[2],因此 BFRP 的耐久性提升仍是一个值得研究的课题,特别是在海水海砂混凝土环境中。由于 FRP 的破坏始于基体的开裂和基体与纤维之间的界面脱粘,而提升树脂基体的韧性和抗裂性可以阻止和延缓腐蚀介质的侵入,从而提高 FRP 的耐久性。因此,各类增韧添加剂被用于改性环氧树脂,包括氧化硅纳米颗粒[3]、碳纳米管[4]和橡胶颗粒[5]等。研究表明将 6%(质量百分数)的氧化硅纳米颗粒添加到环氧树脂中后,基体的断裂韧性提升了 24%,韧性和抗裂性得到明显改善[6]。多壁碳纳米管改性环氧树脂也可以得到相似的提升效果[7]。此外,有研究表明纳米颗粒有利于环氧树脂涂料的防腐性能。氧化硅纳米颗粒改性的环氧涂料在富含氯离子的环境中具有良好的耐腐蚀性能,有效降低了腐蚀速率[8]。多壁碳纳米管改性环氧树脂也可以起到类似的耐久性提升效果[8]。

为此,本章针对采用碳纳米管改性树脂基体的改性 BFRP 筋与海砂混凝土界面粘结耐久性能开展了加速腐蚀试验研究,并重点对采用改性 BFRP 箍筋对海砂混凝土梁短期和长期抗剪性能的影响进行了测试研究。试验采用高温人工海水干湿循环的方式对构件进行加速老化,研究有助于增进人们对 FRP 筋海砂混凝土组合应用耐久性方面的认识。

4.2　改性 FRP 筋与海砂混凝土粘结耐久性能研究

4.2.1　试验材料和方案

1）筋材

如图 4-1 所示，本节针对粘结性能的拉拔试验主要选择了三种类型的筋材，分别为 BFRP 筋、碳纳米管改性 BFRP 筋和表面粘砂处理的 BFRP 筋。其中 BFRP 筋为直径 10 mm 的浅肋纹玄武岩纤维增强环氧树脂复合筋，BFRP 筋的树脂基体采用了普通环氧树脂和 0.3%（质量百分比）碳纳米管改性环氧树脂两种类型，同时设置了对表面进行粘砂处理的 BFRP 筋试验组，本节试验采用的 BFRP 筋均由江苏绿材谷新材料科技发展有限公司生产，两种筋材的力学性能见表 4-1 中所示。

图 4-1　试验采用的增强筋（单位：mm）

表 4-1　两类筋材力学性能

筋材种类	纤维	树脂	名义直径/mm	屈服强度/MPa	极限强度/MPa	弹性模量/GPa
BFRP 筋	玄武岩纤维	环氧树脂	10.0	—	1 442	53
改性BFRP 筋	玄武岩纤维	0.3%（质量百分比）碳纳米管改性环氧树脂	10.0	—	1 379	54

2）混凝土

本节试验采用的混凝土均为海砂混凝土。所用海砂来自山东青岛外黄海海域，依据《公路工程集料试验规程》[9] 对此批海砂的细度模数进行筛分测定，其细度模数为 1.712，为细砂。

试验所用海水是依据 ASTM D1141-98[10] 中对海水成分的规定配制，具体配制方法为每 1 L 蒸馏水中加入 24.53 g 氯化钠（NaCl）、5.20 g 氯化镁（MgCl₂）、4.09 g 硫酸钠（Na₂SO₄）和 1.16 g 氯化钙（CaCl₂），如表 4-2 所示。

试验所用海砂混凝土试样为同一批次浇筑完成，目标混凝土强度等级为 C35。海砂混凝土的配合比为：水泥：人工海水：海砂：石子 ＝ 1：0.49：1.59：

2.95。依据《混凝土物理力学性能试验方法标准》(GB/T 50081—2019)[11],采用上海三思纵横机械制造有限公司生产的 YAW-300 压力试验机,实测 28 d 150 mm×150 mm×150 mm 混凝土立方体试块抗压强度平均值为 38.3 MPa。

表 4-2　人工海水配制成分表

成分	添加量/(g/L)			
	NaCl	$MgCl_2$	Na_2SO_4	$CaCl_2$
人工海水	24.53	5.20	4.09	1.16

3)试件设计

本节试验所采用的拉拔块的形式依据日本规范 JSCE-E539—1995[12]进行设计。参照规范的规定,凡筋材直筋小于 17 mm 的均采用尺寸为 100 mm×100 mm×100 mm 的混凝土立方块,且由于混凝土试块尺寸较小,为避免在拉拔试验中试件发生劈裂破坏,在混凝土立方块中设置环向直径为 80 mm 的螺旋箍筋,箍筋直径为 6 mm。筋材与混凝土间的粘结长度为筋材名义直径的 4 倍,对于名义直径为 10 mm 的 BFRP 筋和钢筋来说,取粘结长度 40 mm。

4)海洋环境模拟方式

本节试验中加速腐蚀模拟了海水干湿循环环境,即潮汐区域。为模拟潮汐区的海水干湿循环作用,采用大型腐蚀环境试验舱,如图 4-2 所示。该试验舱由自动进水系统、腐蚀箱、自动排水系统、蓄水系统及腐蚀溶液加热装置组成,可以模拟海水浸泡、干湿循环下的腐蚀环境,同时可以实现室温至 90℃之间任意温度的恒温环境,控温精度±1℃。本试验中设置温度为 55℃,干湿循环周期为 12 h,其中模拟涨潮环境 6 h 即人工海水浸泡,退潮环境 6 h 即无海水状态。人工海水配制方法与上文所述海砂混凝土所用海水一致。腐蚀试件龄期为 30 d、60 d、90 d、

(a)干湿循环腐蚀箱　　　　(b)腐蚀箱内部　　　　(c)腐蚀箱内拉拔试件

图 4-2　混凝土拉拔试件腐蚀装置图

180 d 和 270 d,在腐蚀龄期达到对应时间时开箱取出对应的试件进行粘结强度拉拔试验测试。依据上文对试验参数的设定,本节关于海洋环境下 BFRP 筋与海砂混凝土粘结耐久性及其性能提升的试件批次如表 4-3 所示,依据规范 JSCE-E539—1995[12]对试件数量的要求,每组试件设置 3 个样本。

表 4-3　海洋环境下 BFRP 筋与海砂混凝土粘结性能试验方案

试件编号	筋材类型	直径/mm	腐蚀环境	腐蚀温度/℃	腐蚀龄期/d					
					对比组	30	60	90	180	270
B	BFRP	10	干湿循环	55	3	3	3	3	3	3
GB	改性 BFRP	10	干湿循环	55	3	3	3	3	3	3
ZSB	粘砂 BFRP	10	干湿循环	55	3	3	3	3	3	3

5）加载及测试方法

本节试验采用的拉拔试件测试方法如图 4-3 所示,在拉拔试件自由端和加载端均设置位移计以测量筋材滑移,其中加载端位移计的测点为固定在筋材上的夹具。此外,拉拔荷载由设置在混凝土立方块下侧的荷载传感器测量。测试过程中位移计和荷载传感器的数据通过 TDS-530 数据采集仪进行自动记录。测试过程中采用 0.75 mm/min 的速率,对试件进行位移控制加载。当发生以下现象时即停止加载:①筋材自由端滑移达到 30 mm;②混凝土立方块劈裂;③筋材被拔出。

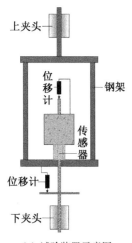
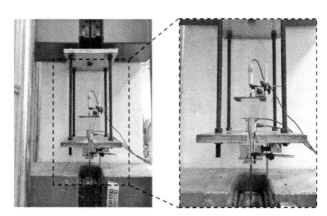

（a）试验装置示意图　　　　　　　（b）试验装置实物图

图 4-3　拉拔试验装置

4.2.2 破坏模式

由于本节试验在混凝土立方块中加入了间距加密的螺旋箍筋,每个螺旋箍旋转四圈,因此试件破坏模式都是拔出破坏,未发生混凝土劈裂。采用 A-B 的形式对试件进行命名,其中 A 代表筋材种类,与表 4-3 中表达方式相同,B 代表腐蚀龄期。各组试件不同腐蚀龄期筋材拔出后的表面形貌如图 4-4 所示,图中各组筋材从左至右分别为对比组和腐蚀龄期 30 d、60 d、90 d、180 d 和 270 d 的筋材。由图可知,试件 B 筋材拔出后表面有明显磨损划痕,且肋纹处磨损程度最为严重;试件 GB 筋材拔出后表明磨损情况与试件 B 相似,并且随着腐蚀龄期增加筋材表面颜色由黑色转变为棕色;试件 ZSB 筋材拔出后粘砂层与粘砂所用树脂层已脱落,肋纹位置有明显磨损情况,且筋材表面较为光滑,是破坏面发生在粘砂所用树脂层所致。

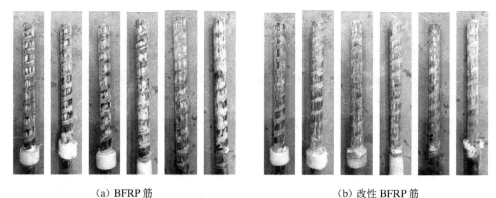

(a) BFRP 筋　　　　　　　　　　　　(b) 改性 BFRP 筋

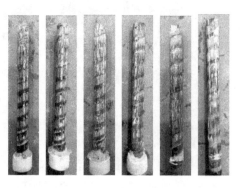

(c) 粘砂 BFRP 筋

图 4-4　拉拔试验筋材拔出后的表面形貌

参照规范 JSCE-E539—1995[12] 的规定将拉拔试件中筋材与混凝土的粘结长度(L)设置为 4d,由于粘结长度较短,故近似认为粘结应力沿筋材长度方向呈均匀分布状态。因此粘结强度 τ(MPa)可以通过下式计算:

$$\tau = \frac{P}{\pi dL} \tag{4-1}$$

式中:P 为拉拔力(kN);d 为筋材直径(mm);L 为筋材与混凝土的粘结长度(mm)。

根据上文对筋材与混凝土粘结强度的计算方法对试验数据进行整理分析,各组拉拔试验结果列于表 4-4 所示。

表 4-4　各龄期拉拔试验结果

试件编号	腐蚀形式	腐蚀龄期/d	极限粘结强度/MPa	CV/%	强度保留率/%	自由端峰值滑移/mm
B	—	—	15.08	1.6	100	5.70
GB	—	—	16.13	8.8	100	5.98
ZSB	—	—	17.84	6.2	100	7.22
B-30	干湿循环	30	13.69	0.6	90.8	5.98
B-60	干湿循环	60	11.51	11.3	76.3	5.76
B-90	干湿循环	90	10.81	8.0	71.7	4.12
B-180	干湿循环	180	11.69	10.6	77.5	6.02
B-270	干湿循环	270	10.81	17.2	71.7	5.58
GB-30	干湿循环	30	15.75	8.2	97.6	6.57
GB-60	干湿循环	60	14.91	9.4	92.5	6.97
GB-90	干湿循环	90	14.36	8.3	89.0	6.67
GB-180	干湿循环	180	14.92	20.9	92.4	6.66
GB-270	干湿循环	270	14.05	8.9	87.1	6.90
ZSB-30	干湿循环	30	16.40	4.3	91.9	5.65
ZSB-60	干湿循环	60	15.99	7.4	89.6	6.76
ZSB-90	干湿循环	90	14.46	3.8	81.0	6.14
ZSB-180	干湿循环	180	13.87	15.2	77.7	6.62
ZSB-270	干湿循环	270	13.69	10.8	76.7	7.30

4.2.3 粘结-滑移曲线

本节试验中得到的各组拉拔试件粘结滑移曲线如图 4-5 至图 4-7 所示。

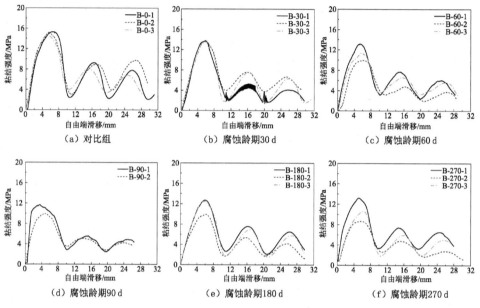

图 4-5　BFRP 筋粘结-滑移曲线

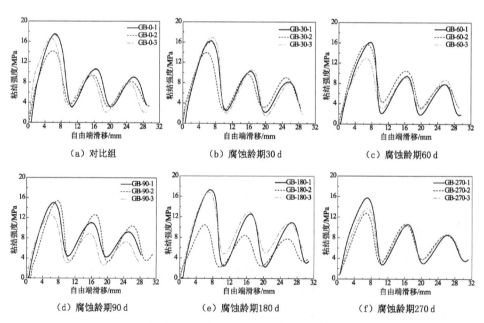

图 4-6　改性 BFRP 筋粘结-滑移曲线

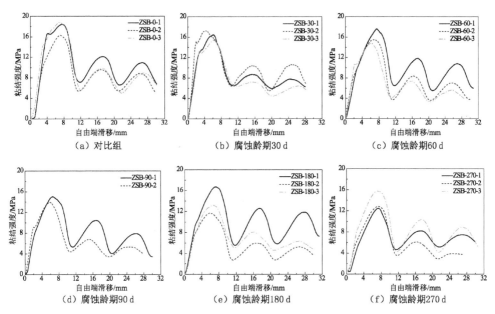

图 4-7　粘砂 BFRP 筋粘结-滑移曲线

　　由试验结果可知试件 B 和 GB 组中 BFRP 筋与混凝土的滑移过程可以分为四个阶段:初期滑移段、滑移段、下降段和残余段。其中:①初期滑移段加载端未滑移或仅有较小滑移,自由端不滑移,荷载滑移曲线位于上升段。该阶段主要由BFRP 筋与周围混凝土之间化学胶结力发挥作用,加载端先发生滑移并逐渐向自由端传递。②滑移段,随着荷载逐渐加大自由端开始发生滑移,荷载滑移曲线进入快速上升阶段。该阶段 BFRP 筋与混凝土间化学胶结力逐步失效,筋材肋纹与混凝土的机械咬合力及筋材表面与周围混凝土的摩擦力开始起到主要作用。③下降段,当拉拔荷载处于峰值后荷载滑移曲线开始进入下降段,此时拉拔荷载逐渐降低且滑移值快速增加。此过程中 BFRP 筋表面肋纹遭到磨损,并伴随有裂纹间混凝土剪坏,筋材与混凝土间的机械咬合力大幅降低,同时周围混凝土对筋材的握裹力和摩擦力也逐渐降低,导致拉拔荷载迅速减小。④残余段,当下降段拉拔荷载降低到一定程度后会进入下一个升高降低的循环过程,随着循环次数增加各次荷载峰值也逐渐降低,直到筋材被完全拔出。

　　而粘砂筋 ZSB 组筋材的滑移过程在滑移段与试件 B 和 GB 组不同,在拉拔荷载上升到极限粘结强度的 50%～90% 之间时出现一个荷载平台段,该阶段滑移增加而荷载保持不变甚至出现小幅度降低。该现象的出现是由于筋材表面粘砂所用树脂层化学粘结力达到峰值甚至失效导致,在粘砂所用树脂层与筋材表面的粘结力达到最大值后筋材与树脂粘结层间的咬合和摩擦作用持续承受粘结应力,荷载滑移曲线继续上升。试件 ZSB 的粘结滑移曲线在下降段和残余段与试件 B 和 GB 组发展趋势一致。由图 4-7 可以发现,随着腐蚀龄期的增加,粘结滑移曲线上升过程中的平台段位置逐步降低,这表明虽然粘砂层保护了 BFRP 筋不受腐蚀,但粘砂所用的树脂层在高温海洋环境下发生了腐蚀退化。从而导致了筋材与树脂层间的化学粘结力过早失效,平台段位置和极限荷载逐渐降低。

4.2.4 极限粘结强度变化规律

图 4-8 所示为各组拉拔试件极限粘结强度与龄期的对应变化趋势。对于试件 B,筋材与混凝土粘结强度在人工海水腐蚀溶液中干湿循环 30 d 后即显著降低,试件 B-30 强度保留率为 90.8%。当腐蚀龄期达到 180 d 和 270 d 时其强度保留率仅为 77.5% 和 71.7%。本节试验所用 BFRP 筋为浅肋筋,与深肋筋相比肋纹

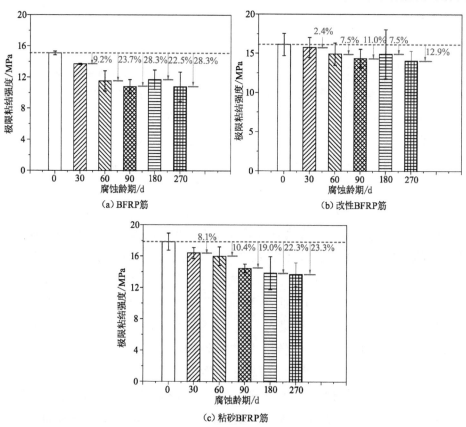

(a) BFRP筋 (b) 改性BFRP筋

(c) 粘砂BFRP筋

图 4-8　海洋环境下极限拉拔强度变化规律

深度小受腐蚀溶液影响更为明显,腐蚀后筋材与混凝土间机械咬合力损失较大。由图 4-5 可以看出试件 B-90 粘结滑移曲线残余段第二和第三个荷载峰值相比试件 B、B-30 和 B-60 显著降低,表明经历 90 d 腐蚀后 BFRP 筋表面肋纹在经历第一个荷载峰值后磨损严重,导致残余段肋纹与周围混凝土咬合力严重降低,后续粘结荷载峰值较弱。改性 BFRP 筋试件 GB 随腐蚀龄期增加,筋材与混凝土间粘结强度退化速度较慢,在人工海水中干湿循环 270 d 后强度保留率为 87.1%。对粘砂 BFRP 筋来说,其与混凝土间的粘结强度随腐蚀龄期的增加下降速率同样比未处理 BFRP 筋慢,在人工海水中干湿循环 90 d、180 d 和 270 d 后,强度保留率分别为 81.0%、77.7% 和 76.7%。该现象是由于粘砂 BFRP 筋与未处理 FRP 筋相比筋材外侧有粘砂层和粘砂所用环氧树脂层,可有效减缓溶液中腐蚀介质和水分的侵入,同时粘砂层增加了筋材表面的粗糙度有效提升了与混凝土间的初始粘结强度。

4.2.5　改性树脂基体的影响

将改性筋材试件与未处理筋材试件的粘结滑移曲线进行对比,如图 4-9(a)所示。两类试件筋材与混凝土的短期粘结强度无明显差异。长期性能方面由图 4-9(b)可知,经历 270 d 人工海水干湿循环作用后试件 B 和 GB 的粘结强度保留率分别为 71.7% 和 87.1%,表明改性 BFRP 筋与混凝土间粘结强度耐久性能更好。BFRP 筋在海砂混凝土环境溶液作用下表面树脂逐步腐蚀退化,导致筋材外层纤维出现松散现象,该现象在筋材外侧肋纹区域更为明显。而这一现象可有效导致筋材表面肋纹与混凝土间机械咬合力的降低,筋材表层的腐蚀退化也会导致

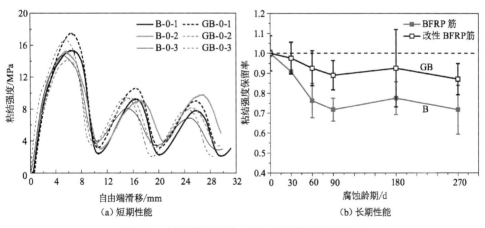

图 4-9　树脂基体改性对 BFRP 筋粘结性能影响

筋材与混凝土间的摩擦力减小。而改性 BFRP 筋材树脂基体中的碳纳米管可起到限制裂缝开展、抑制腐蚀通道产生、延长腐蚀介质侵入路径的作用,有效降低了沿筋材径向的腐蚀区深度。因此,改性 BFRP 筋材与混凝土间的粘结强度在经历海洋环境作用后退化程度相比未改性筋材试件更小。

4.3 改性 FRP 筋海砂混凝土梁抗剪性能退化规律研究

4.3.1 试验材料和方案

1) 筋材

本节内容中海砂混凝土梁试件纵筋分别为 BFRP 筋、碳纳米管改性 BFRP 筋、SFCB 和钢筋。其中钢筋为直径 10 mm 的 HRB400 级螺纹钢,BFRP 筋为直径 12.0 mm 的玄武岩纤维增强环氧树脂复合筋,BFRP 筋的树脂基体采用了普通环氧树脂和 0.3%(质量百分比)碳纳米管改性环氧树脂两种类型,SFCB 是由中间直径 8 mm 的钢筋和外侧 30 束 2400 tex 的玄武岩纤维增强环氧树脂外层所组成。上述四类筋材的基本力学性能数据如表 4-5 所示。试验中采用的箍筋有四种类型,分别为直径 6 mm 的 HRB400 钢箍筋,直径 12 mm 的 BFRP 箍筋,相同直径的碳纳米管改性 BFRP 箍筋和表面喷砂 BFRP 箍筋。

表 4-5 四类纵筋力学性能

筋材种类	纤维	树脂	名义直径/mm	屈服强度/MPa	极限强度/MPa	弹性模量/GPa
BFRP 筋	玄武岩纤维	环氧树脂	12.0	—	1 442	53
改性 BFRP 筋	玄武岩纤维	0.3%(质量百分比)碳纳米管改性环氧树脂	12.0	—	1 379	54
SFCB	玄武岩纤维	环氧树脂	12.0	288	726	105
钢筋			10.0	534	652	206

2) 混凝土

本节试验所用海砂混凝土的配合比与上节中相同,即水泥∶人工海水∶海砂∶石子 = 1∶0.49∶1.59∶2.95。实测混凝土强度在 36.1～44.7 MPa 之间。

3) 试件设计

在本节的试验中,共设计制作了 16 根混凝土梁。其中短期试验 7 根梁,包含 1 根钢纵筋 - 钢箍筋增强混凝土梁(S)、1 根 BFRP 纵筋 - BFRP 箍筋增强混凝土梁(B)、1 根碳纳米管改性 BFRP 纵筋 - BFRP 箍筋增强混凝土梁(GB)、1 根 BFRP 纵筋 - 碳纳米管改性 BFRP 箍筋增强混凝土梁(GGB)、1 根 BFRP 纵筋 - 粘砂 BFRP 箍筋增强混凝土梁(ZGB)、1 根 SFCB 纵筋 - BFRP 箍筋增强混凝土梁(SF)和 1 根 SFCB 纵筋 BFRP 纵筋混合配筋 - BFRP 箍筋增强混凝土梁(B/ SF)。其中钢筋混凝土梁设计为下部受拉区钢筋屈服后顶部混凝土压溃破坏的适筋梁,其余梁采用与钢筋增强混凝土梁等刚度方法进行配筋换算,试件配筋和构件尺寸如图 4-10 所示。此外,在短期性能研究基础上选取了 3 种具有代表性的试验梁开展耐久性研究,分别为梁 B、GGB 和 ZGB。试验梁所用纵筋和箍筋

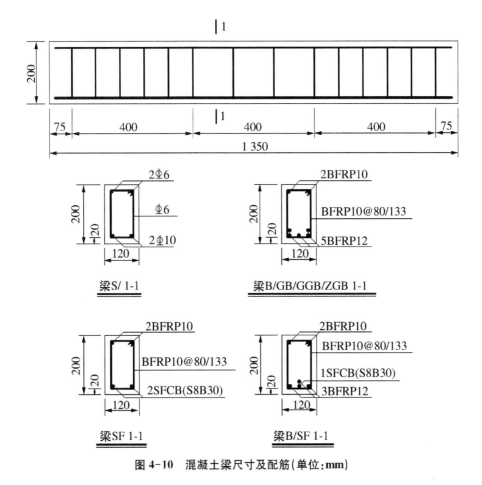

图 4-10　混凝土梁尺寸及配筋(单位:mm)

的筋材种类、混凝土强度等级均与短期试验试件相同,便于将其试验梁腐蚀后力学性能与梁短期力学性能进行对比分析。

本节试件中梁总长 1 350 mm,跨度 1 200 mm,横截面为 120 mm×200 mm。试验梁试件的纯弯段长度 400 mm,试件两侧剪弯段长度 400 mm。采用钢箍筋的梁剪弯段布置间距 80 mm 的 Φ6 钢箍筋,采用 BFRP 箍筋的梁在剪弯段布置了相同间距 A10 的 BFRP 箍筋。

为模拟海洋环境中潮汐区对混凝土结构的腐蚀效果,对本节试验中的梁试件进行人工海水干湿循环处理,耐久性试验设置 3 个腐蚀龄期,分别为 3 个月、6 个月和 9 个月。为了加速模拟海水溶液中氯离子对混凝土梁的腐蚀效果,采用高温加速腐蚀环境,温度设定为 55℃,具体试验方案如表 4-6 所示。

表 4-6 改性 FRP 筋海砂混凝土梁耐久性能试验方案

试件编号	纵筋	箍筋(间距@80)			腐蚀环境	环境温度/℃	腐蚀龄期/月
	BFRP 筋	BFRP 箍筋	改性 BFRP 箍筋	粘砂 BFRP 箍筋			
B-3	5A12	A10			干湿循环	55	3
B-6	5A12	A10			干湿循环	55	6
B-9	5A12	A10			干湿循环	55	9
GGB-3	5A12		A10		干湿循环	55	3
GGB-6	5A12		A10		干湿循环	55	6
GGB-9	5A12		A10		干湿循环	55	9
ZGB-3	5A12			A10	干湿循环	55	3
ZGB-6	5A12			A10	干湿循环	55	6
ZGB-9	5A12			A10	干湿循环	55	9

注:试件编号中末尾数字为腐蚀龄期,单位为月。

人工海水配制方法依据 ASTM D 1141—98[10] 中对海水成分的规定,具体配制方法为每 1 L 蒸馏水中加入 24.53 g 氯化钠($NaCl$)、5.20 g 氯化镁($MgCl_2$)、4.09 g 硫酸钠(Na_2SO_4)和 1.16 g 氯化钙($CaCl_2$)。

4.3.2 预开裂和反力架安装

为了使人工海水能够顺利渗透进入混凝土梁内部作用于纵筋,加快海洋环境对结构的腐蚀作用,本试验在将试验梁放入腐蚀箱干湿循环腐蚀前对其进行预开裂处理。首先,对梁进行四点弯预开裂加载,加载过程通过位移控制,加载速率

0.5 mm/min，加载过程中实施分级加载制度，荷载每增加 5 kN 持荷 5 min，以便裂缝充分发展。对所有试验梁采用相同工况预开裂处理，即等荷载预开裂，预开裂终控荷载为 30 kN。

预加载完成后，将相同腐蚀龄期的配对安装反力架，以便于试件到达腐蚀龄期后从腐蚀箱取出。反力架安装方法为，将配对的两根梁的梁顶面相对通过设置在加载点位置的 2 根不锈钢管叠加在一起，在梁两侧支座位置处通过槽钢和钢锚杆设置反力架并施加反力。在两侧反力架处设置千斤顶和荷载传感器，通过两侧千斤顶同时加载施加反力，当两端荷载传感器读数均稳定在 15 kN 时停止加载，拧紧反力架上的螺帽至传感器读数降至 0 kN，最后拆掉传感器和千斤顶即可，整个过程如图 4-11 所示。

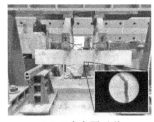  

（a）四点弯预开裂　　　　　（b）反力架安装　　　　　（c）安装完成

图 4-11　预开裂及反力架安装

4.3.3　加速腐蚀试验方案

将试验梁放入恒温控制干湿循环腐蚀箱中进行海洋环境腐蚀作用，为模拟实际海洋潮汐环境，设置腐蚀箱内人工海水循环周期为 12 h，即每个循环内包含 6 h 浸泡和 6 h 无腐蚀溶液状态，一天两个循环，腐蚀箱内人工海水恒定在 55℃，如图 4-12 所示。

（a）试件浸泡状态　　　　　　　　（b）试件干燥状态

图 4-12　试验梁在腐蚀箱中干湿循环过程

4.3.4 短期试件试验结果与分析

1) 破坏模式

梁 S 为钢筋混凝土对照梁,在四点弯加载过程中当集中荷载达到 22 kN 时梁底纯弯段出现 3 条初始裂缝,裂缝平均宽度为 0.047 mm,最大裂缝宽度0.06 mm。随着加载的进行梁底裂缝数量逐步增多,梁剪弯段亦开始产生裂缝。裂缝随着荷载的增大朝向加载点逐步发展,此时跨中纯弯段的裂缝宽度呈现缓慢增加状态。当荷载达到 67 kN 时梁底纵筋屈服,跨中裂缝宽度增大至 0.58 mm,进入快速发展期。加载至 73 kN 时,梁顶混凝土压溃,整个梁破坏。由试验梁的破坏模式和破坏形态可知其为典型的适筋梁正截面受弯破坏。极限承载力为 73.78 kN,破坏模式如图 4-13 所示。

梁 B、GB、GGB 和 ZGB 为 BFRP 筋增强混凝土梁,四根梁破坏模式均为顶部受压区混凝土压溃。与梁 S 相比,在四点弯荷载作用下 BFRP 筋增强混凝土梁底部裂缝开展数量更多、更密,梁的弯曲变形在卸载后基本恢复原状。梁 S 在顶部受压区混凝土压溃后伴有挠度迅速增加,梁底裂缝宽度快速发展的现象。由于BFRP 筋无屈服段,梁 B、GB、GGB 和 ZGB 破坏时均为顶部受压区混凝土严重压溃,无底部裂缝过分开展的现象发生,破坏模式如图 4-13 所示。

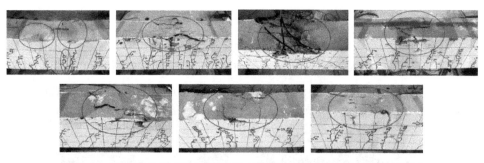

图 4-13 试验梁 S、B、GB、GGB、ZGB、SF 和 B/SF 破坏形态示意图(依序)

梁 SF 为 SFCB 增强混凝土梁,梁 B/SF 为 BFRP 筋和 SFCB 混合配筋梁。该梁破坏模式与 BFRP 筋增强混凝土梁相似,加载过程中梁底产生裂缝并逐步向加载点延伸,最终梁顶受压区混凝土压溃导致试验梁破坏。区别在于梁 SF 和 B/SF 底部裂缝数量较少,主要集中在跨中纯弯段,此外卸载后梁存在一定残余变形无法完全恢复。该现象在一定程度上与钢筋混凝土对照梁 S 相似,其破坏模式如图 4-13 所示。

2）荷载-挠度曲线和特征荷载值

图 4-14 所示为各海砂混凝土梁的荷载－跨中挠度曲线,试验梁的开裂、屈服和极限荷载、挠度特征值、破坏模式列于表 4-7。其中 P_{cr} 为开裂荷载,P_y 为屈服荷载,P_u 为极限荷载。$\triangle_{cr}$、$\triangle_y$ 和 $\triangle_u$ 分别为 P_{cr}、P_y 和 P_u 对应的跨中挠度值。

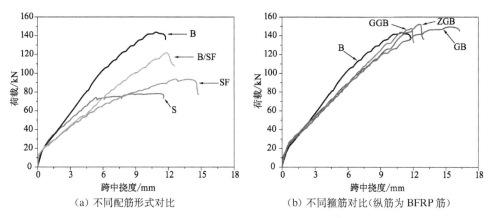

（a）不同配筋形式对比　　　　　（b）不同箍筋对比(纵筋为 BFRP 筋)

图 4-14　海砂混凝土梁的典型荷载-跨中挠度曲线

表 4-7　试验梁测试结果

试件编号	P_{cr} /kN	$\triangle_{cr}$ /mm	P_y /kN	$\triangle_y$ /mm	P_u /kN	$\triangle_u$ /mm	$\triangle_u/\triangle_y$	破坏模式
S	16.6	0.36	73.8	5.32	78.2	11.14	2.10	混凝土压溃
B	22.3	0.66	—	—	143.7	10.87	—	混凝土压溃
GB	23.1	0.64	—	—	149.5	17.44	—	混凝土压溃
GGB	22.4	0.56	—	—	148.0	11.77	—	混凝土压溃
ZGB	21.2	0.57	—	—	152.2	12.66	—	混凝土压溃
SF	21.2	0.68	75.5	7.89	93.8	13.93	1.77	混凝土压溃
B/SF	22.1	0.67	—	—	121.6	11.86	—	混凝土压溃

将各梁的开裂、屈服和极限荷载进行对比,绘制于图 4-15。其中图 4-15(a)为四组不同配筋形式梁的荷载-跨中挠度曲线和荷载特征值对比,从图中可以看出在等刚度配筋情况下钢筋混凝土梁的极限荷载值最低,SFCB 梁、SFCB-BFRP 混合配筋梁和 BFRP 筋梁的极限强度依次升高,相比钢筋混凝土梁分别升高了 19.9%、55.5% 和 83.8%。梁 S 破坏模式为底部受拉钢筋先屈服后顶部受压区混凝土压溃,而 BFRP 筋梁破坏模式为梁顶部混凝土压溃。此时 BFRP 筋拉伸强度并未完全发挥,考虑到本研究应用于海砂混凝土梁,且结构服役环境为海洋腐

蚀环境,为限制裂缝开展和腐蚀介质侵入混凝土内部到达增强筋位置,采用了等刚度配筋形式以限制混凝土梁的裂缝宽度。为了研究改性 BFRP 纵筋和箍筋对海砂混凝土梁在腐蚀环境下的抗剪耐久性提升效果,以及粘砂 BFRP 箍筋对混凝土梁抗剪耐久性的影响,本研究制作了相应的梁试件对其进行耐久性测试,图4-15(b)为四组梁试件的短期四点弯试验结果。由图可以看出相应的改性和粘砂处理工艺对 BFRP 筋增强海砂混凝土梁的短期力学性能没有较为明显的影响。

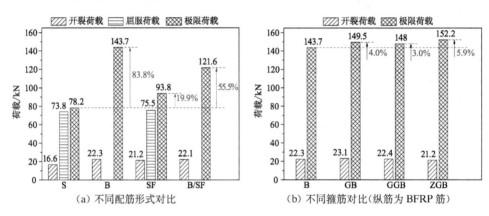

图 4-15　海砂混凝土梁的开裂、屈服和极限荷载对比

4.3.5　长期耐久试件试验结果与分析

1）破坏模式

在海洋环境腐蚀舱中经历 3 个月海水干湿循环作用后,梁 B-3 的破坏模式发生了转变,如图 4-16 所示。其中,BFRP 筋增强海砂混凝土梁 B-3 发生了顶部混凝土压溃破坏,且在右侧加载点处发生了局部压溃的现象,并产生了由此加载点向右侧支座处延伸的贯穿剪切裂缝。此外,梁 GGB-3 和 ZGB-3 在腐蚀 3 个月后均保持为顶部混凝土压溃的受弯破坏。由此可知 BFRP 箍筋梁在海洋腐蚀环境下抗剪耐久性存在一定的不足,一方面是由于 BFRP 箍筋为浅肋纹筋与混凝土的粘结强度相比纵筋更低,另一方面是由于箍筋的混凝土保护层厚度相比纵筋更薄,受到的腐蚀作用更加严重。而经过改性和表面粘砂处理的 BFRP 箍筋则在腐蚀的早期阶段降低了界面粘结强度的退化,避免了剪-压破坏的发生。

图 4-17 为腐蚀龄期 6 个月梁试件的破坏模式,其中 BFRP 筋梁试件 B-6 发生了典型的剪切破坏,其剪切裂缝在右侧加载点到支座之间,粘砂 BFRP 箍筋梁试件 ZGB-6 也发生了剪切破坏。表面粘砂 BFRP 筋在高温高湿海洋环境下具

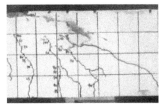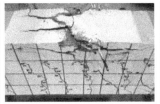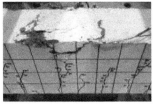

图 4-16　试件 B、GGB 和 ZGB 腐蚀 3 个月后的破坏形态图(依序)

有良好的界面粘结耐久性能,粘砂层可以有效保护内部 BFRP 筋材,减缓腐蚀退化速度,但粘砂所用的环氧树脂层会受到腐蚀造成筋材与粘砂层间的化学粘结力失效,从而导致箍筋与混凝土间的粘结退化和梁试件的剪-压破坏。试件 GGB-6 则在腐蚀 6 个月后依然保持受弯破坏特性,试件破坏后顶部混凝土被压溃。

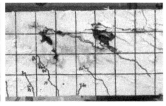

图 4-17　试件 B、GGB 和 ZGB 腐蚀 6 个月试验梁破坏形态图(依序)

图 4-18 为腐蚀龄期 9 个月梁试件的破坏模式,海砂混凝土梁试件均发生剪-压破坏,BFRP 箍筋增强海砂混凝土梁抗剪耐久性不足的问题充分暴露,且在长期腐蚀作用下改性 BFRP 箍筋及表面粘砂 BFRP 箍筋均无法有效解决抗剪耐久性问题。

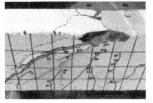

图 4-18　试件 B、GGB 和 ZGB 腐蚀 9 个月试验梁破坏形态示意图(依序)

2）荷载-挠度曲线和特征荷载值

图 4-19 为三组海砂混凝土梁经历海洋环境腐蚀后荷载-挠度曲线对比,其各特征荷载值列于表 4-8,其中 P_y 为屈服荷载,P_u 为极限荷载。Δ_y 和 Δ_u 分别为

P_y 和 P_u 对应的跨中挠度值，α_u 为极限荷载保留率。

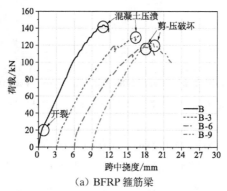

(a) BFRP 箍筋梁

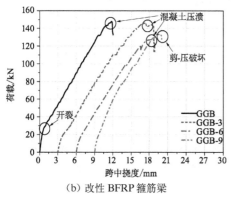

(b) 改性 BFRP 箍筋梁

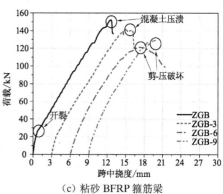

(c) 粘砂 BFRP 箍筋梁

图 4-19　海砂混凝土梁的荷载-跨中挠度曲线

表 4-8　试验梁测试结果

试件编号	P_y /kN	Δ_y /mm	P_u /kN	α_u /%	Δ_u /mm	Δ_u/Δ_y	破坏模式
B-3	—	—	131.2	91.3	13.44	—	混凝土压溃
B-6	—	—	118.0	82.1	11.67	—	混凝土压溃
B-9	—	—	122.8	85.5	10.10	—	剪-压破坏
GGB-3	—	—	146.5	99.0	14.00	—	混凝土压溃
GGB-6	—	—	127.7	86.3	12.06	—	混凝土压溃
GGB-9	—	—	133.7	90.3	10.34	—	剪-压破坏
ZGB-3	—	—	142.1	93.4	11.76	—	混凝土压溃
ZGB-6	—	—	121.5	79.8	11.11	—	剪-压破坏
ZGB-9	—	—	129.1	84.8	10.73	—	剪-压破坏

将以上各组试验梁的极限荷载数据进行对比,如图 4-20 所示。普通 BFRP 箍筋增强海砂混凝土梁的承载力随着腐蚀龄期的增加逐渐降低,在海洋环境下干湿循环 3 个月后极限荷载保留率为 91.3%,且破坏模式开始发生改变,出现贯通的剪切裂缝。在腐蚀 6 个月后其破坏模式转变为典型的剪-压破坏,强度保留率降至 82.1%。这主要是由于梁 B 内部的 BFRP 箍筋在高温高湿度的海洋环境下发生了腐蚀,与周围混凝土的界面粘结强度出现了退化,因此随着腐蚀龄期的增加破坏模式开始从受弯破坏向剪-压破坏转变。而将普通 BFRP 箍筋替换为耐久性更好的改性 BFRP 箍筋后,在腐蚀的早期阶段由于箍筋与混凝土间界面粘结强度退化速率的降低,试件组 GGB 在腐蚀 3 个月和 6 个月时并未发生剪-压破坏,其极限强度保留率也较高,分别为 99.0% 和 86.3%。但随着腐蚀的进一步进行,在经历 9 个月腐蚀后试件 GGB-9 发生了剪-压破坏。这表明箍筋与混凝土间界面粘结耐久性的提升可以在腐蚀的早期阶段避免剪切裂缝的产生和剪-压破坏,但无法彻底解决 BFRP 箍筋梁抗剪耐久性不足的问题。此外,粘砂 BFRP 箍筋试件和改性箍筋试件组效果接近,在腐蚀 3 个月时试件 ZGB－3 发生了受弯破坏,强度保留率高于 90%。而在腐蚀 6 个月和 9 个月时发生了剪-压破坏,此时其极限强度保留率大幅降低。由此可知,在海洋环境下 BFRP 箍筋与混凝土间粘结强度的退化是梁发生剪-压破坏的主因和诱因。此外,本试验中所用的 BFRP 箍筋为搭接箍,即箍筋并不闭合。在剪切荷载作用下,当箍筋与混凝土间粘结强度发生退化时搭接箍的形式更易发生箍筋与混凝土间的滑移,是剪切裂缝产生和减压破坏发生的一个促进和加速因素。在腐蚀 9 个月后试件 B-9、GGB-9 和 ZGB-9 的极限强度相比腐蚀 6 个月的试件均出现了小幅度的回升,这是由于海砂混凝土在高温高湿的海洋环境下水化作用进一步发展,导致混凝土强度持续升高和梁试件极限承载力的小幅度提升。

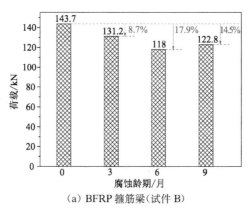

(a) BFRP 箍筋梁(试件 B)

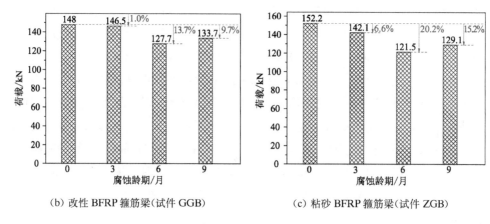

(b) 改性 BFRP 箍筋梁(试件 GGB)　　　　　　　(c) 粘砂 BFRP 箍筋梁(试件 ZGB)

图 4-20　海砂混凝土梁的极限荷载对比

3) 裂缝宽度和分布

图 4-21 为各组梁对比试件和三个腐蚀龄期试件的荷载-最大裂缝宽度曲线,图中裂缝宽度数据采集自纯弯段内的裂缝。由图可知,各组梁试件在经历 3 个月海洋环境干湿循环腐蚀作用后裂缝宽度有减小趋势。如改性 BFRP 箍筋增强海砂混凝土梁试件组,在经历 3 个月加速腐蚀作用后试件 GGB-3 的裂缝宽度在 40 kN、70 kN 和 100 kN 荷载作用下分别比对比组试件 GGB 降低了 70.6%、61.3% 和 43.6%。这是由于混凝土在高温高湿的海洋腐蚀环境下水化作用进一步发展,导致混凝土强度提升,从而促进了混凝土对裂缝宽度的限制能力。此外,随着腐蚀龄期的增加,梁试件的主要破坏区域从纯弯段向两侧受剪区发展,进而导致了纯弯段裂缝宽度的减小。而随着腐蚀龄期继续增加,各梁裂缝宽度又逐渐增大。如腐蚀 6 个月的试件 GGB-6 的裂缝宽度相比腐蚀 3 个月的试件 GGB-3 在 40 kN、70 kN 和 100 kN 荷载作用下分别提升了 20.0%、66.7% 和 36.4%。这是由于梁试件内纵筋的腐蚀导致其与混凝土间粘结强度的降低,使得纵筋对混凝土裂缝开展的限制作用下降。即在腐蚀早期梁的裂缝宽度有所降低,但随着腐蚀龄期的增加裂缝宽度又逐渐变大。

图 4-22 为试验梁破坏时的裂缝分布形态。可以看出,随着腐蚀龄期的增加梁破坏时纯弯段表面裂缝密度逐渐降低,而加载点至支座这一区段内裂缝数量明显增加,与梁的破坏模式由受弯破坏向剪压破坏转变这一现象一致。

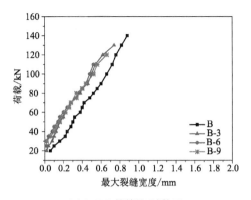

（a）BFRP 箍筋梁（试件 B）

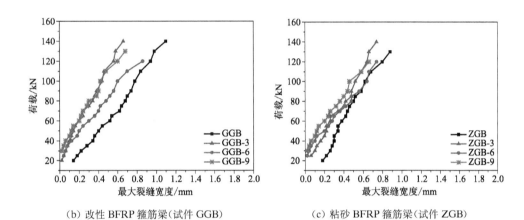

（b）改性 BFRP 箍筋梁（试件 GGB）　　（c）粘砂 BFRP 箍筋梁（试件 ZGB）

图 4-21　海砂混凝土梁的裂缝宽度对比

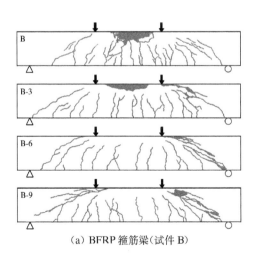

（a）BFRP 箍筋梁（试件 B）

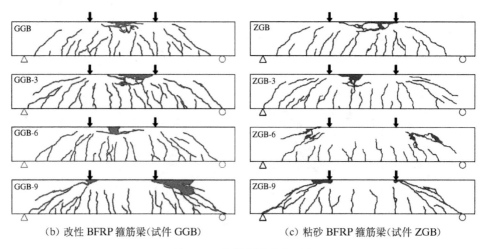

（b）改性 BFRP 箍筋梁（试件 GGB）   （c）粘砂 BFRP 箍筋梁（试件 ZGB）

图 4-22　各梁裂缝分布形态

4.4　本章小结

本章针对海洋环境下 BFRP 箍筋与海砂混凝土的粘结耐久性及其性能提升进行了试验研究，采用了 BFRP 筋碳纳米管改性处理，和 BFRP 筋表面粘砂处理两种方法。并开展了相应形式箍筋增强海水海砂混凝土梁抗剪耐久性能研究，将所有试件组放入模拟干湿循环的人工海水腐蚀箱进行长期性能研究。主要结论如下：

（1）拉拔试件在海洋环境下腐蚀后，BFRP 筋拔出表面肋纹磨损明显。在海水干湿循环环境下 BFRP 筋与混凝土的极限粘结强度表现出下降趋势。在 55℃海水中干湿循环 90 d、180 d 和 270 d 后强度分别下降了 28.3%、22.5% 和 28.3%。

（2）改性 BFRP 筋树脂基体中的碳纳米管可以限制基体裂缝产生，抑制腐蚀通道发展，延长腐蚀介质侵入路径，从而达到提升筋材耐久性的效果，与未处理 BFRP 筋相比粘结强度保留率有所升高。粘砂 BFRP 筋可以提升浅肋筋材表面粗糙度，达到提升筋材与周围混凝土机械咬合力的效果。短期粘结强度相比未粘砂处理的 BFRP 筋提升了 18.3%。长期性能方面粘砂筋材表面的环氧树脂层和粘砂层为 BFRP 筋提供了一层保护，延缓了腐蚀介质的侵入。

（3）在高温海洋环境下，BFRP 箍筋混凝土梁存在抗剪耐久性不足的问题。经历 3 个月腐蚀后试件破坏时出现了贯通式剪切裂缝，而腐蚀 6 个月和 9 个月的试件发生了剪-压破坏。三个腐蚀龄期试件的极限承载力相比对比组分别降低了 8.7%、17.9% 和 14.5%。

（4）碳纳米管改性 BFRP 箍筋和表面粘砂 BFRP 箍筋均可在腐蚀作用前期阶段提升海水海砂混凝土梁的抗剪性能，但无法彻底解决海洋环境下抗剪耐久性不足的问题。粘砂箍筋梁和改性箍筋梁试件在海洋环境下腐蚀 6 个月和 9 个月后破坏模式依次转变为剪-压破坏。

本章参考文献

［1］ Wang Z K，Zhao X L，Xian G J，et al. Effect of sustained load and seawater and sea sand concrete environment on durability of basalt- and glass-fibre reinforced polymer (B/GFRP) bars［J］. Corrosion Science, 2018, 138: 200-218.

［2］ Wang Z K，Zhao X L，Xian G J，et al. Long-term durability of basalt- and glass-fibre reinforced polymer (BFRP/GFRP) bars in seawater and sea sand concrete environment ［J］. Construction and Building Materials, 2017, 139: 467-489.

［3］ Manjunatha C M，Taylor A C，Kinloch A J，et al. The tensile fatigue behaviour of a silica nanoparticle-modified glass fibre reinforced epoxy composite［J］. Composites Science and Technology, 2010, 70(1): 193-199.

［4］ Knoll J B，Riecken B T，Kosmann N，et al. The effect of carbon nanoparticles on the fatigue performance of carbon fibre reinforced epoxy［J］. Composites Part A: Applied Science and Manufacturing, 2014, 67: 233-240.

［5］ Awang Ngah S，Taylor A C. Toughening performance of glass fibre composites with core-shell rubber and silica nanoparticle modified matrices［J］. Composites Part A: Applied Science and Manufacturing, 2016, 80: 292-303.

［6］ Liu H Y，Wang G T，Mai Y W. Cyclic fatigue crack propagation of nanoparticle modified epoxy［J］. Composites Science and Technology, 2012, 72(13): 1530-1538.

［7］ Seyhan A T，Tanoğlu M，Schulte K. Tensile mechanical behavior and fracture toughness of MWCNT and DWCNT modified vinyl-ester/polyester hybrid nanocomposites produced by 3-roll milling［J］. Materials Science and Engineering: A, 2009, 523(1/2): 85-92.

［8］ Kumar A，Ghosh P K，Yadav K L，et al. Thermo-mechanical and anti-corrosive properties of MWCNT/epoxy nanocomposite fabricated by innovative dispersion technique［J］. Composites Part B: Engineering, 2017, 113: 291-299.

［9］中华人民共和国交通部.公路工程集料试验规程：JTG E42—2005［S］.北京：人民交通出版社，2005.

［10］ASTM D1141-98. Standard Practice for the Preparation of Substitute Ocean Water［S］. American Society for Testing Materials，1998.

［11］中华人民共和国住房和城乡建设部.混凝土物理力学性能试验方法标准：GB/T 50081—2019［S］.北京：中国建筑工业出版社，2019.

［12］JSCE.Test method for bond strength of continuous fiber reinforcing materials by pull-out testing［S］. Japan Society of Civil Engineering，1995.

第 5 章　FRP 管新型含 BFRP 短棒海砂混凝土柱性能研究

5.1　引言

近年来,纤维增强复合材料(FRP)的生产和消耗在风能、航空航天、船舶、汽车以及土木工程等领域都有显著增长,而这种快速增长导致不可降解的 FRP 废弃物也在迅速增长[1-2]。因此,如何处理不断增长的 FRP 废弃物是一个急需解决的问题。目前填埋和焚烧是两种最普遍的 FRP 废弃物处理方法[3-4],但是填埋处理会污染生态环境,而且相应的处理成本也在增加。例如,发达国家如德国和荷兰等都已经颁布了相应的法律法规,限制废弃 FRP 的随意填埋处理[5]。绿色回收 FRP 废弃物在一定程度上可以解决这个问题[6],其中,将 FRP 废弃物切割成短条状或者研磨成粉末状作为骨料加入到混凝土中,已经得到了很多学者的关注[3,7-11],但是对于短棒状 FRP 废弃物在海砂混凝土中的运用的相关研究较少。另一方面,由于 FRP 具有很好的抵抗氯离子侵蚀的能力,因此其在富含氯离子的海洋环境中具有很好的应用前景。利用 FRP 优良的耐腐蚀性能[12],越来越多的学者通过将 FRP 与海砂混凝土相结合,提出适用于海洋环境下的高耐久性结构。主要包括 FRP 管约束海砂混凝土柱[13-17],FRP 筋增强海水海砂混凝土梁[18-20],以及 FRP 筋增强海砂混凝土剪力墙等[21]。其中,采用 FRP 管约束混凝土,可以有效提升其抗压强度和变形能力[22-25],同时,FRP 管还可以为混凝土的浇筑提供模具,将同步提高海洋工程的建造效率。

本章从绿色回收利用废弃 FRP 筋材的角度出发,结合 FRP 筋材自身耐氯离子侵蚀的性能特点,提出了一类内掺废弃玄武岩纤维增强复合材料(BFRP)的新型海水海砂混凝土,并对不同 BFRP 短棒长细比和不同 BFRP 短棒体积替代率下,该新型混凝土的抗压强度、抗拉强度和抗折强度等基本力学性能进行了测试分析。在此基础上,研究了玻璃纤维增强复合材料(GFRP)管约束该新型混凝土柱的轴压性能和抗折性能,并在粗骨料类型上进行了进一步的创新,部分试件中采用了天然珊瑚骨料。本章研究旨在为 FRP 废弃物的绿色回收提供一定的参考,为恶劣海洋服役环境下快速高效地建造高耐久结构提供新思路。

5.2 新型含 BFRP 短棒海砂混凝土基本力学性能研究

BFRP 筋作为研发相对较晚的一类复合材料,其应用规模正变得越来越广泛,随之而来的废弃物也越来越多。基于其耐氯离子侵蚀的特点,并结合就地取材使用海水、海砂制备混凝土的需求,本节在此首先对内掺 BFRP 短棒的海水海砂混凝土的基本力学性能开展了系统研究,详述如下。

5.2.1 试验材料和试件制备

1) 试验材料

本节试验共选取了名义直径为 6 mm、8 mm 和 10 mm 的三种 BFRP 筋,分别将其命名为 B6、B8 和 B10。如图 5-1(a)、(b)和(c)所示,三种废弃 BFRP 筋都被切割成 100 mm 长的短棒状,B6、B8 和 B10 的长细比分别为 17、13 和 10。厂家提供的三种 BFRP 筋的基本物理力学性能如表 5-1 所示。需要说明的是,B6 和 B8 短棒表面用于制备肋痕的白色尼龙绳仍然附着在表面,而 B10 的被剥去了。

| (a) 6 mm 直径 | (b) 8 mm 直径 | (c) 10 mm 直径 |

图 5-1 BFRP 短棒

如图 5-2 所示,本节试验所用海水取自江苏省连云港市外海(E119.20°,N34.58°),所用天然海砂购买自福建省沿海的漳州市(E117.65°,N24.52°)。天然海砂中的氯离子含量为 0.08%,根据筛分试验结果其属于中砂类别,具体指标可以参阅已发表的论文[26]。本章使用的海砂的细度模量为 2.40,与普通河沙的细度模量相似,也与农瑞[27]所用细度模数为 2.43 的海砂以及 Li[17]所使用细度模数为 2.39 的海砂相似。

表 5-1　BFRP 短棒的基本物理力学性能

编号	纤维种类	树脂类型	横截面积 /mm²	直径 /mm	纤维含量 /%	抗拉强度 /MPa	拉伸模量 /GPa
B6	玄武岩	乙烯基酯	30.3	6	65	1394	49
B8	玄武岩	乙烯基酯	50.2	8	65	1234	45
B10	玄武岩	乙烯基酯	70.4	10	65	1141	47

（a）连云港天然海水　　　　　　（b）天然海砂

图 5-2　试验所用海水和海砂

2）试件设计

试验所用水泥为 42.5 级普通硅酸盐水泥,粗骨料粒径为 5～20 mm 的普通碎石,基准配合比为水泥：海水：海砂：粗骨料＝1：0.45：1.50：2.50。当考虑天然海水中所含的氯离子后（1.9%的含量）,海砂中的氯离子浓度提升至0.65%,是普通混凝土规范允许值的 10 倍以上[28-29]。在上述海水海砂基准配合比的基础上,采用 BFRP 短棒部分等体积替代碎石粗骨料,试验共制备了 51 个试块。其中,用于抗压强度和劈裂抗拉强度测试的边长为 150 mm 的立方体试块共 36 个,用于抗折试验的 150 mm×150 mm×550 mm 试块共 15 个,试验共设置了 5%、10%、15%和20%四种 BFRP 短棒体积替代率,详细的试验方案见表 5-2 所示,实际浇筑时采用的材料配比如表 5-3 所示。

表 5-2 试件汇总表

混凝土类型	BFRP 短棒直径/mm	BFRP 短棒体积替代率/%	试件尺寸(mm×mm×mm)		
			抗压强度试验(150×150×150)	劈裂抗拉强度试验(150×150×150)	抗折试验(150×150×550)
普通混凝土	—	—	3	3	3
B6-10%	6	10	3	—	—
B8-10%	8	10	3	—	—
B10-5%	10	5	3	3	3
B10-10%	10	10	3	3	3
B10-15%	10	15	3	3	3
B10-20%	10	20	3	3	3

注：数字"3"代表每组有3个试件，"—"代表未设置试件。

表 5-3 混凝土配合比

成分	混凝土类型						
	对比组	B6-10%	B8-10%	B10-5%	B10-10%	B10-15%	B10-20%
海水/kg	14.4	4.8	4.8	14.4	14.4	14.4	14.4
海砂/kg	48.2	16.1	16.1	48.2	48.2	48.2	48.2
水泥/kg	32.1	10.7	10.7	32.1	32.1	32.1	32.1
粗骨料/kg	80.3	24.1	24.1	76.3	72.3	68.3	64.2
BFRP 短棒体积(×10⁻³ m³)		1.072	1.072	1.606	3.212	4.818	6.424
［BFRP 短棒根数］	—	［379］	［213］	［205］	［409］	［614］	［818］

5.2.2 基本力学性能测试

混凝土试件的抗压强度、劈裂抗拉和抗折强度的测试参照国家标准 GB/T 50081—2019 的规定进行测试[30]，各测试装置示意图如图 5-3 所示。

抗压强度测试采用的加载速度为 8 kN/s，采用式(5-1)计算：

$$f_c = \frac{F}{A} \tag{5-1}$$

式中：f_c 为抗压强度（MPa），计算结果应精确至 0.1 MPa；F 为试件破坏荷载（N）；A 为试件受压面积（mm^2）。

劈裂抗拉强度测试采用的加载速度为 2 kN/s，采用式（5-2）计算：

$$f_{ct} = \frac{2F}{\pi A} = 0.637\frac{F}{A} \tag{5-2}$$

式中：f_{ct} 为劈裂抗拉强度（MPa），计算结果应精确至 0.01 MPa；F 为试件破坏荷载（N）；A 为试件劈裂面面积（mm^2）。

抗折强度测试采用的加载速度为 1 mm/min（不含有 BFRP 短棒的对比组为 0.5 mm/min），采用式（5-3）计算：

$$f_{cf} = \frac{Fl}{bh^2} \tag{5-3}$$

式中：f_{cf} 为抗折强度（MPa），计算结果应精确至 0.1 MPa；F 为试件破坏荷载（N）；l 为支座间跨度（mm）（为450 mm）；h 为试件截面高度（mm）（为 150 mm），b 为试件截面宽度（mm）（为 150 mm）。

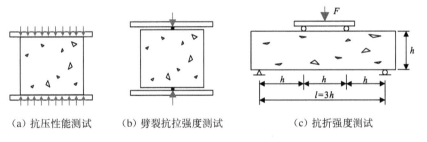

（a）抗压性能测试　　（b）劈裂抗拉强度测试　　　　（c）抗折强度测试

图 5-3　力学性能测试

5.2.3　试验结果分析

1）抗压强度

（1）BFRP 短棒体积替代率的影响

如表 5-4 所示，对于 10 mm 的 BFRP 短棒，本节设置了 4 种不同的体积替代率（5%、10%、15% 和 20%），用于研究体积替代率的影响。如图 5-4 所示，B10-5% 的强度相比于普通混凝土提高了 2%，而 B10-10% 和 B10-15% 的强度分别降低了 3% 和 10%。可以看出，当体积替代率不大于 15%，抗压强度随替代率的增加总体上是呈降低的趋势。然而,对于 B10-20%试件,其抗压强度相比于普通混凝土提高了 16%,变化规律比较反常。分析认为,这可能是由于在较大掺量下,BFRP 短棒的吸湿作用明显,导致混凝土的水灰比降低,水灰比降低对强度的提升作用超过了 BFRP 短棒带来的不利作用。国外同行 Yazdanbakhsh[31-32] 在其研究中也发现将长细比为 17 的 6 mm 直径的 GFRP 短棒掺入普通的混凝土中以取代体积为 5%和 10%的粗骨料,导致试件的抗压强度比不掺加的对比组试件降低了 5%和 9%。

表 5-4　试件的抗压强度实测值(f_c)和平均值(f_{cm})

试件类型	试件编号	f_c/MPa	f_{cm}/MPa
普通海水海砂混凝土（对比组）	1	39.5	40.6
	2	42.8	
	3	39.6	
B6-10%	1	40.9	41.0
	2	38.1	
	3	43.9	
B8-10%	1	41.2	39.2
	2	36.5	
	3	40.0	
B10-5%	1	39.4	41.3
	2	39.3	
	3	45.2	
B10-10%	1	40.8	39.4
	2	40.3	
	3	37.2	
B10-15%	1	37.6	36.4
	2	37.4	
	3	34.3	
B10-20%	1	49.8	47.2
	2	43.3	
	3	48.6	

（2）BFRP 短棒直径的影响

如图 5-4 所示，B6-10%的抗压强度为 41.0 MPa，相比于对比组提升了约 1%，B8-10%和 B10-10%的抗压强度分别为 39.2 MPa 和 39.4 MPa，相比于对比组分别降低了 3%和 3%。可以看出，在 10%的相同的体积替代率下，B6-10%、B8-10%和 B10-10%三组之间的抗压强度差异很小（在 4%的范围内），不同直径对抗压强度的影响较小。

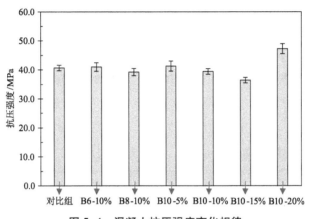

图 5-4 混凝土抗压强度变化规律

（3）BFRP 短棒对破坏模式的影响

图 5-5 所示为混凝土试件抗压破坏时的典型照片。对于不含有 BFRP 短棒的混凝土试件，其碎裂严重，呈典型的圆锥形破坏形式；而对于内掺 BFRP 短棒的试件，压溃破坏时，混凝土的剥落相对较少，表现出较好的韧性。例如 B10-15%试件破坏时沿加载方向产生竖向裂缝，由于内部 BFRP 短棒的拉结作用，混凝土掉落较少。

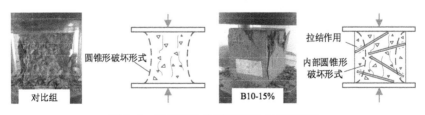

图 5-5 轴压试件典型破坏模式及其机理

2）抗拉强度

劈裂抗拉强度试验结果见表 5-5 和图 5-6 所示。可以看出，5%、10%、15%

和20%的 BFRP 短棒体积替代率下的劈裂抗拉强度值分别为 2.36 MPa、2.53 MPa、2.31 MPa 和 3.00 MPa，相比于对比组（2.27 MPa）分别提升了 4%、11%、2% 和 32%。考虑到混凝土强度本身的离散性，可以认为，当体积替代率在5%～15%时，劈裂抗拉强度整体有小幅度的提升（2%～11%），但提升幅度在本节中未表现出明显的规律。当体积替代率在 20% 时，与测试得到的抗压强度较大幅度提升相对应，B10-20%的劈裂抗拉强度也得到了较为明显的提升（提高了32%），但是数据存在一定的离散性。初步分析也认为这是由于较大量的 BFRP 短棒吸收了水分，使得水灰比减小导致的。

图 5-7 中给出了劈裂试验加载过程中试验机所测压力值随加载时间的变化曲线。可以明显看出，随着体积替代率的增加，破坏阶段的荷载下降变得越来越平缓，尤其是在 20% 的体积替代率下（图 5-7(e)），B10-20%试件荷载峰值点后的下降段顺滑平缓，表现出较为明显的韧性。五组试件的劈裂破坏模式如图 5-8所示，对于普通海水海砂混凝土试件，伴随着爆裂声，试块完全劈裂成两半。但是，对于掺加有 BFRP 短棒的试件，随着掺量的加大，破坏时的裂缝开展越来越小。例如，B10-5%试件的劈裂裂缝上宽下窄，破坏后的试块依然保持一个整体，未劈裂为两半；而对于 B10-15% 和 B10-20% 等高掺量试块，破坏时没有出现贯通的劈裂裂缝，加载钢棒被压入试块内部，试块表现出极好的抗劈裂韧性。图5-9(a)解释了失效模式变化的原因，可以发现 BFRP 短棒通过裂缝部分的拉动作用限制了裂缝的发展。为了更清楚地观察裂开的部分，对测试后的立方体用锤子和钻头进行了手动分割，图 5-9(b)显示了其中一个典型的样品（样品：B10-10%）。可以观察到有多个 BFRP 短棒穿过裂开的部分，这也解释了这些立方体不能被分割成两半的原因。

表 5-5　劈裂抗拉强度实测值（f_{ct}）和平均值（f_{ctm}）

试件类型	试件编号	f_{ct}/MPa	f_{ctm}/MPa
普通海水海砂混凝土（对比组）	1	2.25	2.27
	2	2.43	
	3	2.14	
B10-5%	1	2.55	2.36
	2	2.53	
	3	2.01	

（续表）

试件类型	试件编号	f_{ct}/MPa	f_{ctm}/MPa
B10-10%	1	2.51	2.53
	2	2.77	
	3	2.30	
B10-15%	1	2.40	2.31
	2	2.29	
	3	2.23	
B10-20%	1	3.56	3.00
	2	3.17	
	3	2.27	

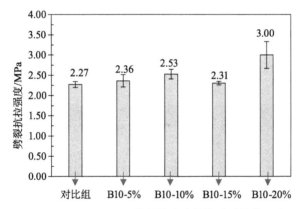

图 5-6　不同 BFRP 短棒替代率试件的劈裂抗拉强度

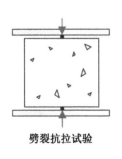

劈裂抗拉试验

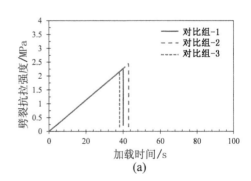

(a)

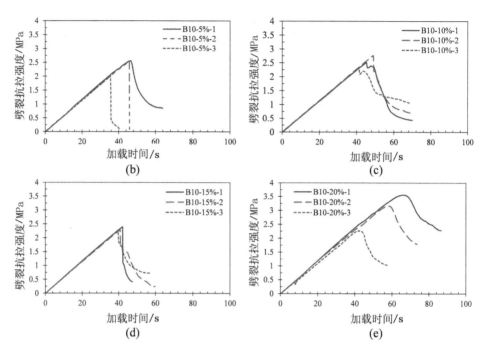

图 5-7　不同组试件的劈裂抗拉试验的荷载与加载时间曲线

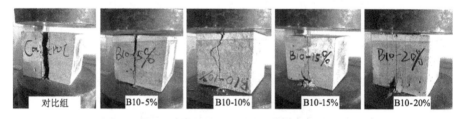

图 5-8　不同组试件的劈裂破坏模式

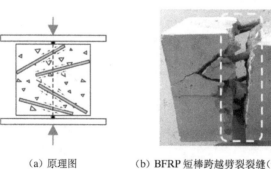

（a）原理图　　　（b）BFRP 短棒跨越劈裂裂缝（试件 B10-10%）

图 5-9　劈裂破坏模式

3) 抗折强度

抗折强度测试结果见表 5-6 和图 5-10 所示。可以看出,5%、10%、15% 和 20% 的 BFRP 短棒替代率下的抗折强度值分别为 4.8 MPa、4.4 MPa、4.6 MPa 和 4.8 MPa,相比于普通混凝土分别降低了 6%、14%、10% 和 6%。降低幅度呈先增大后减小的趋势。

表 5-6　抗折强度实测值(f_{cf})和平均值(f_{cfm})

试件类型	试件编号	f_{cf}/MPa	f_{cfm}/MPa
普通海水海砂混凝土	1	5.3	
	2	5.1	5.1
	3	5.1	
B10-5%	1	4.5	
	2	4.9	4.8
	3	5.0	
B10-10%	1	4.3	
	2	4.1	4.4
	3	4.8	
B10-15%	1	4.7	
	2	4.6	4.6
	3	4.4	
B10-20%	1	4.7	
	2	4.7	4.8
	3	5.1	

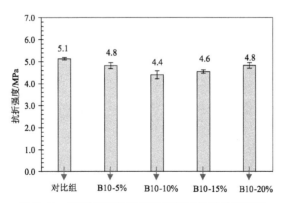

图 5-10　不同 BFRP 短棒替代率试件的抗折强度

分析认为,这是由于在掺量不太大时(低于 10%),BFRP 短棒吸湿作用对水灰比的影响不太明显,掺加 BFRP 短棒的负面影响起主要作用,所以抗折强度的降低幅度随 BFRP 短棒掺量的增加而增加;当掺量进一步加大时(15% 及以上),BFRP 短棒的吸湿作用导致水灰比降低,水灰比降低带来的混凝土强度提升的正面影响部分抵消了因掺加 BFRP 短棒带来的负面影响,所以抗折强度的降低幅度得到了缓和。图 5-11 所示为试验测得的抗折强度-加载点位移曲线。

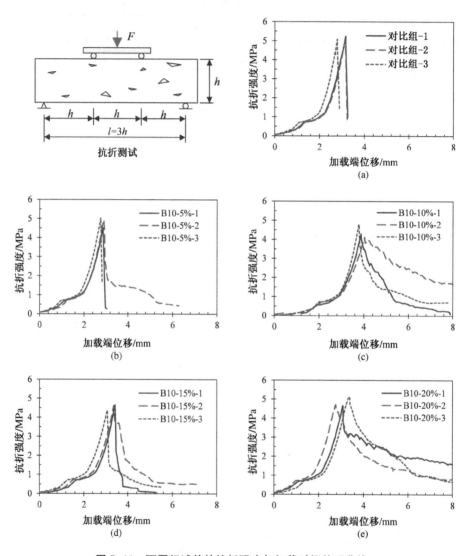

图 5-11 不同组试件的抗折强度与加载时间关系曲线

从图 5-11 中可以看出,尽管抗折强度值有少量的降低(6%～14%),但是,掺入 BFRP 短棒的试件在达到峰值点后有较为明显的下降段,表现出很好的断裂韧性。如图 5-11(a)所示,普通海水海砂混凝土试件的荷载值在达到峰值点后瞬间降低,试件发生折断破坏;如图 5-11(b)所示,对于 B10-5% 试件,由于 BFRP 短棒分布的随机性,其中 2 个试件的破坏模式与普通混凝土试件相似,1 个试件在荷载突降后仍然有一段较长的平缓下降段;而随着 BFRP 体积替代率的进一步增大,所有试件在峰值点后的下降段都越来越明显和平缓(图 5-11(c)、图 5-11(d)和图 5-11(e))。

图 5-12 所示为抗折试件破坏时的照片。其中,普通海水海砂混凝土试件在达到峰值点后,伴随着一声巨响,试件从中间折断成两半;而掺加有 BFRP 短棒的试件,在最终破坏时,纯弯段内出现较大一条裂缝,并延伸至顶部受压区,试件依然保持整体而没有断裂成两半,发生弯曲破坏。如图 5-13 所示,在裂缝处,可以观察到较多的 BFRP 短棒跨过裂缝,可被描述为类似于纤维混凝土中的"搭桥效应"[33]。

| 对比组 | B10-5% | B10-10% | B10-15% | B10-20% |

图 5-12　不同组试件的抗折破坏形式

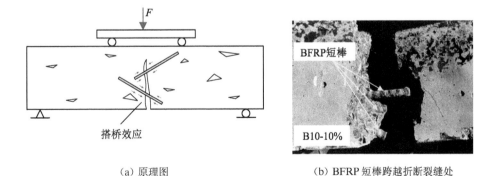

（a）原理图　　　　　　　　（b）BFRP 短棒跨越折断裂缝处

图 5-13　抗折试验破坏模式

5.3 新型含 BFRP 短棒海砂混凝土填充 GFRP 管柱力学性能研究

基于上节对含 BFRP 短棒海水海砂混凝土基本力学性能的测试结果,本节尝试进行了 GFRP 管增强该新型混凝土短柱的力学性能研究。并且,进一步拓展了骨料类型,在部分试件中采用了天然珊瑚骨料替代碎石骨料。深入探究在海洋环境下同步利用废弃 BFRP 筋和就地取材海水、海砂甚至珊瑚骨料建造海工结构的可行性,具体内容如下。

5.3.1 试验材料和试件制备

1) 试验材料

试验所采用的玻璃纤维增强复合材料(GFRP)管是通过缠绕工艺制造的,纤维方向统一,采用了名义壁厚为 3.0 mm 和 4.0 mm 两种规格,由于纤维与纵轴成一定角度,GFRP 管能够在环向和纵向上都提供一定的强度和刚度,因此根据 ASTM D3039-14[34] 和 ASTM D2290-12[35] 分别测试了

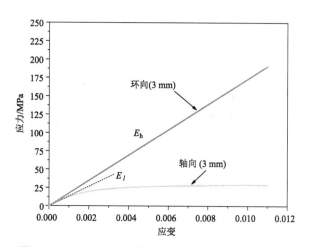

图 5-14　3 mm GFRP 管环向和纵向的应力-应变曲线

其环向和纵向的拉伸性能。图 5-14 和表 5-7 分别展示了 GFRP 管环向和纵向的应力-应变曲线,以及 GFRP 管的基本力学性能。

表 5-7　GFRP 管的基本力学性能

管的尺寸 (直径×壁厚)	环向			纵向		
	f_{uh} /MPa	E_h /GPa	f_{ul} /MPa	ε_{ul}	E_l /GPa	ν
150 mm×3 mm	191.0	17.0	27.6	0.009 6	14.1	0.30
150 mm×4 mm	227.1	24.4	16.2	0.006 1	12.5	0.25

本节试验所采用的 BFRP 短棒和海砂均与上节试验中所使用的材料相同,其

中 BFRP 短棒只选用了直径为 10 mm 一种,相关材料基本性能可参考上节。如图 5-15 所示,试验中使用了两种粗骨料[36],一种是南京本地生产的普通碎石,另一种为台湾海峡开采的天然珊瑚骨料,它们的筛分试验结果如图 5-16 所示。

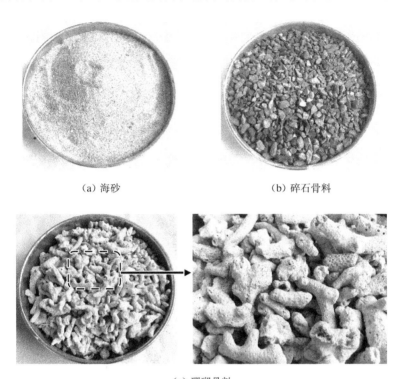

（a）海砂　　　　　　　　　　（b）碎石骨料

（c）珊瑚骨料

图 5-15　试验采用的三种类型的骨料

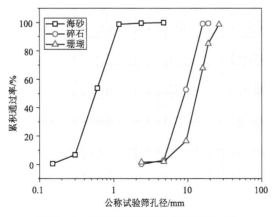

图 5-16　试验所用骨料的筛分试验结果

2) 试件设计

图 5-17 分别展示了内部填充海水海砂混凝土柱(SSGC),内掺 BFRP 短棒的海水海砂混凝土柱(BNSSGC),海水珊瑚骨料混凝土柱(SSCC),以及内掺 BFRP 短棒的海水珊瑚骨料混凝土柱(BNSSCC),四种类型的 GFRP 管约束柱的横截面信息,此次试验共浇筑了 24 个短柱,其中 12 个高度为 300 mm 的短柱进行抗压试验,12 个高度为 600 mm 的长柱进行四点弯曲试验。试验共采用了两种壁厚的 BFRP 管以及不同的粗骨料(碎石和珊瑚),详细的试验方案见表 5-8 所示,实际浇筑时采用的材料配比见表 5-9 所示。

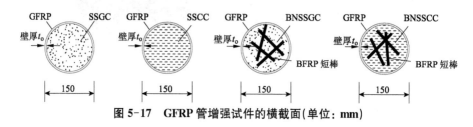

图 5-17　GFRP 管增强试件的横截面(单位: mm)

表 5-8　试件信息汇总表

混凝土类型	试件编号	壁厚 t_o /mm	β /%	粗骨料	抗压试件个数 $\left(\frac{\pi}{4}150^2 \times 300\right)$ /mm³	抗弯试件个数 $\left(\frac{\pi}{4}150^2 \times 600\right)$ /mm³
SSGC	对比组-SSGC	—	—	碎石	1	1
	GFRP-3-SSGC	3	—	碎石	1	1
	GFRP-4-SSGC	4	—	碎石	1	1
BNSSGC	对比组-BNSSGC	—	20	碎石	1	1
	GFRP-3-BNSSGC	3	20	碎石	1	1
	GFRP-4-BNSSGC	4	20	碎石	1	1
SSCC	对比组-SSCC	—	—	珊瑚	1	1
	GFRP-3-SSCC	3	—	珊瑚	1	1
	GFRP-4-SSCC	4	—	珊瑚	1	1
BNSSCC	对比组-BNSSCC	—	20	珊瑚	1	1
	GFRP-3-BNSSCC	3	20	珊瑚	1	1
	GFRP-4-BNSSCC	4	20	珊瑚	1	1

注:"t_o"为 GFRP 管的壁厚,"β"为 BFRP 短棒替代粗骨料的体积替代率。

表 5-9　混凝土的配合比

材料类型	重量比			
	SSGC	SSCC	BNSSGC	BNSSCC
42.5 水泥	1.00	1.00	1.00	1.00
海水	0.35	0.55	0.35	0.55
海砂	1.50	1.50	1.50	1.50
碎石	2.50	——	2.00	——
珊瑚	——	2.50	——	2.00
减水剂	0.01	0.012	0.01	0.012
BFRP 短棒[数量]	——	——	[25]	[26]

5.3.2　力学性能测试

1）抗压性能测试

如图 5-18 所示，短柱的轴向抗压性能由压力试验机测试，采用的加载速度为 0.25 mm/min[37]。如图 5-18(a)所示，四个位移计（LVDTs）均匀地排列在圆柱周围，以测试短柱的整体变形。四个圆周应变片均匀地粘贴在短柱的中间，以测试 GFRP 管的环向应变，在相同位置同样粘贴四个竖向应变片，以测试 GFRP 管的局部轴向压应变。荷载由压力试验机测试获得，位移和应变数据由 TDS 数据采集仪同步测试，试验过程中的情况如图 5-18(b)所示。

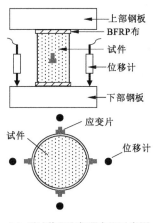

（a）测试装置和仪器布置示意图　　　　（b）照片

图 5-18　轴压试验测试装置

2）抗弯性能测试

如图 5-19 所示，进行了四点弯曲试验，以评估新型 GFRP 管柱对侧向荷载的抵抗力。对比组试件的加载速度为 0.2 mm/min，GFRP 管约束试件的加载速度为 1.0 mm/min。荷载-位移曲线由试验机记录。图 5-19(a) 所示为加载装置的示意图，图 5-19(b) 为测试过程中的照片。

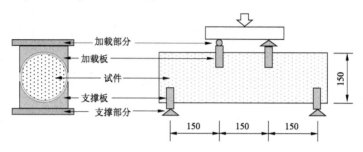

（a）测试装置示意图（单位：mm）

（b）照片

图 5-19　抗弯性能测试装置

5.3.3　试验结果分析

1）抗压试验测试结果

（1）试验过程和破坏模式

图 5-20 展示了代表性的 4 mm 壁厚的 GFRP 管约束试件和无约束对比试件在破坏阶段的照片。通过比较图 5-20(a) 所示的四个对比试件的破坏模式，可以看出，含有 BFRP 短棒的试件（即 BNSSGC 和 BNSSCC）在最后破坏阶段的裂缝

比没有 BFRP 短棒的试件（即 SSGC 和 SSCC）要宽，前者的混凝土破碎程度比后者要严重。然而，由于内部 BFRP 短棒的拉结作用，含 BFRP 短棒的试件在严重开裂后并没有碎片掉落。此外，采用碎石骨料的 SSGC 试件比采用珊瑚骨料的 SSCC 试件有更多的垂直裂缝。

比较图 5-20(b)所示壁厚为 4 mm 的 GFRP 管约束试件的破坏模式可以看出它们的破坏形态没有明显的区别。在达到 GFRP 管的极限应变之后，在试件的中间部分发出轻微的破裂的声音。随着加载的继续，试件的中间部分出现明显的白色，GFRP 管的表皮沿圆周方向出现条状断裂。随着荷载的继续施加，破裂的声响变得大而密集，发白的区域开始增加，直至发白的区域被连接成一整块，GFRP 管完全破裂。

（a）对比组

（b）代表性 4 mm GFRP 管约束组

图 5-20　轴压试验破坏模式

（2）环向和纵向应力-应变曲线

所有试件的轴向应力-轴向和环向应变曲线见图 5-21 所示。试验通过两种方式获得轴向应变，一种是 LVDT 测量的位移值与试件长度之比（称为整体应变),另一种是轴向应变片在试件中间高度处的平均读数(称为局部应变)。整体应变反映了柱子的整体压缩变形,而局部应变反映了 GFRP 管在中间高度的局部应变。图 5-21(a)(b)中采用的轴向应变值是整体应变,而图 5-21(c)和图 5-21(d)中采用的轴向应变值是局部应变。此外,需要注意的是,对于 GFRP 管约束柱,在计算其轴向应力时,采用的直径为 150 mm+2×管壁厚度。

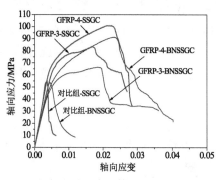

(a) 含碎石骨料试件的轴向应力-应变曲线

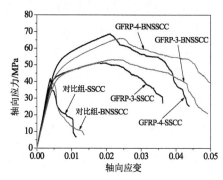

(b) 含珊瑚骨料试件的轴向应力-应变曲线

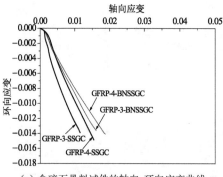

(c) 含碎石骨料试件的轴向-环向应变曲线

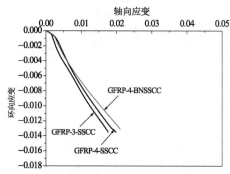

(d) 含珊瑚骨料试件的轴向-环向应变曲线

图 5-21 测试的轴向应力-应变和相应的轴向-环向应变曲线

图 5-21(a)展示了碎石骨料试件的轴向应力-应变曲线。可以看出,GFRP 管约束试件有明显的强化段,而且强化段随着 GFRP 管壁厚的增加而增加。对于无约束的对比组,SSGC 试件在达到峰值应力后出现了急剧下降,而含有 BFRP 短棒的 BNSSGC 试件在达到峰值应力后出现了平缓下降。这可能是由两个因素造成的:①由于 BFRP 短棒的弹性模量较低,BFRP 短棒发生弹性压缩变形;②由于 BFRP 短棒的长度相对较长,起到了拉结作用。在 GFRP 管约束试件中也观察到类似的现象。例如,GFRP-3-BNSSGC 试件的曲线在从峰值点下降后有一个长的平缓过渡。图 5-21(c)展示了碎石骨料试件的轴向应变-环向应变关

系曲线。可以看出，在相同的轴向应变下，内灌 SSGC 的试件的环向应变都比内灌 BNSSGC 的试件大，这说明 SSGC 的横向膨胀比 BNSSGC 的大，这也被认为是由 BFRP 短棒的压缩变形和拉结作用造成的。

图 5-21(b)展示了珊瑚骨料试件的轴向应力-应变曲线。可以看出，GFRP 管约束试件与未约束对比试件相比，有明显的强化段。然而，其增加的幅度并不像带有碎石骨料的试件那样明显。同样的，强化段也随着 GFRP 管壁厚的增加而增加。此外，就未约束的对比组试件而言，BNSSCC 试件的下降速率也比 SSCC 试件的下降速率平缓，在 GFRP 管约束试件中也观察到类似的现象。例如，通过比较 GFRP-3-SSCC 试件和 GFRP-3-BNSSCC 试件，可以发现虽然它们的峰值应力很接近，但后者的下降段比前者的要缓和。图 5-21(d)展示了含珊瑚骨料试件的轴向应变-环向应变曲线。在相同的轴向应变下，含有 SSCC 的试件的环向应变也比含有 BNSSCC 的试件的环向应变大，这与图 5-21(c)所示含有碎石骨料混凝土的结果一致。

轴压试件的峰值应力和峰值应变的变化规律如图 5-22 所示，下文对各关键参数的影响进行对比分析：

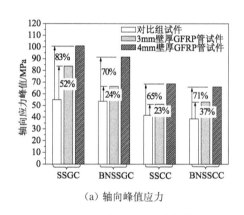
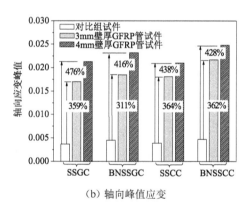

(a) 轴向峰值应力　　　　　　　　(b) 轴向峰值应变

图 5-22　试件的峰值轴向应力和峰值轴向应变变化规律

① GFRP 管的影响

本章使用了两种类型的 GFRP 管（即公称壁厚为 3.0 mm 和 4.0 mm）。从图 5-22(a)可以看出，四种类型的混凝土在经过 GFRP 管约束后，其承载力都得到了提高，提高程度随着 GFRP 管壁厚的增加而增加。对于 3 mm 的 GFRP 管，提高程度为 23%～52%；对于 4 mm 的 GFRP 管，提高程度为 65%～83%。其中，SSGC 的提高效率最高（52% 和 83%），而 SSCC 的提高效率最低（23% 和 65%）。

如图 5-22(b)所示,由于 GFRP 管的约束作用,混凝土在受压过程中处于三向应力状态,其峰值轴向应变得到了极大的改善。对于 3 mm 的 GFRP 管,其提高幅度为 311%至 364%;对于 4 mm 的 GFRP 管,提高幅度为 416%至 476%。同样,随着 GFRP 管壁厚的增加,其提高程度也在增加。

② 掺入 BFRP 短棒的影响

基于绿色回收的概念,短棒状 BFRP 废弃物被掺入海水海砂混凝土中以取代部分粗骨料。如表 5-10 所示,对比组的 SSGC 的峰值应力为 55.05 MPa,BNSSGC 的峰值应力为 53.66 MPa,仅略微下降了 2.5%。同样,对比组的 SSCC 的峰值应力为 41.66 MPa,BNSSCC 的峰值应力为 38.68 MPa,略微下降了 7.2%。强度略微降低的原因可能是由于 BFRP 短棒与水泥砂浆的互锁效果不如带棱角的粗骨料(碎石或珊瑚)好。但总的来说,含有 BFRP 短棒对混凝土的抗压强度影响不大。如表 5-10 和图 5-22(b)所示,对比组 SSGC 的轴向应变峰值为 0.003 7,BNSSGC 为 0.004 5,提高了 21.6%。而对比组 SSCC 的轴向应变峰值为 0.003 9,BNSSCC 的轴向应变峰值为 0.004 7,改善了 20.5%。这表明,用 BFRP 短棒部分替代粗骨料可以增加混凝土的峰值应变。

表 5-10 抗压性能测试结果

试件名称	f_{co}, f_{cp}/MPa	f_{cp}/f_{co}	ε_{co}, ε_{cp}	$\varepsilon_{cp}/\varepsilon_{co}$	k
对比组-SSGC	55.05	1.00	0.003 7	1.00	—
GFRP-3-SSGC	83.60	1.52	0.017 0	4.59	1.096
GFRP-4-SSGC	100.85	1.83	0.021 3	5.76	0.965
对比组-BNSSGC	53.66	1.00	0.004 5	1.00	—
GFRP-3-BNSSGC	66.41	1.24	0.018 5	4.11	0.878
GFRP-4-BNSSGC	91.39	1.70	0.023 2	5.16	0.716
对比组-SSCC	41.66	1.00	0.003 9	1.00	—
GFRP-3-SSCC	51.31	1.23	0.018 1	4.64	0.707
GFRP-4-SSCC	68.61	1.65	0.021 0	5.38	0.656
对比组-BNSSCC	38.68	1.00	0.004 7	1.00	—
GFRP-3-BNSSCC	53.16	1.37	0.021 7	4.62	
GFRP-4-BNSSCC	66.04	1.71	0.024 8	5.28	0.560

注:f_{co} 和 ε_{co} 是对比组试件的轴向应力峰值和相应的轴向应变;f_{cp} 和 ε_{cp} 是 GFRP 管约束试件的轴向应力峰值和相应的轴向应变;k 是环向与局部轴向应变比;"—"表示由于数据不连续而无法获得。

2）抗弯性能测试结果

（1）试验过程和破坏模式

四点弯曲试验的典型破坏模式如图 5-23 所示。从图 5-23（a）可以看出，普通海水海砂混凝土为脆性破坏，没有明显的跨中位移。然而，对于图 5-23（b）所示的含有 BFRP 短棒的混凝土试件，由于内部随机分布的 BFRP 短棒在裂缝部分起到了"桥梁"作用，试件严重开裂但没有出现完全断裂。图 5-23（c）和（d）展示了 GFRP 管约束混凝土柱的典型弯曲破坏模式，随着荷载的增加，GFRP 管逐渐达到其极限轴向拉伸应变。之后，GFRP 管跨中的底部区域逐渐变白，并听到纤维断裂的声音。随着荷载的继续施加，变白的区域逐渐向上移动，底部的拉伸裂缝不断增大。最后，随着 GFRP 管的破裂声响，所承受荷载骤然降低。

（a）对比组-SSGC

（b）对比组-BNSSGC

（c）GFRP-4-SSCC

（d）GFRP-4-BNSSCC

图 5-23　弯曲试验的典型失效模式

（2）荷载-位移曲线

图 5-24 给出了弯曲试验中获得的荷载-位移曲线。表 5-11 中列出了每个试件的极限荷载、极限位移和能量消耗（曲线下的面积）。需要说明的是，在试件 GFRP-3-SSCC 的试验中，由于最初设计的加载框架的承载能力不足，试验失败，

没有获得有效数据。随后的试验是在加载装置改进后进行的。

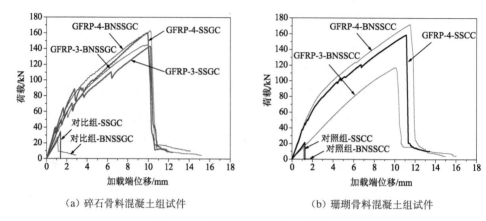

（a）碎石骨料混凝土组试件　　　　（b）珊瑚骨料混凝土组试件

图 5-24　弯曲试验的荷载-位移曲线

如图 5-24(a)所示,比较对比组 SSGC 和 BNSSGC 的曲线,可以看出由于横跨裂缝的 BFRP 短棒的存在,后者有一个更明显的残余强度段。如图 5-24(b)所示,在对比组 SSCC 和 BNSSCC 中也观察到类似现象,但是对比组 BNSSCC 的残余荷载强度相对较低。随着进一步检查试件的裂缝部分,发现由于 BFRP 短棒分布的随机性,大多数 BFRP 短棒刚好与裂缝部分平行。此外,从表 5-11 的数据可以看出,含有 BFRP 短棒的试件的极限弯曲能力略低于没有 BFRP 短棒的试件。例如,对比组 SSGC 试件的极限荷载值为 34.52 kN,而 BNSSGC 试件的极限荷载值为 27.28 kN。同样的,对比组 SSCC 试件的极限荷载值为 21.36 kN,BNSSCC 试件为 18.78 kN。

如图 5-24 所示,GFRP 管约束试件的荷载-位移曲线是非线性的,随着荷载的增加,其弯曲刚度逐渐下降。如表 5-11 所示,与非约束对比试件相比,GFRP 管约束试件的极限荷载、极限位移和能量消耗都有很大提高。例如,GFRP-4-SSGC 的极限弯曲能力和位移分别是对比组 SSGC 的 4.64 倍和 7.08 倍,能量消耗从 16.21 kN·mm 增加到 987.19 kN·mm。可以明显看出 GFRP 管的约束可以有效改善柱的抗弯性能。此外,从提升效率方面,掺入 BFRP 短棒的试件比不带 BFRP 短棒的普通混凝土的改善效果更为显著。例如,GFRP-4-SSCC 的极限弯曲能力是 SSCC 的 7.43 倍,而 GFRP-4-BNSSCC 的极限弯曲能力是 BNSSCC 的 9.15 倍。

表 5-11 抗弯性能试验结果

试件类型	F_{mc}, F_{mp} /kN	F_{mp}/F_{mc}	δ_{mc}, δ_{mp} /mm	δ_{mp}/δ_{mc}	E_u /(kN·mm)
对比组-SSGC	34.52	1.00	1.40	1.00	16.21
GFRP-3-SSGC	143.05	4.14	10.19	7.28	915.49
GFRP-4-SSGC	160.11	4.64	9.91	7.08	987.19
对比组-BNSSGC	27.28	1.00	1.10	1.00	10.18
GFRP-3-BNSSGC	144.99	5.31	9.97	9.06	923.80
GFRP-4-BNSSGC	162.92	5.97	10.19	9.26	1 039.50
对比组-SSCC	21.36	1.00	1.25	1.00	9.59
GFRP-3-SSCC	—	—	—	—	—
GFRP-4-SSCC	158.72	7.43	11.10	8.88	1 123.95
对比组-BNSSCC	18.78	1.00	1.13	1.00	5.78
GFRP-3-BNSSCC	117.17	6.24	10.00	8.85	629.52
GFRP-4-BNSSCC	171.76	9.15	11.47	10.15	1 276.61

注：F_{mc} 和 δ_{mc} 是对比组试件的极限荷载和相应的位移；F_{mp} 和 δ_{mp} 是 GFRP 管约束试件的极限荷载和相应的位移；E_u 是曲线下的能量消耗，直到极限荷载。"—"表示不可用。

5.4 本章小结

基于绿色回收废弃 BFRP 筋和就地取材利用海水、海砂甚至珊瑚骨料制备混凝土的思想，本章首先对混掺 BFRP 短棒海水海砂混凝土的基本力学性能进行了系统研究，在此基础上提出了面向海洋环境的内灌新型含 BFRP 短棒海水海砂混凝土的 GFRP 管柱，并对其轴压性能和抗弯性能进行了测试和研究。本章围绕"复材绿色回收"和"海砂混凝土"两个主题的融合，从一个新的维度开展了若干创新工作。基于本章试验结果得出以下几点结论：

（1）当直径为 10 mm 的 BFRP 短棒的体积替代率不大于 15% 时，海水海砂混凝土的抗压强度随替代率的增加呈降低的趋势，最大降低了 10%。当体积替代率为 20% 时，抗压强度提高了 16%。

（2）在 5%、10%、15% 和 20% 的 BFRP 短棒体积替代率下，劈裂抗拉强度值分别提升了 4%、11%、2% 和 32%。掺加 BFRP 短棒后，试块的劈裂破坏模式发生改变,表现出明显的韧性。

（3）在 5%、10%、15% 和 20% 的 BFRP 短棒体积替代率下,抗折强度值相比于普通海水海砂混凝土分别降低了 6%、14%、10% 和 6%。抗折试块的断裂韧性得到显著提升,破坏模式由折断转变为延性的弯曲破坏。

（4）含有 BFRP 短棒对抗压强度的不利影响不大,海砂混凝土的峰值轴向强度略微降低了 2.5%,珊瑚骨料混凝土的峰值轴向强度降低了 7.2%,而相应的峰值轴向应变分别增加了 21.6% 和 20.5%。

（5）无论是否含有 BFRP 短棒,GFRP 管约束均能有效提升其抗压性能和抗弯性能。例如,3 mm 壁厚 GFRP 管约束后的抗压能力提高了 23%～52%,4 mm 管约束后的抗压能力提高了 65%～83%。在抗弯的能耗方面,该值从 SSGC 试件（未约束碎石骨料混凝土）的 16.21 kN·mm 增加到 GFRP-4-SSGC 试件（4 mm GFRP 管约束碎石骨料混凝土）的 987.19 kN·mm。

此外,需要注意的是,虽然 BFRP 短棒在氯离子存在的情况下不会发生腐蚀,但混凝土的碱性环境可能对其与混凝土的界面结合乃至自身的力学性能产生一定的不利影响,可能对其长期力学性能产生潜在的不利影响,相关长期性能的评估工作仍需开展。

本章参考文献

［1］Broekel J, Scharr G. The specialities of fibre-reinforced plastics in terms of product lifecycle management[J]. Journal of Materials Processing Technology, 2005, 162/163: 725-729.

［2］Reynolds N, Pharaoh M. An introduction to composites recycling[M]//Management, Recycling and Reuse of Waste Composites. Amsterdam: Elsevier, 2010: 3-19.

［3］Asokan P, Osmani M, Price A D F. Assessing the recycling potential of glass fibre reinforced plastic waste in concrete and cement composites[J]. Journal of Cleaner Production, 2009, 17(9): 821-829.

［4］Yazdanbakhsh A, Bank L. A critical review of research on reuse of mechanically recycled FRP production and end-of-life waste for construction[J]. Polymers, 2014, 6 (6): 1810-1826.

［5］Yazdanbakhsh A, Bank L C, Rieder K A, et al. Concrete with discrete slender elements from mechanically recycled wind turbine blades[J]. Resources, Conservation and

Recycling，2018，128：11-21.

［6］Conroy A，Halliwell S，Reynolds T. Composite recycling in the construction industry［J］. Composites Part A：Applied Science and Manufacturing，2006，37(8)：1216-1222.

［7］Beauson J，Lilholt H，Brøndsted P. Recycling solid residues recovered from glass fibre-reinforced composites — A review applied to wind turbine blade materials［J］. Journal of Reinforced Plastics and Composites，2014，33(16)：1542-1556.

［8］García D，Vegas I，Cacho I. Mechanical recycling of GFRP waste as short-fiber reinforcements in microconcrete［J］. Construction and Building Materials，2014，64：293-300.

［9］Ribeiro M C S，Meira-Castro A C，Silva F G，et al. Re-use assessment of thermoset composite wastes as aggregate and filler replacement for concrete-polymer composite materials：A case study regarding GFRP pultrusion wastes［J］. Resources，Conservation and Recycling，2015，104：417-426.

［10］Tittarelli F，Shah S P. Effect of low dosages of waste GRP dust on fresh and hardened properties of mortars：Part 1［J］. Construction and Building Materials，2013，47：1532-1538.

［11］Meira Castro A C，Ribeiro M C S，Santos J，et al. Sustainable waste recycling solution for the glass fibre reinforced polymer composite materials industry［J］. Construction and Building Materials，2013，45：87-94.

［12］Wang Y L，Chen G P，Wan B L，et al. Behavior of circular ice-filled self-luminous FRP tubular stub columns under axial compression［J］. Construction and Building Materials，2020，232：117287.

［13］Chen G. Axial compression tests on FRP-confined seawater/sea-sand concrete［C］// 6th Asia-Pacific Conference on FRP in structures，2017.

［14］Li Y L，Teng J G，Zhao X L，et al. Theoretical model for seawater and sea sand concrete-filled circular FRP tubular stub columns under axial compression［J］. Engineering Structures，2018，160：71-84.

［15］Li Y L，Zhao X L，Singh Raman R K. Mechanical properties of seawater and sea sand concrete-filled FRP tubes in artificial seawater［J］. Construction and Building Materials，2018，191：977-993.

［16］Li Y L，Zhao X L，Raman Singh R K，et al. Tests on seawater and sea sand concrete-filled CFRP，BFRP and stainless steel tubular stub columns［J］. Thin-Walled Structures，2016，108：163-184.

［17］Li Y L，Zhao X L，Singh R K R，et al. Experimental study on seawater and sea sand concrete filled GFRP and stainless steel tubular stub columns [J]. Thin-Walled Structures, 2016, 106: 390-406.

[18] Dong Z Q, Wu G, Zhao X L, et al. Durability test on the flexural performance of seawater sea-sand concrete beams completely reinforced with FRP bars[J]. Construction and Building Materials, 2018, 192: 671-682.

[19] 李树旺. BFRP 筋海砂混凝土梁受剪性能试验研究[D]. 广州:广东工业大学, 2014.

[20] 卢俊坤.BFRP 筋海砂混凝土梁受弯性能试验研究[D]. 广州:广东工业大学, 2014.

[21] Zhang Q T, Xiao J Z, Liao Q X, et al. Structural behavior of seawater sea-sand concrete shear wall reinforced with GFRP bars[J]. Engineering Structures, 2019, 189: 458-470.

[22] Green M F, Bisby L A, Fam A Z, et al. FRP confined concrete columns: Behaviour under extreme conditions [J]. Cement and Concrete Composites, 2006, 28 (10): 928-937.

[23] Lai M H, Liang Y W, Wang Q, et al. A stress-path dependent stress-strain model for FRP-confined concrete[J]. Engineering Structures, 2020, 203: 109824.

[24] Wang W Q, Sheikh M N, Al-Baali A Q, et al. Compressive behaviour of partially FRP confined concrete: Experimental observations and assessment of the stress-strain models [J]. Construction and Building Materials, 2018, 192: 785-797.

[25] Wu Y F, Jiang C. Effect of load eccentricity on the stress-strain relationship of FRP-confined concrete columns[J]. Composite Structures, 2013, 98: 228-241.

[26] Dong Z Q, Wu G, Zhao X L, et al. Long-term bond durability of fiber-reinforced polymer bars embedded in seawater sea-sand concrete under ocean environments[J]. Journal of Composites for Construction, 2018, 22(5): 04018042.

[27] 农瑞. 海砂混凝土结构构件力学性能的试验研究[D]. 哈尔滨:哈尔滨工业大学, 2008.

[28] Ministry of Construction of PRC. Standard for technical requirements and test method of sand and crushed stone (or gravel) for ordinary concrete: JGJ 52—2006[S]. Beijing: China Architecture & Building Press, 2006.

[29] Bremner T, Broomfield J, Clear K, et al. Protection of metals in concrete against corrosion[R]. Technical Report for ACI Committee 222, Farmington Hills, MI, USA, 2001.

[30] Ministry of Construction of PRC. Standard for test method of concrete physical and mechanical properties: GB/T 50081—2019[S]. Beijing: China Architecture & Building Press, 2019.

[31] Yazdanbakhsh A, Bank L C, Tian Y. Mechanical processing of GFRP waste into large-

sized pieces for use in concrete[J]. Recycling, 2018, 3(1): 8.

[32] Yazdanbakhsh A, Bank L C, Chen C, et al. FRP-needles as discrete reinforcement in concrete[J]. Journal of Materials in Civil Engineering, 2017, 29(10): 04017175.

[33] Shahria Alam M, Slater E, Muntasir Billah A H M. Green concrete made with RCA and FRP scrap aggregate: Fresh and hardened properties[J]. Journal of Materials in Civil Engineering, 2013, 25(12): 1783-1794.

[34] ASTM D3039/D3039M-14. Standard test method for tensile properties of polymer matrix composite materials[S]. ASTM International, West Conshohocken, PA., 2014.

[35] ASTM D2290-12.Standard test method for apparent hoop tensile strength of plastic or reinforced plastic pipe[S]. ASTM International, West Conshohocken, PA., 2012.

[36] China Ministry of Transport. Test methods of aggregate for highway engineering: JTG E42—2005[S]. Beijing: China Communication Press, 2005.

[37] Wang J, Feng P, Hao T Y, et al. Axial compressive behavior of seawater coral aggregate concrete-filled FRP tubes[J]. Construction and Building Materials, 2017, 147: 272-285.

第 6 章　FRP 筋海砂混凝土梁滞回性能研究

6.1　引言

尽管 FRP 筋增强混凝土结构具有比传统钢筋混凝土结构更好的耐久性,但由于 FRP 筋的线弹性特性,FRP 筋增强混凝土结构在地震荷载作用下的滞回曲线并不饱满,耗能能力较差[1-3]。在 Tavassoli 等人的研究曾得出类似的结论[4],该研究指出 FRP 筋增强混凝土梁在地震荷载下表现出线弹性特点,与钢筋混凝土结构对比具有更小的残余变形。上述结果表明,FRP 筋结构在地震作用下具有较弱的耗能能力。因此,为了利用 FRP 筋良好的耐久性同时避免其在往复荷载作用下的低耗能,本章采用了钢筋-FRP 复合筋(SFCB)。作为钢筋-FRP 复合筋,SFCB 是通过在内芯钢筋上缠绕外部 FRP 制成。因此,外部 FRP 确保了SFCB 的耐久性,而内芯钢筋则提高了结构的能量消耗能力。因此,本章试验采用 SFCB 作为海砂混凝土梁的纵向筋。此外,研究[4-5] 显示,当采用纤维增强混凝土替代普通混凝土时,由于纤维增强混凝土对纵向筋的约束更加稳定,结构在往复荷载作用下的承载力、变形能力和耗能能力均有所提高。与该方法类似,本章将由玄武岩纤维制成的 Minibar 加入混凝土中,以研究其对结构抗震性能的影响。

本章的研究旨在提供一种新的解决方案,以提升海砂混凝土结构的耐久性,而又不降低其在地震荷载下的耗能能力。因此,本章对 SFCB 增强海砂混凝土梁的抗震性能进行了研究和讨论。此外,还设计了 SFCB 和 BFRP 筋混合配筋梁,以及 Minibar 混凝土梁试件。并对以上结构形式在低周往复荷载作用下的破坏模式、滞回性能、刚度退化、塑性耗能、纵筋应变和梁端曲率进行了详细的研究和讨论。在此基础上,通过室内加速试验,研究了经高温海水干湿循环作用后,新型海砂混凝土梁的滞回性能变化规律。

6.2　FRP 筋–海砂混凝土梁短期滞回性能研究

6.2.1　试件形式与制作

本章对 SFCB 和 BFRP 筋增强海水海砂混凝土梁抗震滞回性能及其在海洋环境下的耐久性进行了试验研究。试验设计了一根钢筋增强海水海砂混凝土梁作为对比组，另外设计了一根 SFCB 梁，一根 SFCB 和 BFRP 筋混合配筋梁。此外还研究了 SFCB 增强 Minibar 混凝土梁。除短期抗震滞回性能试验外，还浇筑了 4 根相同的梁用以研究其在海洋环境下的耐久性能。以上构件的设计将在下文中详细介绍。

本试验构件浇筑采用 C35 混凝土以及掺加了 Minibar 的混凝土。如图 6-1 (d)所示，Minibar 是由玄武岩纤维束浸渍环氧树脂后固化而成的棒状复合材料

图 6-1　试验所用复合材料筋表面形貌

制品,其长度为 50 mm,直径为 0.8 mm。两种混凝土的配合比见表 6-1 所示。制备混凝土所用海砂购自中国青岛的黄海,所用海水是根据 ASTM D1141—98[7] 中对海水成分的规定配制而成。人工海水的配制方法为每 1 L 蒸馏水中加入 24.53 g 氯化钠($NaCl$)、5.20 g 氯化镁($MgCl_2$)、4.09 g 硫酸钠(Na_2SO_4)和 1.16 g 氯化钙($CaCl_2$)。实测 28 d 150 mm×150 mm×150 mm 的海砂混凝土立方体试块抗压强度为(38.3±2.1)MPa,Minibar 海砂混凝土立方体试块抗压强度为(39.2±2.2)MPa。试验所用的钢筋屈服强度和极限强度分别为 534 MPa 和 652 MPa,如表 6-2 所示,直径为 6 mm 的钢箍筋的屈服和极限强度分别为 402 MPa 和 527 MPa。SFCB 和 BFRP 筋的力学性能也列于表 6-2 中。本研究中所使用的 SFCB 由直径为 8 mm 的内部钢筋和外部 30 束 2400 tex 玄武岩纤维束增强环氧树脂复合材料层组成,其屈服强度和极限强度分别为 288 MPa 和 726 MPa。图 6-1 展示了本研究中采用的复合材料筋。

表 6-1 海砂混凝土配合比

种类	水泥	海水	海砂	石子	Minibar 体积分数/%
普通混凝土	1.0	0.49	1.77	3.28	—
Minibar-混凝土	1.0	0.49	1.77	3.28	1.0

表 6-2 试验所用筋材力学性能

种类	屈服强度 f_y/MPa	抗拉强度 f_u/MPa	弹性模量 E/GPa
纵向 10 mm 钢筋	534	652	206
横向 6 mm 钢箍筋	402	527	212
SFCB	288	726	105
12 mm BFRP 筋	—	1397	54
10 mm BFRP 筋	—	1441	49

钢筋增强混凝土梁的设计遵循 ACI 318-14[8] 规范,SFCB 和 BFRP 筋增强混凝土梁的设计遵循 ACI 440.1R-15[9] 规范的规定。本章通过试验研究试验梁的层间位移角、塑性耗能和节点曲率。梁试件的高度为 1.2 m,横截面尺寸为 200 mm×120 mm,从梁底到横向荷载施加点的距离为 1 050 mm。梁设计尺寸为 800 mm×350 mm×220 mm(长×高×宽)的混凝土块以模拟刚性梁柱节点。将梁端混凝土块用高强度钢螺杆固定在试验室的地板上。采用 500 kN,行程

±150 mm的作动器(Walter + bai,瑞士)对梁施加横向低周期往复荷载。在梁顶端 300 mm 范围内通过特制钢架将作动器荷载传递至梁构件,加载设备如图 6-2所示。

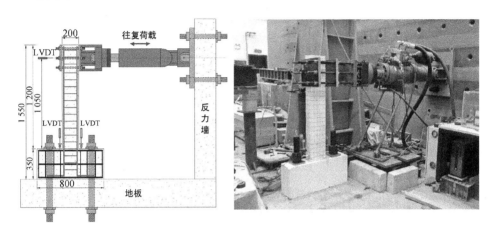

图 6-2　拟静力试验加载装置

6.2.2　试验方法

本试验加载制度根据《建筑抗震试验规程》(JGJ/T 101—2015)[10]的相关规定,加载方法为在构件屈服前采用力控制,屈服后通过位移控制。加载的详细步骤如下,在构件屈服之前以荷载控制加载,每级荷载循环一次,荷载极差为 5 kN。屈服后以水平位移值控制加载,每级循环三次,直至试件破坏或当梁的侧向荷载下降到峰值荷载的 85% 时停止试验。位移角为梁顶侧向荷载加载点的水平位移除以梁的长度,梁的长度是从梁底到横向荷载施加点的距离。

为测量钢筋及 SFCB 的受力状态及应力发展,在梁推拉两侧纵向主筋上梁端处粘贴应变片,即梁底端各纵筋上粘贴 3 片应变片,应变片位置如图 6-3(a)所示。此外,在梁顶横向荷载加载高度设置水平方向位移计(LVDT)以记录不考虑构件整体水平位移的梁顶水平侧移。在梁底推拉两侧设置四个竖向位移计,以测量梁端节点处的转角和曲率,如图 6-3(b)所示。根据平面截面假定,由梁底高度 h 范围内的四个位移数据可以通过以下公式计算得到梁底端转角值:

$$\theta = \frac{(\Delta_a - \Delta_b) - (\Delta_c - \Delta_d)}{D} \tag{6-1}$$

梁底端高度 h 范围内的曲率值可以通过下式计算得到:

$$\phi = \frac{(\Delta_a - \Delta_b) - (\Delta_c - \Delta_d)}{hD} \tag{6-2}$$

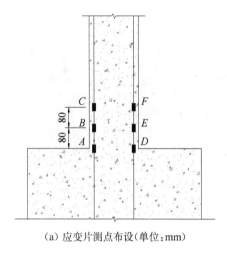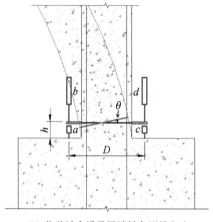

(a) 应变片测点布设(单位:mm)　　　　(b) 位移计布设及梁端转角测量方法

图 6-3　梁底端应变片布设及转角测量

6.2.3　试验方案

本章针对海砂混凝土梁抗震滞回性能的短期试验和耐久性试验分别设置了 4 组不同的试件,耐久性部分试件放置于腐蚀箱中在人工海水干湿循环下腐蚀 6 个月,如图 6-4 所示。4 组试件具有相同的几何尺寸,各组试件所用筋材体系不同,分别为:(1)试件 SRSSC 是钢筋增强混凝土梁,作为参考组,如图 6-5(a)所示。该梁纵向筋为 4 根直径 10 mm 的钢筋,箍筋为间

图 6-4　试件放入干湿循环腐蚀箱

隔 80 mm 的直径 6 mm 钢箍筋。(2)试件 SFRSSC 的纵筋为 4 根 SFCB,如图 6-5(b)所示,纵向 SFCB 位于梁的两侧与试件 SRSSC 中纵向钢筋的位置相同。SFCB 的表面裂纹形式和尺寸如图 6-5(c)。此外,该梁中的箍筋为间距 80 mm 的直径 10 mm 的 BFRP 筋,BFRP 箍筋的表肋纹为浅肋纹,与 SFCB 表面肋纹不同。(3)试件 SF-MBRSSC 是由掺加了体积分数 1% 的 Minibar 海砂混凝土制备

而成,其配筋与试样 SFRSSC 完全相同,如图 6-5(c)所示。(4)如图 6-5(d)所示,SF-BFRSSC 的纵筋为 SFCB 和 BFRP 筋混合配筋。梁的拉压两侧各由一根 SFCB 和两根直径 12 mm 的 BFRP 筋组成。BFRP 筋的表面肋纹如图 6-1(a)所示。SF-BFRSSC 的箍筋为 BFRP 筋,与试样 SFRSSC 相同。详细信息见图 6-5 和表 6-3 所示。

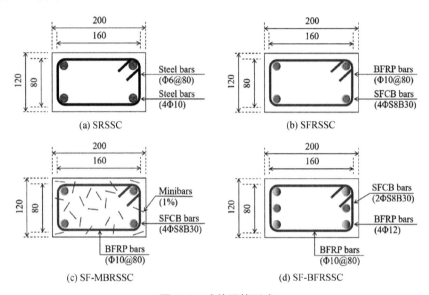

图 6-5　试件配筋形式

表 6-3　试样混凝土强度及配筋形式

试样编号	混凝土强度/MPa	腐蚀龄期/d	纵筋		箍筋	
			形式	数量	形式	间距/mm
SRSSC		—	直径 10 mm 钢筋	4	直径 6 mm 钢筋	80
		180				
SFRSSC	38.3±2.1	—	SFCB	4	直径 10 mm BFRP 筋	80
		180				
SF-BFRSSC		—	SFCB+直径 12 mm BFRP 筋	2+4	直径 10 mm BFRP 筋	80
		180				
SF-MBRSSC	39.2±2.2	—	SFCB	4	直径 10 mm BFRP 筋	80
		180				

6.2.4 破坏模式

在低周往复荷载作用下 4 组试件显示出不同的破坏模式,如图 6-6 所示。对于 SRSSC 试件,弯曲裂纹首先在靠近梁底两侧产生。在梁屈服之前,随着循环荷载的施加初始裂纹发展缓慢,同时梁表面的裂纹数量相对较少。当施加的横向荷载接近屈服荷载时,梁表面的裂纹迅速发展成贯通裂纹,且裂纹宽度急剧增加,主裂纹随之产生。试件的整个开裂过程中,裂纹主要集中在梁底高度 150 mm 的范围内。随着往复荷载的继续施加,在梁底两侧开始出现混凝土压碎和脱落的现象,导致混凝土中的粗骨料和钢筋外露。可以发现,裸露的钢筋表面已经出现铁锈,这表明制备混凝土所用海水和海砂中的氯离子已使钢筋发生锈蚀。腐蚀的纵向钢筋外露后失去了混凝土的包覆,在往复荷载作用下发生弯曲,从而导致梁在靠近梁底的区域最终发生破坏,而梁的其他区域并没有过多地参与耗能,如图 6-6(a) 所示。

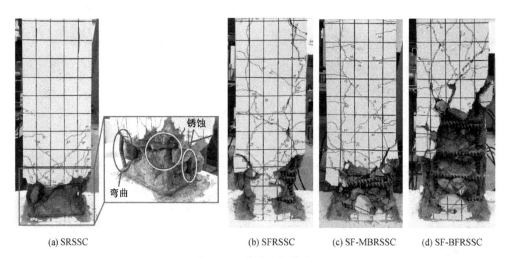

(a) SRSSC   (b) SFRSSC   (c) SF-MBRSSC   (d) SF-BFRSSC

图 6-6 试样破坏模式

对于 SFRSSC 试件,裂纹的产生和扩展方式与 SRSSC 试件类似。但 SFRSSC 梁上的裂纹不仅分布在靠近梁底的区域,而是遍布整个梁。试件屈服后,梁底部的裂缝宽度随位移角的增加而逐渐变大。当位移角超过 6% 时,梁底附近的混凝土被压碎并脱落,导致梁的最终破坏,如图 6-6(b) 所示。SF-MBRSSC 试样加载过程中可以观察到类似的破坏模式,然而与 SFRSSC 试件相比裂纹宽度较小且数量更多,在开裂过程中的横向荷载和位移角也相对更高。此现象是由于混凝土中的 Minibar 限制了裂纹的过度开展,并提升了结构的整体性。从图 6-6(c)中可以清楚地看到,试件更大的形变导致在破坏时梁底的混凝土显示出更为严重的压溃现象。对于 SF-BFRSSC 试件,如图 6-6(d)所示,混凝土保护层的剥落从梁底几乎延伸到梁的中部,并且横向荷载的峰值达到 47 kN,是四个试件中的最高值。

6.2.5　滞回曲线及骨架曲线

在低周往复荷载作用下可以通过梁的滞回曲线获得其能量消耗和刚度退化信息,四个梁试件的荷载-位移角滞回曲线绘制于图 6-7。由于在拉伸荷载作用下钢筋的应力应变曲线由弹性阶段和塑性阶段组成,因此 SRSSC 试件的滞回曲线显示出明显的捏拢效应。与此相反,从先前的研究[1, 4]中可以看出,由于 FRP 筋的线弹性特点,FRP 筋增强混凝土梁的滞回曲线在卸载过程中几乎成弹性恢复状态。而 SFCB 由内芯钢筋和外部 FRP 复合而成,因此 SFCB 增强混凝土梁的滞回曲线不仅表现出捏拢现象,且残余变形小。这与之前钢- FRP 复合筋增强混凝土梁抗震性能的研究[11]中显示的结果一致。因此,SRSSC 试件在低周往复荷载作用下形成了一个饱满的滞回曲线,表明其具有较高的耗能能力。由图 6-7可以看出,当位移角为 4%时,试件 SRSSC 的累积塑性耗能几乎是试件 SFRSSC 的两倍。对于 SRSSC 试件,如图 6-7(a)所示,当位移角为 1.12%,相应的横向荷载为 25.9 kN 时,试件屈服。此后,滞回曲线进入稳定发展阶段,直到达到30.3 kN 的峰值侧向荷载,此时位移角为 3.69%。随着混凝土保护层的剥落,当位移角为 4.45%时,侧向荷载急剧下降,最终导致试件破坏。然而,SFRSSC 试件的横向荷载峰值和侧向荷载峰值相对应的位移角分别为 4.74%和 6.66%,比SRSSC 试件大。这表明 SFRSSC 试件在地震荷载作用下具有较好的延展性和变形能力。尽管在给定的位移角下 SFRSSC 试件的累积塑性耗能明显低于 SRSSC试件,但两者的总累积耗能基本相同。

如图 6-7(c)所示,由于 SFCB 筋在拉伸荷载作用下的非弹性变形特点,SF-MBRSSC 试件的滞回曲线表现出明显的捏拢效应。另外,该试件的滞回曲线的残余变形较小。与 SFRSSC 相比,SF-MBRSSC 试件的侧向荷载和位移角明显升高。以侧向荷载峰值为例,SF-MBRSSC 试件的侧向荷载为 38.5 kN,比 SFRSSC试件高 22%。在之前的研究中可以看到相似的结论[5],ECC 混凝土结构的滞回曲线面积明显大于配有相同钢筋的普通混凝土结构的滞回环面积。采用

Minibar 混凝土替代普通混凝土提升了结构的承载能力和位移角,带来了更大的能量消耗能力。对于 SF-BFRSSC 试件,由于纵向 BFRP 筋的线弹性特性,其捏拢效果比 SRSSC 和 SFRSSC 试件更明显。SF-BFRSSC 试件的滞回曲线具有 4 组试件中最高的峰值横向荷载,达到 46.5 kN,但由于其滞回环面积最小,地震作用下的耗能能力也最弱。此外,由图 6-7(b)(c)可以看出,由于纵向 SFCB 的滑移,导致了横向荷载的突降,而在图 6-7(d)中未发现该现象。这主要是由于将 SFCB 等刚度替换为 BFRP 筋增加了 SF-BFRSSC 试件的配筋率,导致纵向配筋与混凝土之间的粘结面积显著增加,从而避免了滑移的发生。

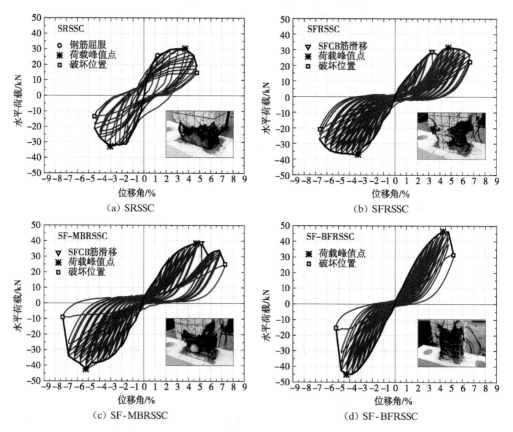

(a) SRSSC (b) SFRSSC

(c) SF-MBRSSC (d) SF-BFRSSC

图 6-7 试样水平荷载-位移角滞回曲线

根据上图绘制出各试件的骨架曲线以评估梁的承载和形变能力。图 6-8(a)展示了各种筋材类型梁试件的骨架曲线。SFRSSC 试件的峰值横向荷载和极限位移角均高于 SRSSC 试件,这是由于 SFCB 的抗拉强度比钢筋高。如图 6-8(a)所示,当梁的纵向钢筋替换为 SFCB 后,峰值荷载和极限位移角分别增加了 5%和

40%。此外,按照近似等刚度原则采用 BFRP 筋替换一半的 SFCB,试件峰值横向荷载和极限位移角分别呈现出上升和下降的趋势。一方面,BFRP 筋的抗拉强度高于 SFCB,这显著提高了梁的承载能力,导致 SF-BFRSSC 试样的峰值侧向荷载增加了 47%。另一方面,随着试件配筋率的增加,混凝土的受压区域也变大。如图 6-6(d)所示,SF-BFRSSC 试件的混凝土压溃区域比 SFRSSC 试件大。在恒定的混凝土极限应变下,较大的受压区导致了较小的极限曲率,从而降低了试件的变形能力。因此,SF-BFRSSC 试件的极限位移角相比 SFRSSC 降低了 22.5%。

混凝土类型对梁的极限荷载与位移角的影响通过骨架曲线绘制于图 6-8 (b)。用 Minibar 混凝土代替普通混凝土后,梁试件的峰值侧向荷载及其相应的位移角得到了明显的提升。SFRSSC 试件的承载力为 31.6 kN,而 SF-MBRSSC 试件的相应值为 38.5 kN,比 SFRSSC 梁高 22%。在侧向荷载下降之前的最后一个循环加载过程中,SFRSSC 和 SF-MBRSSC 试件的极限强度分别为 27.0 kN 和 34.0 kN。与 SFRSSC 试件相比,SF-MBRSSC 具有更高的峰值强度和极限强度,这是由于 Minibar 改善了混凝土的基本力学性能。因此 Minibar 可以作为混凝土的理想添加料,因为当结构中的 Minibar 分散在混凝土中时可以提高构件的整体性。地震荷载作用下,在梁的受拉侧 Minibar 可以承担混凝土的一部分拉应力。另外,在混凝土的裂纹扩展过程中,裂纹的产生受到 Minibar 拉结作用的限制,而在裂纹开展后 Minibar 的桥接作用抑制了裂纹的进一步变宽。此外,较高的极限承载能力延迟了试件的破坏,因此有利于梁的变形能力。

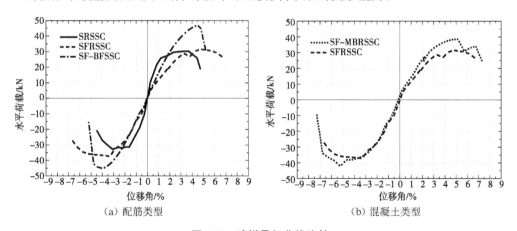

图 6-8　试样骨架曲线比较

6.2.6 残余变形

残余变形为滞回曲线从最大位移处卸载后的位移值[12]。所有试件的残余变形与位移角关系如图 6-9 所示。在 4 类构件中,相同位移角下钢筋混凝土梁的残余变形最大,而混合配筋梁的残余变形最小。SRSSC、SFRSSC、SF-MBRSSC 和 SF-BFRSSC 试件在位移角为 4.7% 时的残余变形分别为 2.7%、1.7%、1.2% 和 1.0%。钢筋的弹塑性特点导致钢筋混凝土梁具有较高的残余变形,而 BFRP 筋的线弹性特点使梁的滞回曲线在卸载后返回其初始位置,从而导致混配梁的残余变形最小。而 SFCB 增强混凝土试件的残余变形介于 SRSSC 和 SFRSSC 试件之间。此外,由于加载过程中 SFCB 与混凝土之间发生了粘结滑移,导致 SFRSSC 和 SF-MBRSSC 试件的残余变形出现突然增加,图 6-9 中残余变形突增位置与图 6-7(b)(c)中滞回曲线上的 SFCB 滑移位置一致。

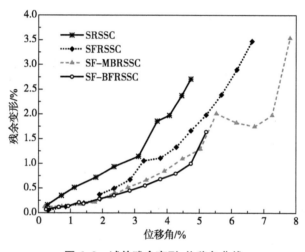

图 6-9　试件残余变形-位移角曲线

6.2.7 刚度退化

由于构件刚度在其耗能能力中起着重要作用,因此本研究在图 6-10 绘制了各试件的归一化刚度与位移角的关系。由图可知,对于所有位移角试件 SRSSC 的归一化刚度最小,且相比其他试件下降最快。此外,SFCB 增强混凝土梁的刚度下降速度比 SFCB 和 BFRP 筋混合配筋梁快。由此可知构件的纵向筋材性能影响了试件的刚度退化规律,钢筋的高残余变形加快了梁的刚度退化,而 BFRP

筋的线弹性特点导致 SF-BFRSSC 试件的刚度下降最慢。此外，对于 SFCB 增强混凝土梁，SFCB 与混凝土之间的粘结性能是控制刚度退化的关键因素。以 SFRSSC 试件为例，当位移角为 3.3%时 SFCB 和混凝土之间发生滑移，如图 6-7 (b)所示。在图 6-10 相同位移角处，该滑移现象导致了试件刚度发生突降。在 SF-MBRSSC 试件的刚度退化曲线中可以发现相同的现象。之前的研究[13]也出现过类似的结论，即 BFRP 筋与混凝土的粘结性能是控制试件刚度退化的关键因素。

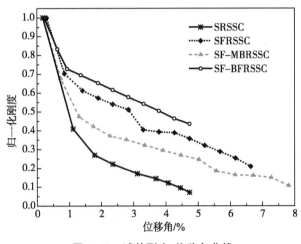

图 6-10　试件刚度-位移角曲线

6.2.8　耗能性能

所有样品的累积塑性耗能和累积能效黏滞阻尼系数如图 6-11 所示。由图可知，相同位移角时钢筋混凝土梁的能耗明显高于 SFCB 增强混凝土梁以及 SFCB 和 BFRP 筋混合配筋梁。钢筋的非线弹性增加了梁在往复荷载作用下的能量耗散，因此在相同位移角下 SRSSC 试件的累积塑性耗能约为其他三个试件的两倍。其中，混合配筋梁在比 SRSSC 试件多加载一个周期后破坏，因此其累积塑性耗能仅为钢筋混凝土梁的一半。然而，尽管在相同的位移角时 SFCB 增强混凝土梁的塑性耗能较低，但总的累积耗能却较高，这是由于其具有更好的变形能力。由图 6-11(a)可以看出，SFRSSC 试件的总耗能与 SRSSC 基本相同，而 SF-MBRSSC 试件总的累积塑性耗能为 27.3 kN・m，比 SRSSC 试件高出 36.5%。这表明用 SFCB 替代钢筋可以在提高结构耐久性的同时确保结构在地震荷载作用下能量耗散能力不降低。此外，在混凝土中添加 Minibar 可以有效地改善结构的能量耗散。这是由于 Minibar 延迟了梁底混凝土的压溃破坏,从而增加了往复荷载循环次数,导致了总塑性耗能能力的提高。

图 6-11(b)为累积等效黏滞阻尼系数与位移角的关系。由图可知,SRSSC 试件的等效黏滞阻尼系数最高。由于复合材料筋增强混凝土梁具有更明显的捏拢效应,其等效黏滞阻尼系数也明显低于 SRSSC 试件。此外,由于 SF-BFRSSC 试件的残余变形最小,因此其累积等效黏滞阻尼系数也最低。该现象表明,作为纵向筋的钢筋可以为结构提供更高的耗能能力,而 FRP 筋作为纵向筋对结构能量消散的贡献相对较低,SFCB 介于上述两者之间。

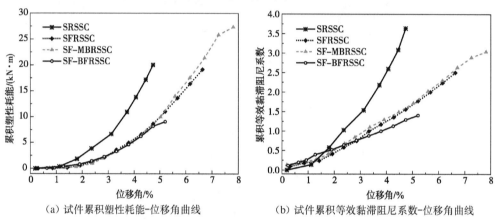

（a）试件累积塑性耗能-位移角曲线 　　　　（b）试件累积等效黏滞阻尼系数-位移角曲线

图 6-11　累积塑性耗能和等效黏滞阻尼系数与位移角的关系

6.2.9　应变分析

纵向钢筋和 SFCB 的应变与位移角的关系如图 6-12 所示。图中应变的正负值分别表示拉伸和压缩。试件 SRSSC 两侧的纵向钢筋上不同高度的应变示于图 6-12(a),应变片的粘贴位置如图 6-3(a)所示。图 6-12(b)～(d)显示了其他三个试件的纵向 SFCB 的应变变化,其应变片位置与 SRSSC 试件相同。对于 SRSSC 试件,钢筋的拉伸应变先增加然后在 9 000 $\mu\varepsilon$ 附近保持恒定直到破坏。与此不同的是,SFRSSC 试件的纵向 SFCB 的拉伸应变持续增加,直到最终试件破坏,其最大应变达到 18 000 $\mu\varepsilon$。另外,混凝土受压区域的筋材应变也具有相似的变化趋势。这是由于 SFCB 较高的承载能力导致梁试件更高的变形能力。

对于 SF-MBRSSC 试件,SFCB 的拉伸应变较高,这表明试件的受压区混凝土承受了更大的压应力,这可以通过纵筋的压应变来确认。直到破坏,试件

SF-MBRSSC 的 SFCB 压应变几乎不超过 3 000 $\mu\varepsilon$，而试件 SFRSSC 的纵向 SFCB 的压应变达到了 4 000 $\mu\varepsilon$，表明 SFCB 的局部破坏。这是由于试件 SFRSSC 的受压区混凝土相比 SF-MBRSSC 试件更早的发生了混凝土压溃和剥落，从而导致受压区的压应力由混凝土传递到纵向 SFCB，使得 SFCB 压应变大幅增加。然而，在混凝土中添加 Minibar 延迟了受压区混凝土的破坏。该结果还解释了与 SFRSSC 试件相比 SF-MBRSSC 试件具有更好的变形能力。由于试件 SF-BFRSSC 具有较高的配筋率和较低的变形能力，因此纵向 SFCB 的应变相对较低。

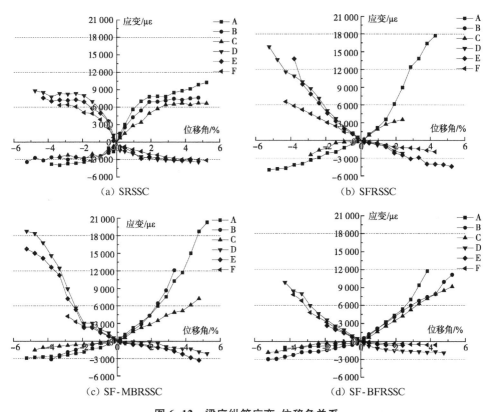

图 6-12　梁底纵筋应变-位移角关系

6.3　FRP 筋-海砂混凝土梁长期滞回性能研究

6.3.1　破坏模式

将相同的四组试件放置于海洋环境干湿循环舱内腐蚀 6 个月后进行低周往

复荷载测试,表现出与短期试验试件不同的破坏模式,如图 6-13 所示。首先,可以看出与短期性能试件相比腐蚀后的四组试件裂缝开展区域均向底部集中,裂缝的数量和密度均有所降低。在加载初期 SRSSC-180、SFRSSC-180 和 SF-MBRSSC-180 试件均在最底部出现一条主裂缝,随着荷载的不断施加主裂缝发展成为贯通裂缝,且裂缝宽度快速增大,主裂缝之外的其余裂缝发展则较为缓慢,与短期性能的四组试件有明显的区别。然而,腐蚀后的试件 SF-BFRSSC-180 在加载过程中则未出现与其余三组试件类似的底部贯穿主裂缝,整个加载和破坏过程与短期试件 SF-BFRSSC 基本一致。

对于 SFRSSC-180 试件,观察混凝土压碎后外露的 SFCB 纵筋发现,在往复荷载作用下一侧筋材表面的肋纹已经被完全剪掉,另一侧甚至出现了筋材外侧纤维松散的现象。而短期试件中并未出现纵筋肋纹被剪掉或纤维松散的情况,这表明经过 6 个月海洋环境腐蚀后筋材最外侧 FRP 层出现了一定程度的腐蚀劣化,在往复荷载作用下肋纹被周围混凝土剪坏。SF-MBRSSC-180 试件的纵向 SFCB 也出现了相似的情况,此外可以观察到试件底部有部分压碎的混凝土块被 Minibar 所连接而未脱落,这也说明混凝土中的 Minibar 起到了限制裂缝和提升结构整体性的作用。对于 SF-BFRSSC-180 试件,其纵向筋未出现肋纹被剪坏的情况。这主要是由于等刚度配筋条件下 SFCB 和 BFRP 筋混合配筋试件的配筋率较高,导致筋材笼与混凝土总体粘结强度高,未出现肋纹剪坏的现象。此外,由于该试件总体与混凝土有着良好的粘结效果,保证了两者的共同受力,破坏时试件底部更多的混凝土参与受力,混凝土的压碎破坏区域也更大。

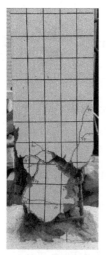

左侧纵筋

右侧纵筋

(a) SRSSC-180   (b) SFRSSC-180

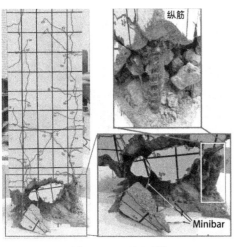
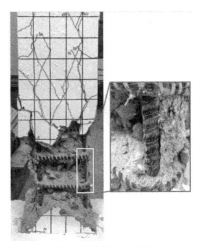

（c）SF-MBRSSC-180　　　　　　　　（d）SF-BFRSSC-180

图 6-13　试样破坏模式

6.3.2　滞回曲线及骨架曲线

　　腐蚀后四组试件的荷载-位移角滞回曲线及骨架曲线如图 6-14 和图 6-15 所示。可以观察到腐蚀后试件的承载和变形能力规律与短期试件基本一致，SFRSSC-180 试件相比 SRSSC-180 试件具有更高的极限荷载和变形能力。SFCB 和 BFRP 筋混合配筋试件的极限荷载在四组试件中最高，但其侧向变形能力最差。此外，Minibar 混凝土可以显著提高结构的承载及变形能力，提升试件的塑性耗能能力。

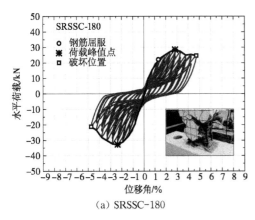
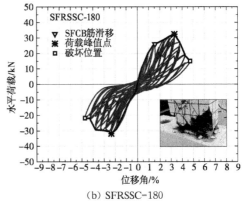

（a）SRSSC-180　　　　　　　　　　（b）SFRSSC-180

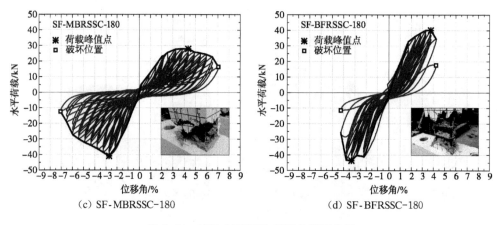

（c）SF-MBRSSC-180　　　　　　（d）SF-BFRSSC-180

图 6-14　试样水平荷载-位移角滞回曲线

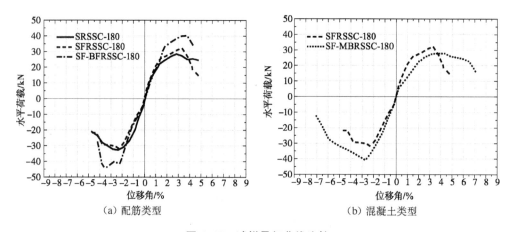

（a）配筋类型　　　　　　（b）混凝土类型

图 6-15　试样骨架曲线比较

　　将四组试件的短期性能荷载-位移角滞回曲线与腐蚀后试件的滞回曲线绘制于图 6-16 做对比。对于 SRSSC 试件，在经历 6 个月的海洋环境干湿循环侵蚀后试件在低周往复荷载作用下极限荷载和位移角未出现明显的变化，但腐蚀后试件的滞回环相比短期测试试件表现出更为明显的捏拢效应。这主要是由于在经历了 6 个月的腐蚀后纵向钢筋与混凝土间的粘结有所下降，如图 6-16（a）所示，SRSSC-180 试件滞回曲线的下降段并不像 SRSSC 试件一样呈现缓慢回落，而是包含几个突降段的阶梯状下降过程。其中极限荷载的突降就是由钢筋与混凝土间的滑移和粘结失效所导致。SFRSSC-180 和 SF-MBRSSC-180 试件在经过海洋环境腐蚀后极限荷载出现下降，分别为未腐蚀试件的 93.1% 和 85.0%，且两者的最大位移角也有明显降低。滞回过程中荷载和位移角数值的降低是由于混凝土内靠近节点处纵筋表面肋纹被剪坏后粘结退化所导致。SF-BFRSSC-180 试件在往复荷载下相比未腐蚀试件荷载和位移角也有所下降，但其极限荷载强度保留率仍高于 90%，这是由于更高的配筋率保证了良好的粘结强度。

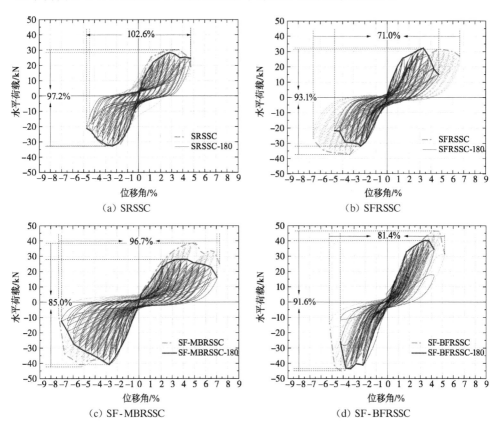

图 6-16　腐蚀后试样水平荷载-位移角滞回曲线对比

6.3.3　耗能性能

腐蚀后四组试件的累积塑性耗能和等效黏滞阻尼系数如图 6-17 所示。与未腐蚀试件不同，经过海洋环境腐蚀后在相同位移角时各试件累积塑性耗能较为接近，但仍以钢筋试件最高，SFCB 和 BFRP 筋混合配筋试件最低。由于 SF-MBRSSC-180 试件混凝土中 Minibar 在受拉侧限制裂缝开展，受压侧对开裂混凝土起到拉结作用增强了试件的变形能力，提升了混凝土梁的荷载循环次数和位移角，从而得到了更高的累积塑性耗能，相比 SRSSC-180 试件高 91.4%。

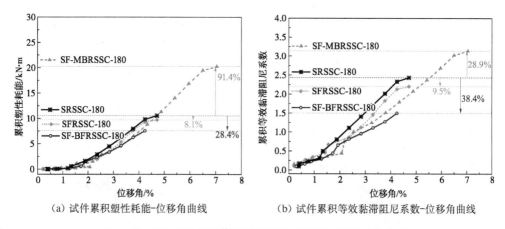

（a）试件累积塑性耗能-位移角曲线　　　（b）试件累积等效黏滞阻尼系数-位移角曲线

图 6-17　累积塑性耗能和等效黏滞阻尼系数与位移角的关系

将腐蚀后的累积塑性耗能和等效黏滞阻尼系数与短期试件试验结果对比，如图 6-18 所示。由图 6-18(a) 可以看出 SRSSC 和 SFRSSC 试件经过腐蚀后塑性耗能分别下降了 47.2% 和 49.3%，两者耗能能力的大幅下降均由纵筋与混凝土的粘结退化所导致。SF-BFRSSC 试件的配筋率约为其余三组试件的 1.5 倍，因此具有更高的纵筋-混凝土间粘结面积，二者之间的粘结退化并不明显，累积塑性耗能下降仅为 16.5%。短期性能试验阶段 SFRSSC 和 SF-MBRSSC 试件在往复荷载作用下就出现了纵筋滑移现象，在经过海洋环境腐蚀后其破坏过程和破坏模式转变不大，因此等效黏滞阻尼系数均在较小范围内波动，分别为下降 11.9% 和升高 3.2%。对于钢筋梁，未腐蚀的 SRSSC 试件在往复荷载作用下纵筋与混凝土间粘结可靠，未出现纵筋滑移，而经过 6 个月腐蚀后纵向钢筋与混凝土在滞回作用下出现了滑移和粘结退化现象，破坏模式的转变导致试件滞回曲线捏拢现象更为

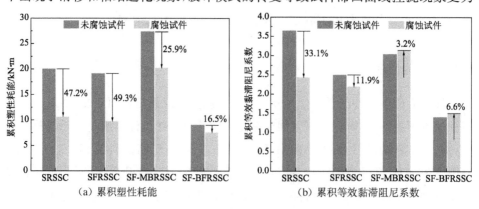

（a）累积塑性耗能　　　　　　（b）累积等效黏滞阻尼系数

图 6-18　腐蚀后试件耗能能力对比

明显,等效黏滞阻尼系数也出现了较大的降幅,达到 33.1%。具有最高配筋率的混合配筋梁的等效黏滞阻尼系数则并未下降。

6.3.4　节点曲率分析

由图 6-16 和上文中的分析可知,在经过海洋环境腐蚀后试件的变形能力降低,位移角明显减小,即顶部侧向位移变小。然而,如图 6-19 所示腐蚀后 SRSSC-180、SFRSSC-180 和 SF-MBRSSC-180 试件的底部曲率和转角却明显增大。即试件在变形总量减小的情况下底部的局部变形量增大,表明经过腐蚀后混凝土梁的变形主要集中在节点位置,也与试件加载过程中裂缝向节点位置处集中、梁底出现贯通主裂缝的现象相对应。由以上现象可知,虽然混凝土梁在经过海洋环境腐蚀作用后纵筋在全长范围内均出现了腐蚀退化,但在地震往复荷载作用下,弯矩最大的节点处遭到了更为严重的破坏,即海洋环境对结构的腐蚀作用在该区域形成了更为明显的外化表现。因此,在地震作用下靠近节点的区域为结构薄弱区。

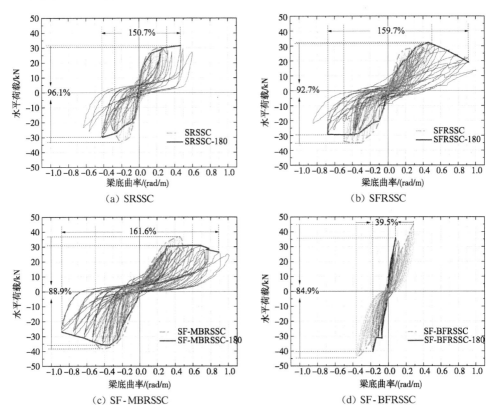

图 6-19　腐蚀后试样水平荷载-梁底曲率滞回曲线对比

6.4　本章小结

本章研究了低周往复荷载下钢筋增强海砂混凝土梁的抗震滞回性能。为了提高结构的耐久性，以 SFCB 和 BFRP 筋代替钢筋作为纵筋，并进行了相应配筋梁试件的地震响应研究。评估并讨论了试件的破坏模式、滞回响应、刚度退化、塑性耗能、纵筋应变和梁底曲率等。试验结果表明，钢筋混凝土梁具有良好的能量耗散能力，但在地震荷载作用下具有较大的残余变形，同时耐久性问题严重。因此，建议在海砂混凝土结构中使用 SFCB。SFCB 增强混凝土结构具有出色的承载能力、变形能力和耐久性。与钢筋混凝土梁相比，SFCB 梁具有较小的残余变形，但耗能能力基本相同。此外，在混凝土中添加 Minibar，可以实现更高的能量消耗。用 BFRP 筋代替 SFCB 可以增加结构承载能力，并减少残余变形。通过调整两种纵向筋的比例可以达到结构所要求的性能特性，而 BFRP 筋的应用可以增加纵筋与混凝土之间的粘结面积，从而避免滑移。此外，对相应试件进行了海洋环境腐蚀作用，并分析了腐蚀后各项性能的退化规律。根据上述分析可以得出如下主要结论：

（1）与钢筋混凝土梁相比，SFCB 混凝土梁在低周往复荷载作用下滞回曲线表现出更明显的捏拢效应，且残余变形较小。由于 SFCB 增强混凝土梁的变形能力显著提高，其总塑性耗能与钢筋混凝土梁接近。

（2）与钢筋混凝土梁相比，SFCB 增强 Minibar 混凝土试件的承载能力、峰值荷载对应位移角和总累积塑性耗能分别提升了 27.0%、27.1% 和 36.5%。这是由于在混凝土的受拉区，Minibar 可以分担混凝土的拉应力并抑制裂纹的开展，而在受压区，Minibar 可以改善混凝土的整体性，延迟混凝土压溃和剥落，从而使结构的抗震性能得到提升。

（3）SFCB 和 BFRP 筋混合配筋形式可以提高混凝土结构的承载能力，同时避免纵向筋的滑移。可以通过 SFCB 与 BFRP 筋之间比例的设计控制结构能量耗散，承载能力和纵筋的粘结行为。

（4）在海洋环境下干湿循环 6 个月后，钢筋混凝土梁在低周往复荷载作用下发生了纵筋滑移现象，其累积塑性耗能和等效黏滞阻尼系数分别降低了 47.2% 和 33.1%。SFCB 增强 Minibar 混凝土梁和 SFCB、BFRP 筋混合配筋梁塑性耗能退化率降低至 25.9% 和 16.5%，等效黏滞阻尼系数则小幅升高，耗能能力耐久性优于钢筋混凝土试件。

本章参考文献

［1］Ali M A，El-Salakawy E. Seismic performance of GFRP-reinforced concrete rectangular columns［J］. Journal of Composites for Construction，2016，20(3)：04015074.

［2］Luca A D，Matta F，Nanni A. Behavior of full-scale glass fiber-reinforced polymer reinforced concrete columns under axial load［J］. ACI Structural Journal，2010，107(5)：589-596.

［3］Jin L，Du X L，Li D，et al. Seismic behavior of RC cantilever beams under low cyclic loading and size effect on shear strength：An experimental characterization［J］. Engineering Structures，2016，122：93-107.

［4］Tavassoli A，Liu J，Sheikh S. Glass fiber-reinforced polymer-reinforced circular columns under simulated seismic loads［J］. ACI Structural Journal，2015，112(1)：103-114.

［5］Yuan F，Chen M C，Pan J L. Experimental study on seismic behaviours of hybrid FRP-steel-reinforced ECC-concrete composite columns［J］. Composites Part B：Engineering，2019，176：107272.

［6］Yuan F，Pan J L，Dong L T，et al. Mechanical behaviors of steel reinforced ECC or ECC/concrete composite beams under reversed cyclic loading［J］. Journal of Materials in Civil Engineering，2014，26(8)：04014047.

［7］ASTM D1141-98. Standard Practice for the Preparation of Substitute Ocean Water［S］. American Society for Testing Materials，1998.

［8］ACI 318-14. Building code requirements for structural concrete［S］. American Concrete Institute，2014.

［9］ACI 440.1R-15. Guide for the design and construction of strcutural concrete reinforced with fiber-reinforced polymer（FRP）bars［S］. American Concrete Institute，2015.

［10］中华人民共和国住房和城乡建设部. 建筑抗震试验规程：JGJ/T 101—2015［S］. 北京：中国建筑工业出版社，2015.

［11］Xiao T L，Qiu H X，Li J L. Seismic behaviors of concrete beams reinforced with steel-FRP composite bars under quasi-static loading［J］. Applied Sciences，2018，8(10)：1913.

［12］Fahmy M F M，Wu Z S，Wu G，et al. Post-yield stiffnesses and residual deformations of RC bridge columns reinforced with ordinary rebars and steel fiber composite bars［J］. Engineering Structures，2010，32(9)：2969-2983.

［13］Ibrahim A M A，Wu Z S，Fahmy M F M，et al. Experimental study on cyclic response of concrete bridge columns reinforced by steel and basalt FRP reinforcements[J]. Journal of Composites for Construction，2016，20(3)：04015062.

[14] Jacobsen L S. Steady forced vibrations as influenced by damping[J]. Transactions ASME，1930，52(1)：169-181.

第7章 FRP筋新型海砂玻璃骨料混凝土梁性能研究

7.1 引言

玻璃制品广泛应用于社会的各行各业,为人们的日常生活带来极大的便利。然而,由于玻璃制品易碎的特性,世界各地每年都会产生大量的玻璃废弃物。据报道,中国每年产生1 000多万吨非工业废玻璃[1],澳大利亚每年也会累积100多万吨需要处理的玻璃废弃物[2]。理论上,废玻璃可以100%回收后用作生产新的玻璃制品的原材料。然而,由于各种各样的原因使得玻璃的回收受到许多限制,例如,垃圾分类不规范,玻璃与其他固体废弃物混杂在一起,分离玻璃费时费力。在发达国家等具有明确废物分类系统的地区,废玻璃的回收率超过85%[3]。然而,在没有建立很好的垃圾分类系统的国家和地区,废玻璃往往得不到有效的回收。据2018年商务部发布的中国可再生资源回收产业发展年度报告,中国有50%以上的废玻璃都是填埋处理的,由此带来了土地占用和次生污染问题[1]。部分研究指出[4-13],废弃玻璃骨料可以以粒径小于3 mm的形式用作混凝土的细骨料[14-17]。当粒径较大时,玻璃中含有的过量的二氧化硅会与混凝土中的碱性孔隙液发生碱骨料反应,导致混凝土的体积不安定。然而,也有一些学者指出,在混凝土中按适当比例掺入一定的矿物掺和料,如粉煤灰、高炉矿渣或偏高岭土等,可以显著降低碱骨料反应发生的概率[10-11]。此外,当使用低碱性水泥时,碱骨料反应发生的概率也将明显降低[18]。

此外,在沿海等经济发达地区,废弃玻璃的存量是巨大的。在沿海发达地区工程建设砂石骨料紧缺的背景下,有必要尝试加大废弃玻璃应用于混凝土中的相关研究[6,11,19-39]。进一步的,可以在利用海砂代替河沙的同时,将废弃玻璃粉碎作为粗骨料,制备新型的海水海砂玻璃骨料混凝土(Seawater sea-sand glass aggregate concrete，SSGC)用于支持沿海地区(如岛礁)的工程建设[13]。基于上述背景和实际需求,在纤维增强复合材料(FRP)与海砂混凝土组合应用的基础上,本章提出了一种新型掺加废弃玻璃粗骨料的海砂混凝土。并从粘结和梁式构件两个层次,开展了 FRP 配筋含玻璃骨料海水海砂混凝土结构的基本性能研究。需要说明的是,为了抑制碱骨料反应发生的可能,本章中采用的是低碱硫铝酸盐水泥(俗称双快水泥),并掺加 30%质量比的粉煤灰。本章研究为新型 FRP 筋增强 SSGC 构件在未来海洋工程中的应用奠定了基础。

7.2　试验材料

7.2.1　玻璃粗骨料

如图 7-1(a)中所示,本章试验所采用的玻璃粗骨料是从南京某装修工地收集而来,采用人工破碎的方式制备而成。根据规范 JTG E42—2005[40],对其进行了筛分试验,试验结果如图 7-1(b)中所示,粒径大小分布在 2.36 mm 至 9.50 mm 之间,可满足作为混凝土骨料的基本要求,但主要是呈薄片状。相比于研磨成粉末状的细骨料,直接使用大粒径的玻璃粗骨料,可以减少生产过程中的能源消耗。然而,如表 7-1 所示,从化学成分可以看出,玻璃主要是二氧化硅的衍生物,当它作为粗骨料时,过量的二氧化硅易与混凝土中所含的碱性离子发生如式(7-1)中所示的化学反应。反应产物通过吸水膨胀,引起混凝土的不均匀膨胀和开裂,也就是所谓的碱骨料反应。因此,当使用粗玻璃骨料时,应尽可能降低混凝土的碱度。

(a) 玻璃粗骨料

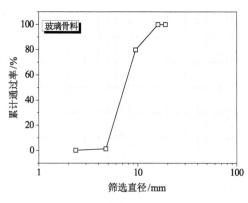

(b) 筛分试验结果

图 7-1　玻璃粗骨料及粒径分布

$$SiO_2 \cdot nH_2O + 2ROH \longrightarrow R_2SiO_3 \cdot (n+1)H_2O \qquad (7\text{-}1)$$

表 7-1　废弃玻璃骨料的化学成分

化学成分	SiO$_2$	Na$_2$O	CaO	MgO	Al$_2$O$_3$	Fe$_2$O$_3$	其他微量元素
含量/%	67.51	15.00	10.38	3.99	1.71	0.556	0.854

7.2.2　海砂混凝土原材料

图 7-2 所示为用于制备本章混凝土的原材料，所用水泥是产品型号为 L·SAC 42.5 的低碱硫铝酸盐水泥，表 7-2 中给出了厂家提供的水泥性能报告，其水化浆液的 pH 不超过 10.5。此外，Kou 和 Poon 等[10]发现，在水泥中加入粉煤灰可以显著减少自密实玻璃骨料混凝土的碱骨料反应。因此，本章采用粉煤灰代替 30% 的低碱硫铝酸盐水泥以进一步抑制 SSGC 中潜在的碱骨料反应。本章所采用的细骨料为天然海砂[41-43]，其细度模量为 2.404，属于中砂类别，海砂中的氯离子含量为 0.08%。如图 7-2(d)所示，普通碎石骨料的粒径大小为 5～10 mm。此外，需要说明的是，本章所采用的拌和水为天然海水。

（a）低碱硫铝酸盐水泥　　　（b）粉煤灰　　　　（c）海砂　　　　（d）砾（碎）石

图 7-2　制备混凝土的原料

表 7-2　L·SAC 42.5 水泥性能指标

性能指标		要求
比表面积/(m^2/kg)		≥400
凝结时间/min	初凝时间	≥25
	终凝时间	≤180
抗弯强度/MPa	1 d	≥4.0
	7 d	≥5.5

(续表)

性能指标		要求
抗压强度/MPa	1 d	≥30.0
	7 d	≥42.5
pH		≤10.5
石灰石含量/%		不小于水泥质量的 15%,且不大于水泥质量的 35%
28 d 的自由膨胀率/%		0~0.15

7.2.3 BFRP 筋

Zeng[13]等人研究了玻璃纤维增强复合材料(GFRP)管约束 SSGC 的轴压性能,在其研究中,水泥采用的是普通硅酸盐水泥,沙子是天然河沙,混凝土拌和水是自来水,研究中同时使用了细玻璃骨料和粗玻璃骨料。试验结果表明,GFRP约束 SSGC 的抗压性能与 GFRP 约束普通混凝土相当。此外,研究认为碱骨料反应的有害体积膨胀在有 GFRP 管约束的情况下反而会转化为反向的有利主动约束。借鉴上述研究探索,本章也开展了 FRP 材料与 SSGC 组合应用的相关研究。

如图 7-3 所示,本章采用的是直径 10 mm 和 13 mm 的玄武岩纤维增强复合材料(BFRP)筋和直径 8 mm 的 BFRP 箍筋。树脂基体为乙烯基酯树脂,纤维的体积含量为 65%。根据规范 ASTM D7205/D7205M[44],实测 13 mm 和 10 mm BFRP 筋的极限抗拉强度分别为 1142 MPa 和 1141MPa,相应的弹性模量分别为 48.6 GPa 和 47.6 GPa。13 mm 和 10 mm BFRP 筋的肋深分别为 0.20 mm

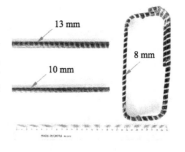

图 7-3　BFRP 筋

和 0.18 mm。本章所采用的 BFRP 箍筋与所用的 BFRP 纵筋为同一批生产,并在树脂固化之前弯曲成型。

7.3　试验方案

7.3.1　粘结性能测试方案

1) 玻璃骨料及混凝土配比

如表 7-3 所示,本章共设计了六组混凝土配比,水灰比均为 0.33,唯一变量为玻璃骨料与碎石骨料的质量比,其范围从 0% 递增 20% 到 100%。依据规范 GB/T 50107—2010[45],测得的 150 mm×150 mm×300 mm 棱柱体的轴向抗压强度(f_c)也列于表 7-3 中。可以看出,随着玻璃骨料替代率的增加,混凝土抗压强度逐渐降低。玻璃骨料替代率为 100% 的 Mix6 的抗压强度比只含有碎石骨料的 Mix1 低约 38%。这主要是由于玻璃骨料表面光滑,导致其与砂浆基体的界面粘结性能弱于多棱角的碎石骨料。Zeng 等[13]人在玻璃骨料河沙混凝土中也观察到类似的现象,例如,混凝土中玻璃骨料置换率为 0%、25%、50% 和 100% 时,混凝土的抗压强度分别为 42.85 MPa、42.48 MPa、40.41 MPa 和 31.01 MPa。此外,需要提醒注意的是,本章所用低碱硫铝酸盐水泥混凝土的初凝时间较短,大约在 30 min 作用,在实际工程中应注意施工时间的把握。

表 7-3　混凝土的配合比和试件的抗压强度

混凝土类型	混合比例							抗压强度 f_c/MPa
	硫铝酸盐水泥	粉煤灰	海水	海砂	碎石	玻璃骨料	减水剂	
Mix1	0.70	0.30	0.33	1.50	2.50	0.00	0.012	50.5±1.5
Mix2	0.70	0.30	0.33	1.50	2.00	0.50	0.012	47.7±1.5
Mix3	0.70	0.30	0.33	1.50	1.50	1.00	0.012	39.8±2.5
Mix4	0.70	0.30	0.33	1.50	1.00	1.50	0.012	39.1±1.2
Mix5	0.70	0.30	0.33	1.50	0.50	2.00	0.012	36.9±1.2
Mix6	0.70	0.30	0.33	1.50	0.00	2.50	0.012	31.1±0.1

2) 试件尺寸和加载装置

如表 7-4 所示,为研究 BFRP 筋和 SSGC 的粘结性能,采用直径为 13 mm 的 BFRP 筋进行中心拉拔试验。参照 JSCE-E539—1995[46],共制备了 18 个拉拔试件。如图 7-4 所示,混凝土块的尺寸为 100 mm×100 mm×100 mm 的立方体,粘结段长度为 $4D$,其中 D 为 BFRP 筋的直径。如图 7-5 所示,拉拔试验在万能试验机中进行,加载速度为 0.75 mm/min。在自由端放置位移计(LVDT)测试 BFRP 筋的自由端滑移,荷载由荷载传感器同步测量。

表 7-4　粘结试验方案

拔出试样编号	筋材直径	混凝土类型	粘结段长度	试件数量
B13-Mix1	13	Mix1	$4D$	3
B13-Mix2	13	Mix2	$4D$	3

（续表）

拔出试样编号	筋材直径	混凝土类型	粘结段长度	试件数量
B13-Mix3	13	Mix3	4D	3
B13-Mix4	13	Mix4	4D	3
B13-Mix5	13	Mix5	4D	3
B13-Mix6	13	Mix6	4D	3

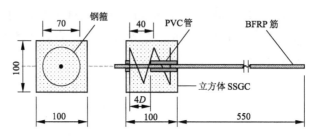

图 7-4　拉拔试件的尺寸（单位：mm）

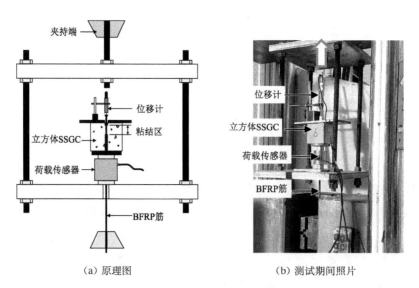

（a）原理图　　　　　　　（b）测试期间照片

图 7-5　粘结性能测试装置

7.3.2　梁式构件性能测试方案

1）试验梁设计

除粘结性能测试之外，本章还研究了 BFRP 配筋增强 SSGC 梁的抗弯性能,制备了两种不同玻璃骨料配合比和两种不同 BFRP 纵筋配筋率下的 4 根混凝土梁。具体试验方案如表 7-5 所示,所有梁的长度为 2 400 mm,高度为240 mm,宽度为 120 mm。考虑到 SSGC 梁中含有大量的氯离子,试验梁的底部受拉纵筋、顶部架立筋和箍筋全部为 BFRP 筋,BFRP 箍筋的混凝土保护层厚度为 20 mm。

表 7-5　梁式构件试验方案

试件编号	混凝土类型	受拉配筋	配筋率 (ρ_f)/%	弯剪段的 BFRP 箍筋间距/mm	数量
B10-Mix2	Mix2	2ϕ10 BFRP	0.63	40	1
B13-Mix2		2ϕ13 BFRP	1.08	40	1
B10-Mix5	Mix5	2ϕ10 BFRP	0.63	40	1
B13-Mix5		2ϕ13 BFRP	1.08	40	1

2）加载装置和测试仪器

图 7-6 所示为试验梁抗弯性能的测试装置和测试仪器布置图。试验梁采用四点弯加载,净跨为 2 100 mm,纯弯段为 600 mm,两侧弯剪段为 750 mm。采用位移加载模式,加载速率为 1.0 mm/min。共设置了 5 个 LVDT 来测量位移,跨中和加载点处各布置一个,两个支座处各布置一个用来抵消支座沉降的影响。在跨中受拉 BFRP 筋粘贴应变片测试筋材应变。荷载、位移和应变均由 TDS-530数据采集仪同步记录。此外,如图 7-6(b)所示,采用了数字图像相关法(Digital Image Correlation,DIC)同步测量试验梁表面的全场变形。在试验过程中,采用裂缝观测仪同步测试不同荷载等级下,纯弯段内受拉纵筋高度处的裂缝宽度。

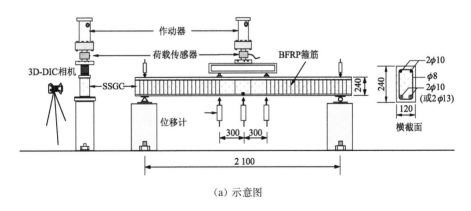

(a) 示意图

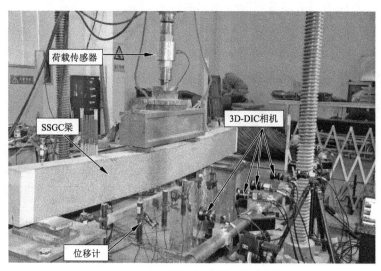

（b）测试期间照片

图 7-6　试验梁的加载装置和测试仪器

7.4　试验结果分析

7.4.1　粘结性能试验结果

1）粘结破坏模式

由于内置螺旋箍筋的约束作用,大部分粘结试件发生的是 BFRP 筋的拔出破坏,混凝土块表面没有明显的损坏,18 个试件中只有 3 个发生劈裂破坏。为了直观地观察 BFRP 筋与混凝土之间的界面破坏形态,在试验结果后用切割机将部分具有代表性的试件分成两半,BFRP 筋与六种混凝土之间的界面破坏模式如图 7-7 所示。可以看出,拔出破坏后损伤主要集中在 BFRP 筋的表面,表现为 BFRP 筋表面肋被剪坏,表面肋中的砂浆被剪碎。另外,可以看出,玻璃粗骨料的加入对界面破坏模式没有明显影响,损坏基本都是发生在 BFRP 筋的表面。上述现象和破坏模式与 Achillides 等人[47]在 2004 年做的拔出试验中观察到的现象是一致的,破坏也是发生在富含树脂的 FRP 筋的表面。

2）粘结-滑移曲线

由于本章研究所采用的粘结段长度为 BFRP 筋直径的四倍,相对较短,因此

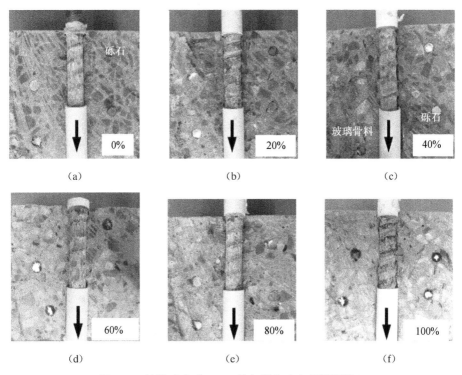

图 7-7　拉拔试验后 BFRP 筋与混凝土之间界面情况

可以假设粘结应力沿粘结段内均匀分布。粘结应力可以根据下式计算：

$$\tau = \frac{P}{\pi D L_D} \tag{7-2}$$

式中：τ 为粘结应力；P 为拉拔荷载（N）；D 为筋材直径（mm）；L_D 为粘结段长度（mm）。测试得到的粘结应力-自由端滑移曲线如图 7-8 所示。可以看出，13 mm 的 BFRP 筋与 6 种混凝土的粘结-滑移曲线形状基本一致，均由抛物线上升段加近似斜直线下降段组成。此外，由于 BFRP 筋的表面肋被一层一层剥离，当自由端滑移值达到与肋间距相同的长度时，粘结应力将再次趋于缓慢上升状态。如图 7-8(c) 和 7-8(f) 所示，B13-Mix3 和 B13-Mix6 组中的部分试件发生了混凝土劈裂破坏，从这些曲线可以看出，虽然粘结应力在混凝土发生劈裂破坏时突然下降，但发生劈裂破坏前，粘结-滑移曲线也呈抛物线形上升形式。比较图 7-8 中的各试件的粘结-滑移曲线形状可以看出，玻璃骨料的掺加对其与 BFRP 筋的粘结-滑移性能的影响较小。

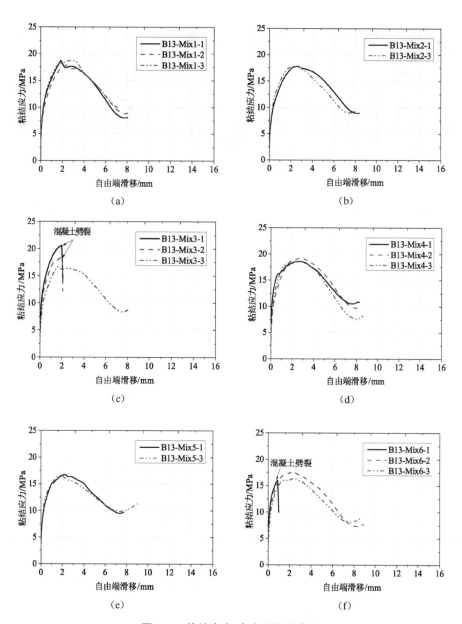

图 7-8 粘结应力-自由端滑移曲线

3）极限粘结应力和极限滑移值

表 7-6 中给出了各试件的极限粘结应力和相应的极限滑移值，相应的，极限粘结应力和极限滑移与混凝土类型的关系如图 7-9 所示。需要说明的是，在分析中对于破坏模式为混凝土劈裂破坏试件的结果没有采用。从图 7-9（a）可以看

出,虽然 SSGC 的抗压强度随着玻璃骨料含量的增加而逐渐降低,但极限粘结应力并没有表现出同样的规律。如图 7-9(b)所示,相应的极限滑移值也没有呈现出下降的规律。2004 年,Achillides 等人[47]在其研究中指出,当混凝土强度大于 30 MPa 时,混凝土强度的变化对其与 FRP 筋粘结性能的影响不大。这主要是因为当混凝土强度大于 30 MPa 时,粘结强度一般取决于 FRP 筋表面肋的抗剪强度,与混凝土性能相关性较小。本章试验中研究的 6 种混凝土的抗压强度在 31.1 MPa 到 50.5 MPa 之间,均大于 30 MPa。因此,粘结性能并没有呈现随着混凝土强度的降低而降低的规律。除 B13-Mix4 组的粘结性能略上升了 1.6%外,总体上,BFRP 筋与含玻璃骨料混凝土的粘结性能较其与普通碎石骨料混凝土略有下降,最大下降幅度约为 9.8%。然而,受数据离散性的影响,极限滑移值与混凝土类型的关系没有表现出明显的规律。

表 7-6　粘结试验测试结果汇总

试件编号	极限粘结应力/MPa				CV/%	极限滑移/mm				CV/%
	No.1	No.2	No.3	平均值		No.1	No.2	No.3	平均值	
B13-Mix1	18.7	17.9	18.7	18.4	2.0	1.87	2.40	2.75	2.34	18.9
B13-Mix2	17.8	—	17.8	17.8	0.0	2.65	—	2.41	2.53	6.7
B13-Mix3	20.6*	18.3*	16.6	16.6	—	2.00*	1.90*	1.64	1.64	—
B13-Mix4	18.5	19.2	18.5	18.7	1.8	2.76	2.80	2.80	2.79	0.8
B13-Mix5	16.7	—	16.6	16.7	0.3	2.18	—	1.85	2.02	11.6
B13-Mix6	16.0*	17.7	16.4	17.1	3.8	0.91*	2.42	2.48	2.45	1.7

注:"—"为由于试验操作失误导致夹具处 BFRP 筋断裂,"*"为劈裂破坏。

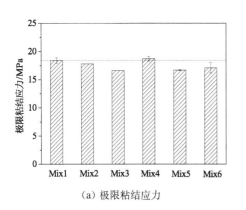

（a）极限粘结应力

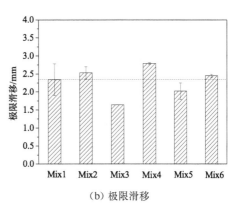

（b）极限滑移

图 7-9　极限粘结应力和极限滑移值与混凝土类型的关系

7.4.2 抗弯性能试验结果

1）破坏模式

如图 7-10 所示，四根梁的破坏模式都为受压区混凝土的压溃破坏，底部受拉 BFRP 筋没有达到其极限抗拉强度。如图 7-10(a)和(c)所示，对于受拉筋为两根 10 mm BFRP 筋的梁（配筋率为 0.63%），纯弯段全长范围内的混凝土都出现了压溃破坏。如图 7-10(b)和(d)所示，而对于受拉筋为两根 13 mm BFRP 筋的梁（配筋率为 1.08%），纯弯段内混凝土的压溃区域相对集中，约一半长度范围内的混凝土被压溃。另外，在相同配筋率下，采用 Mix2 和 Mix5 的混凝土梁的破坏模式没有明显差异。

(a) B10-Mix2　　　　　　　　　　　(b) B13-Mix2

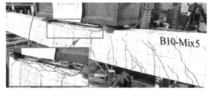
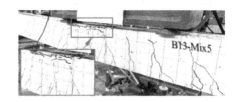

(c) B10-Mix5　　　　　　　　　　　(d) B13-Mix5

图 7-10　试验梁破坏模式

2）荷载-跨中位移曲线

图 7-11 所示为四根梁的荷载-跨中位移(L-D)曲线。由于 BFRP 筋线弹性的特点，所有 L-D 曲线均为典型的双线性模式，曲线的拐点是由梁开裂引起的。表 7-7 列出了每根梁的开裂荷载、极限荷载、极限位移、实测受拉筋最大应变以及试验梁的总变形耗能。可以看出，B13-Mix2，B13-Mix5 和 B10-Mix2 梁的开裂荷载都是大约 10 kN，而 B10-Mix5 梁由于配筋率最低、混凝土强度最低，其开裂荷载约为 7.0 kN。由于 Mix2 混凝土的抗压强度为 47.7 MPa，高于 Mix5 混凝土的抗压强度 36.9 MPa，所以在相同配筋率下，采用 Mix2 混凝土制备的梁的极限承载力高于 Mix5 混凝土梁。例如，B10-Mix2 梁和 B10-Mix5 梁的极限荷载分

别为 58.1 kN 和 50.2 kN，B13-Mix2 梁和 B13-Mix5 梁的极限荷载分别为 75.8 kN 和 69.1 kN。当混凝土类型相同时，低配筋率梁的极限位移大于高配筋率梁，低配筋率梁的 BFRP 筋的极限应变也大于高配筋率梁。在变形耗能方面，在相同配筋率下，Mix2 混凝土梁的耗能大于 Mix5 混凝土梁。例如，B10-Mix2 和 B10-Mix5 梁的 E_u 值分别为 1 395 kN·mm 和

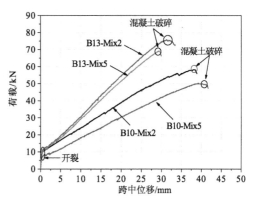

图 7-11　荷载和跨中位移曲线

1 270 kN·mm，B13-Mix2 和 B13-Mix5 梁的 E_u 值分别为 1 525 kN·mm 和 1 196 kN·mm。

表 7-7　梁测试结果汇总

梁试件编号	P_{cr} /kN	P_{max} /kN	Δ_u /mm	ε_{max} /$\mu\varepsilon$	E_u /(kN·mm)	破坏模式
B10-Mix2	10.0	58.1	37.9	12 744	1 395	混凝土破碎
B13-Mix2	10.0	75.8	31.3	12 164	1 525	混凝土破碎
B10-Mix5	7.0	50.2	39.2	12 167	1 270	混凝土破碎
B13-Mix5	10.0	69.1	29.3	11 104	1 196	混凝土破碎

注：P_{cr} 为开裂荷载，P_{max} 为极限荷载，Δ_u 为位移，ε_{max} 为跨中受拉筋极限应变，E_u 为试验梁的总变形耗能（L-D 曲线下的总面积）。

3）裂缝分布和裂缝宽度

图 7-12 所示为四根梁在破坏阶段的裂缝分布图。正如在破坏模式中所描述的，四根梁发生的都是受压区混凝土压溃破坏。比较 B10-Mix2 梁和 B13-Mix5 梁的裂缝分布，可以看出后者的裂缝分布更为密集。分析认为这是由于后者较高的配筋和较低的混凝土抗压强度综合导致的。图 7-13 所示为荷载与纯弯段最大裂缝宽度之间的关系曲线。可以看出，在相同配筋率下，用 Mix2 混凝土制备的梁的裂缝宽度小于用 Mix5 混凝土制备的梁。在同一混凝土类型下，13 mm BFRP 筋增强的混凝土梁的裂缝宽度明显小于 10 mm BFRP 筋增强的混凝土梁。

4）DIC 测试结果分析

图 7-14 所示为基于 DIC 方法获得的不同荷载等级下沿梁长度的应变发展过程，直观反映了加载过程中梁的裂缝形成和发展过程。可以看出，在加载的初

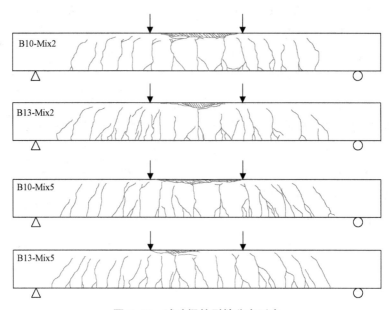

图 7-12　试验梁的裂缝分布形态

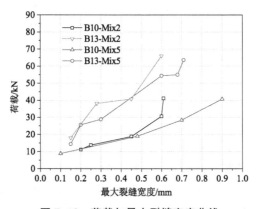

图 7-13　荷载与最大裂缝宽度曲线

始阶段,裂缝主要出现在纯弯段附近。随着荷载的增加,纯弯段的裂缝继续变宽并向上延伸,同时两侧弯剪区出现新的斜向裂缝。极限状态下的应变分布与图 7-12 中所示的裂缝分布相符。比较图 7-14(a)和(c),可以看出,用低强度的 Mix5 混凝土制备的 B10-Mix5 梁出现裂缝的时间比用高强度 Mix2 混凝土制备的 B10-Mix2 梁要早。同样的现象也可以在图 7-14(b)和(d)中观察到。另外,B13-Mix5 梁的分支裂缝比 B13-Mix2 梁多,并且裂缝开展得更密集。

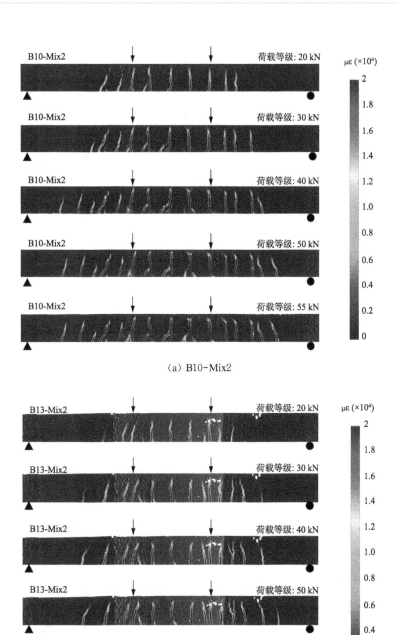

(a) B10-Mix2

(b) B13-Mix2

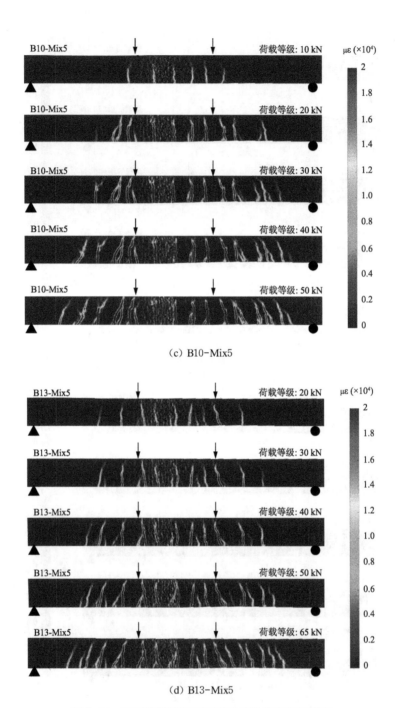

（c）B10-Mix5

（d）B13-Mix5

图 7-14　不同荷载等级下沿梁长度的应变发展过程

5) 与计算结果的比较

目前,对 FRP 筋增强普通碎石骨料混凝土构件的设计有许多指导规范发布。然而,当将混凝土替换为本章所采用的 SSGC 时,现有规范是否仍然适用还有待进一步确认。基于这个原因,本章将试验结果和依据中国 GB 50608—2020 规范[48]和美国 ACI 440.1R-15 规范[49]的计算结果进行了比较,以评价现有规范的适用性。需要强调的是,在计算过程中,所采用的材料力学性能指标是不包括折减系数的实际值。

在规范 GB 50608—2020 中 FRP 筋增强混凝土构件的极限抗弯承载力公式如下:

$$M = A_f f_{fe}(h_{of} - x/2) \tag{7-3}$$

$$x = \begin{cases} \left[\dfrac{0.14}{1+400(f_{fe}/E_f)} + \dfrac{\rho_f f_{fe}}{f_c}\right]h_{of} & (\rho_f < 1.5\rho_{fb}) \\ \dfrac{\rho_f f_{fe}}{\alpha_1 f_c}h_{of} & (\rho_f \geqslant 1.5\rho_{fb}) \end{cases} \tag{7-4}$$

式中: M 为正截面抗弯承载力; f_{fe} 为 FRP 筋的有效应力; A_f 为 FRP 筋的横截面面积; h_{of} 为极限受压纤维到受拉筋质心的距离(与规范 ACI440.1R-15 中的 d 相同); x 为混凝土受压区高度; f_c 为混凝土的轴向抗压强度; ρ_f 为 FRP 筋配筋率。

上述公式中,FRP 筋中的有效应力应根据实际配筋率(ρ_f)与界限配筋率(ρ_{fb})的关系计算,本研究中实际配筋率值高于 1.5 倍的界限配筋率,因此 FRP 筋的有效应力计算公式如下:

$$f_{fe} = f_{fu}(\rho_f/\rho_{fb})^{-0.55} \tag{7-5}$$

式中: f_{fu} 为 BFRP 筋的极限拉应力。

根据规范 ACI440.1R-15,当破坏形式为混凝土压碎时,FRP 筋混凝土梁的极限抗弯承载力可采用下式计算:

$$M_n = \rho_f f_f \left(1 - 0.59\frac{\rho_f f_f}{f'_c}\right)bd^2 \tag{7-6}$$

$$f_f = \sqrt{\frac{(E_f \varepsilon_{cu})^2}{4} + \frac{0.85\beta_1 f'_c}{\rho_f}E_f \varepsilon_{cu}} - 0.5E_f \varepsilon_{cu} \tag{7-7}$$

式中：M_n 为抗弯承载力；ρ_f 为 FRP 筋配筋率；f_f 为 FRP 筋的有效拉应力；E_f 为 FRP 筋的弹性模量；ε_{cu} 为混凝土的极限压应变；f_c' 为混凝土的抗压强度（MPa）；β_1 为等效矩形受压区与实际受压区的高度比值；b 为梁的宽度；d 为极限受压纤维到受拉 FRP 筋质心的距离。

试验值和计算值的比较如图 7-15 所示。可以看出，按照规范 GB 50608—2020 的计算值大于实际测量值，这是不保守的。分析后发现，这是由上述方程式（7-5）中估算的 FRP 筋的有效应力值（f_{fe}）过高引起的。例如，B10-Mix2 组梁中底部受拉 FRP 筋的实测极限应变和相应的极限应力分别为 12 744 $\mu\varepsilon$ 和 607 MPa，而根据上述公式（7-5）计算的 FRP 筋有效应力值为 913 MPa，远大于实际值。对于规范 ACI 440.1R-15，预测精度实际上相对较高，误差在工程可接受范围内。需要说明的是，本章研究中的试样数量较少，由于数据的离散性，存在误判的可能性。因此，现有规范对 FRP 筋增强 SSGC 梁的适用性仍需通过更多数据来校核。

由于本章研究是首次尝试将 BFRP 筋和 SSGC 的组合，未来仍需在以下方面进行更深入的研究：①对采用低碱硫铝酸盐水泥的 SSGC 潜在碱骨料反应进行微观评估；②开展 SSGC 包裹下 BFRP 筋自身及其与 SSGC 之间的粘结性能的耐久性试验；③基于更多的试验数据，提出 BFRP 筋锚固长度、裂缝宽度、抗弯刚度和承载力的修正计算公式。

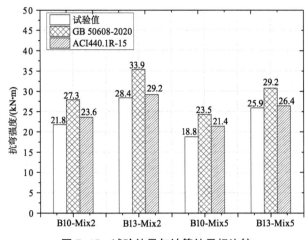

图 7-15　试验结果与计算结果相比较

7.5　本章小结

本章在既有 FRP 与海砂混凝土组合应用的基础上,进一步提出了在海砂混凝土中混掺废弃玻璃粗骨料的新思路。较为系统地研究了 BFRP 筋与玻璃骨料混凝土的粘结性能和 BFRP 筋玻璃骨料混凝土梁的抗弯性能,并对现有规范的适用性进行了初步的评估。基于本章研究得出以下主要结论:

(1) 随着玻璃骨料替代率的增加,SSGC 的抗压强度逐渐降低。与普通碎石混凝土相比,用 100% 玻璃骨料配制的 SSGC 混凝土抗压强度降低了 38%,但仍大于 30 MPa。

(2) 随着玻璃骨料含量的增加,BFRP 筋与 SSGC 之间的粘结性能没有逐渐减弱,粘结破坏模式和粘结滑移曲线与普通碎石骨料混凝土相似。

(3) BFRP 筋增强 SSGC 混凝土梁的受力特性与典型的 FRP 配筋普通碎石骨料混凝土梁的相似。在配筋率相同的情况下,玻璃骨料掺量高的 Mix5 混凝土梁的极限承载力低于掺量低的 Mix2 混凝土梁。

(4) 现有的 ACI440.1R-15 和 GB 50608—2010 规范都高估了 BFRP 筋增强 SSGC 梁的极限承载力。

此外,在实际应用于海洋工程之前,仍需进一步从微观层面研究 SSGC 本身潜在的碱骨料反应,以及开展 FRP 筋增强 SSGC 梁混凝土构件的长期耐久性试验。此外,FRP 筋增强 SSGC 构件的设计方法将根据后续试验中的更多试验数据来进行修订。

本章参考文献

[1] MOFCOM. Annual report on the development of renewable resources recycling industry of China[J]. Resource Recycling, 2018(6): 46-55.

[2] Arulrajah A, Kua T A, Horpibulsuk S, et al. Recycled glass as a supplementary filler material in spent coffee grounds geopolymers[J]. Construction and Building Materials, 2017, 151: 18-27.

[3] Zhang X W. Axial Compressive Behavior of CFRP-Confined Recycled Glass Aggregate Cylinders[D]. Guangzhou: Guangdong University of Technology, 2019.

[4] Huang Y J, He X J, Wang Q, et al. Mechanical properties of sea sand recycled aggregate concrete under axial compression[J]. Construction and Building Materials,

2018, 175: 55-63.

［5］Xiao J Z, Zhang Q T, Zhang P, et al. Mechanical behavior of concrete using seawater and sea-sand with recycled coarse aggregates［J］. Structural Concrete, 2019, 20(5): 1631-1643.

［6］Younis A, Ebead U, Suraneni P, et al. Short-term flexural performance of seawater-mixed recycled-aggregate GFRP-reinforced concrete beams［J］. Composite Structures, 2020, 236: 111860.

［7］Zhang Q T, Xiao J Z, Zhang P, et al. Mechanical behaviour of seawater sea-sand recycled coarse aggregate concrete columns under axial compressive loading［J］. Construction and Building Materials, 2019, 229: 117050.

［8］Adaway M, Wang Y. Recycled glass as a partial replacement for fine aggregate in structural concrete-Effects on compressive strength［J］. Electronic Journal of Structural Engineering, 2015, 14(1): 116-122.

［9］Lu J X, Zheng H B, Yang S Q, et al. Co-utilization of waste glass cullet and glass powder in precast concrete products［J］. Construction and Building Materials, 2019, 223(4): 210-220.

［10］Kou S C, Poon C S. Properties of self-compacting concrete prepared with recycled glass aggregate［J］. Cement and Concrete Composites, 2009, 31(2): 107-113.

［11］Kou S C, Poon C S. A novel polymer concrete made with recycled glass aggregates, fly ash and metakaolin［J］. Construction and Building Materials, 2013, 41: 146-151.

［12］Yang S Q, Ling T C, Cui H Z, et al. Influence of particle size of glass aggregates on the high temperature properties of dry-mix concrete blocks［J］. Construction and Building Materials, 2019, 209: 522-531.

［13］Zeng J J, Zhang X W, Chen G M, et al. FRP-confined recycled glass aggregate concrete: Concept and axial compressive behavior［J］. Journal of Building Engineering, 2020, 30: 101288.

［14］Tamanna N, Tuladhar R, Sivakugan N. Performance of recycled waste glass sand as partial replacement of sand in concrete［J］. Construction and Building Materials, 2020, 239: 117804.

［15］Guo P W, Meng W N, Nassif H, et al. New perspectives on recycling waste glass in manufacturing concrete for sustainable civil infrastructure［J］. Construction and Building Materials, 2020, 257: 119579.

［16］Liu Y W, Shi C J, Zhang Z H, et al. An overview on the reuse of waste glasses in alkali-activated materials［J］. Resources, Conservation and Recycling, 2019, 144: 297-309.

[17] Kazmi D，Williams D J，Serati M. Waste glass in civil engineering applications—A review[J]. International Journal of Applied Ceramic Technology，2020，17（2）：529-554.

[18] Mohammadinia A，Wong Y C，Arulrajah A，et al. Strength evaluation of utilizing recycled plastic waste and recycled crushed glass in concrete footpaths[J]. Construction and Building Materials，2019，197：489-496.

[19] Al-Jelawy H M. Experimental and numerical investigations on bond durability of CFRP strengthened concrete members subjected to environmental exposure[D]. Orlando：University of Central Florida，2013.

[20] Al-Jelawy H M，Mackie K R. Flexural behavior of concrete beams strengthened with polyurethane-matrix carbon-fiber composites[J]. Journal of Composites for Construction，2020，24(4)：04020027.

[21] Al-Jelawy H M，Mackie K R. Durability and failure modes of concrete beams strengthened with polyurethane or epoxy CFRP[J]. Journal of Composites for Construction，2021，25：04021021.

[22] Chen G，He Z，Jiang T，et al. Effects of Seawater and sea-sand on the behaviour of FRP-confined concrete[J]. Construction and Building Materials，2017(6)：19-21.

[23] Li Y L，Zhao X L，Singh Raman R K，et al. Tests on seawater and sea sand concrete-filled CFRP，BFRP and stainless steel tubular stub columns[J]. Thin-Walled Structures，2016，108：163-184.

[24] Li Y L，Teng J G，Zhao X L，et al. Theoretical model for seawater and sea sand concrete-filled circular FRP tubular stub columns under axial compression[J]. Engineering Structures，2018，160：71-84.

[25] Li Y L，Zhao X L，Singh Raman R K. Mechanical properties of seawater and sea sand concrete-filled FRP tubes in artificial seawater[J]. Construction and Building Materials，2018，191：977-993.

[26] Li Y L，Zhao X L，Singh Raman R K. Behaviour of seawater and sea sand concrete filled FRP square hollow sections[J]. Thin-Walled Structures，2020，148：106596.

[27] Zeng J J，Gao W Y，Duan Z J，et al. Axial compressive behavior of polyethylene terephthalate/carbon FRP-confined seawater sea-sand concrete in circular columns[J]. Construction and Building Materials，2020，234：117383.

[28] Jiang J F，Luo J，Yu J T，et al. Performance improvement of a fiber-reinforced polymer bar for a reinforced sea sand and seawater concrete beam in the serviceability limit state [J]. Sensors（Basel，Switzerland），2019，19(3)：654.

[29] Gao Y J, Zhou Y Z, Zhou J N, et al. Blast responses of one-way sea-sand seawater concrete slabs reinforced with BFRP bars[J]. Construction and Building Materials, 2020, 232: 117254.

[30] Zhang Q T, Xiao J Z, Liao Q X, et al. Structural behavior of seawater sea-sand concrete shear wall reinforced with GFRP bars[J]. Engineering Structures, 2019, 189: 458-470.

[31] Dong Z Q, Wu G, Zhao X L, et al. Long-term bond durability of fiber-reinforced polymer bars embedded in seawater sea-sand concrete under ocean environments[J]. Journal of Composites for Construction, 2018, 22(5): 04018042.

[32] Dong Z Q, Wu G, Zhao X L, et al. Durability test on the flexural performance of seawater sea-sand concrete beams completely reinforced with FRP bars[J]. Construction and Building Materials, 2018, 192: 671-682.

[33] Guo F, Al-Saadi S, Singh Raman R K, et al. Durability of fiber reinforced polymer (FRP) in simulated seawater sea sand concrete (SWSSC) environment[J]. Corrosion Science, 2018, 141: 1-13.

[34] Wang Z K, Zhao X L, Xian G J, et al. Durability study on interlaminar shear behaviour of basalt-, glass- and carbon-fibre reinforced polymer (B/G/CFRP) bars in seawater sea sand concrete environment [J]. Construction and Building Materials, 2017, 156: 985-1004.

[35] Wang Z K, Zhao X L, Xian G J, et al. Long-term durability of basalt- and glass-fibre reinforced polymer (BFRP/GFRP) bars in seawater and sea sand concrete environment [J]. Construction and Building Materials, 2017, 139: 467-489.

[36] Wang Z K, Zhao X L, Xian G J, et al. Effect of sustained load and seawater and sea sand concrete environment on durability of basalt- and glass-fibre reinforced polymer (B/GFRP) bars[J]. Corrosion Science, 2018, 138: 200-218.

[37] Nanni A. Field Applications of Seawater-RC.ACI Virtual Workshop on Seawater-Mixed Concrete: A New Class of Sustainable Concrete[D]. Farmington Hills: American Concrete Institute, 2020.

[38] Hua Y T, Yin S P, Feng L L. Bearing behavior and serviceability evaluation of seawater sea-sand concrete beams reinforced with BFRP bars[J]. Construction and Building Materials, 2020, 243: 118294.

[39] Ling T C, Poon C S, Wong H W. Management and recycling of waste glass in concrete products: Current situations in Hong Kong[J]. Resources, Conservation and Recycling, 2013, 70: 25-31.

[40] China Ministry of Transport. Test methods of aggregate for highway engineering：JTG E42-2005[S]. Beijing：China Communication Press，2005.

[41] Dong Z Q，Wu G，Zhao X L，et al. Behaviors of hybrid beams composed of seawater sea-sand concrete(SWSSC) and a prefabricated UHPC shell reinforced with FRP bars [J]. Construction and Building Materials，2019，213：32-42.

[42] Dong Z Q，Wu G，Zhu H. Mechanical properties of seawater sea-sand concrete reinforced with discrete BFRP-Needles[J]. Construction and Building Materials，2019，206：432-441.

[43] Dong Z Q，Wu G，Zhao X L，et al. Mechanical properties of discrete BFRP needles reinforced seawater sea-sand concrete-filled GFRP tubular stub columns [J]. Construction and Building Materials，2020，244：118330.

[44] ASTM D7205M-06. Standard test method for tensile properties of fiber reinforced polymer matrix composite bars [S]. American Society for Testing and Materials Philadelphia，2011.

[45] MOHURD.Standard for evaluation of concrete compressive strength：GB/T 50107-2010 [S]. Beijing：China Architecture & Building Press，2010.

[46] JSCE. Test method for bond strength of continuous fiber reinforcing materials by pull-out testing[S]. Tokyo：Japan Society of Civil Engineers，1995.

[47] Achillides Z，Pilakoutas K. Bond behavior of fiber reinforced polymer bars under direct pullout conditions[J]. Journal of Composites for Construction，2004，8(2)：173-181.

[48] Technical standard for fiber reinforced polymer (FRP) in construction：GB 50608—2020[S]. Beijing：China Planning Press，2011.

[49] ACI 440. 1R-15. Guide for the Design and Construction of Structural Concrete Reinforced with Fiber-Reinforced Polymer(FRP) Bars [R]. ACI Committee 440，2015.

第8章 FRP筋-海砂混凝土-UHPC 组合梁性能研究

8.1 引言

将耐氯离子侵蚀的纤维增强复合材料(FRP)筋与海砂混凝土(包括海水海砂混凝土)组合使用可以取得较好的经济性能,尤其适用于海洋工程结构,近年来得到了广泛关注[1-10]。但FRP筋线弹性的力学特性导致配置纯FRP筋的海砂混凝土构件依然在力学性能上会表现得延性相对较差。并且,就耐久性的角度考虑,虽然氯离子对FRP筋不会造成加速腐蚀效应[11-13],但是,在湿度很大的海洋环境下,潮湿海砂混凝土内部碱性环境依然会对FRP筋的长期性能带来不利影响[13-18]。因此,仍有必要进一步开展FRP筋增强海砂混凝土结构的改性提升研究。

基于上述背景,本章结合超高性能混凝土(UHPC)优异的力学性能和抗渗性能[19-26],开展了两类FRP筋-海砂混凝土-UHPC组合梁研究。一类方式是制作U形UHPC永久模壳,在加速施工效率的同时,利用其优异的抗渗性能,降低海砂混凝土内部的湿度,从而降低内部碱性环境,提升组合构件在潮湿海洋环境下的耐久性能,取得更好的综合效益;另一类是将UHPC布置在后浇受压区,形成FRP筋-海砂混凝土-UHPC后浇叠合梁,并在梁的下部混杂配置含有FRP包覆层的钢管,同步提升叠合构件的极限承载力和抗弯刚度。另外,本章研究中也耦合了一些其他细节性的新方法,例如,在U形UHPC模壳上预嵌配筋笼,采用钢-连续纤维复合筋(SFCB)替代纯FRP筋[27-30],采用珊瑚骨料替代碎石骨料[31-32],采用新型PVA纤维替代普通钢纤维等。本章详细介绍了上述两类组合/叠合梁的具体构造、制备工艺和力学性能测试结果,可为广大读者拓宽关于FRP筋-海砂混凝土结构应用的思路。

8.2　FRP 筋-海砂混凝土- UHPC 永久模壳组合梁性能研究

本节中所提出的组合梁的设计思路是先在工厂内预制成型 U 形 UHPC 模壳。在工程现场,UHPC 模壳可以作为永久模板使用,直接浇筑海砂混凝土,加快海洋环境下工程建设速度。成型后的 UHPC 模壳一方面可以降低潮湿环境下海砂混凝土内部的碱性,另一方面,UHPC 优异的力学性能也可改善梁的抗弯、抗剪性能,具有良好的综合效益。下面是详细的研究内容。

8.2.1　试验材料

1) FRP 筋

如图 8-1(a)所示,本节试验中共采用两种类型的筋材,一种是玄武岩纤维复合材料(BFRP)筋,另一种是钢-连续纤维复合筋(SFCB)。其中 BFRP 纵筋采用

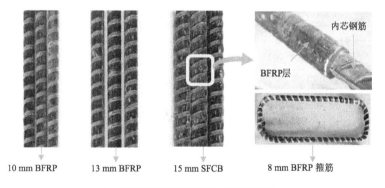

（a）BFRP 筋和 SFCB 以及 BFRP 箍筋

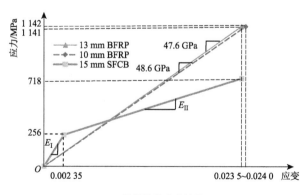

（b）筋材拉伸力学性能

图 8-1　FRP 筋类型及其抗拉性能

了 10 mm 和 13 mm 两种直径。SFCB 的内芯钢筋为 10 mm,外包 49 束 2 400 tex 的 BFRP 包覆层。如图 8-1(b)所示,10 mm 和 13 mm BFRP 筋的极限抗拉强度分别为 1 141 MPa 和 1 142 MPa,弹性模量分别为 47.6 GPa 和 48.6 GPa。对于 15 mm 的 SFCB,其屈服强度为 256 MPa,屈服前弹性模量 E_{I} 为 108.9 GPa,极限抗拉强度为 718 MPa,屈服后弹性模量 E_{II} 为 21.8 GPa。试验梁中所采用的箍筋为 8 mm BFRP 箍筋,其与 BFRP 纵筋同批次生产,并在树脂固化前弯曲成型,箍筋的公称直径为 8 mm,内宽和内高分别为 64 mm 和 184 mm。

2) UHPC

本节试验所用 UHPC 材料由江苏苏博特有限公司提供,所采用的配合比为 SBT-UDC(Ⅱ)型预混合料:钢纤维:外加剂:自来水 = 1 000:80:12:96。厂家提供的 UHPC 性能指标如表 8-1 中所示。UHPC 在试验室内浇筑和自然养护,未采取蒸汽养护等手段,故而,其实测性能略低于厂家提供的数据。实测其 28 d 的抗压强度、抗拉强度和弹性模量分别为 101.8 MPa、6.4 MPa 和 41.2 GPa。

表 8-1　UHPC 性能指标

名称	数值	名称	数值
坍落度/mm	800	抗弯强度/MPa	24.8
1 小时坍落度/mm	700	抗拉强度/MPa	9.75 (6.4)
抗压强度/MPa	161 (101.8)	弹性模量/GPa	47.6 (41.2)
首次开裂时的抗弯强度/MPa	13.5	氯离子扩散系数/10^{-13}	≤0.01

注:小括号中数据为本章实测数据。

3) 海水海砂混凝土

本节试验所采用的海水和海砂与其他章节所使用的为同一批,在此不再赘述。所用水泥为 42.5 级硅酸盐水泥,粗骨料为粒径 5～20 mm 的碎石。海水海砂混凝土(SWSSC)的配合比为水泥:海水:海砂:粗骨料 = 1:0.45:1.50:2.50。实测其 28 d 抗压强度为 50.5 MPa。

8.2.2　试验测试方案

1) 试验梁设计与制作

本节共设计制作了四根试验梁,其尺寸都为 2 400 mm×120 mm×240 mm (长×宽×高)。如图 8-2 所示,试验梁的截面形式包括三类,分别为:

(1) 截面 A:常规方法浇筑,不含 UHPC 模壳,保护层厚度为 20 mm。

（2）截面 B：其制备流程如图 8-3 所示，首先以开口向下的方式制备 U 形 UHPC 模壳（图 8-3(a)），由于 BFRP 箍筋尺寸的离散性，为保证配筋笼可以顺利放入，模壳侧壁厚度取为 15 mm（净空间 90 mm），底板厚度仍然为 20 mm，高度为 180 mm（图 8-3(b)）。在此需要说明的是，之所以高度是 180 mm 而非 240 mm，是基于装配式叠合施工的需要，后浇层与楼板一起浇筑。如图 8-3(c) 所示，放入 FRP 配筋笼后，附加侧面模板，后浇叠合 SWSSC 层。

（3）截面 C：截面 B 型试验梁在浇筑过程中需要另外放置配筋笼，且预制 U 形- UHPC 模壳的侧壁光滑，其与后浇 SWSSC 的界面粘结性能可能存在隐患。基于以上考虑，本节以 SFCB 配筋梁为例，初步探索了采用截面 C 型截面形式的叠合梁。其制备流程如图 8-4 所示，制备方法称为旋转法。如图 8-4(a)所示，其制备包括三步：步骤 1-浇筑一侧侧壁，步骤 2-浇筑另一侧侧壁，步骤 3-浇筑底板。制备的 UHPC 侧壁和底板厚度为 20 mm 保护层＋0.5 箍筋直径，实测厚度为 25 mm。箍筋一半在 UHPC 内，一半在后浇 SWSSC 内，以此提升 UHPC 与后浇 SWSSC 的界面粘结性能。截面 C 型预制模壳预先内嵌有配筋笼，适用于现场快速施工，可直接就地取材浇筑 SWSSC 完成构件制作。

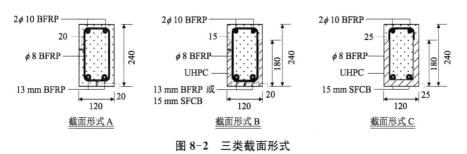

图 8-2　三类截面形式

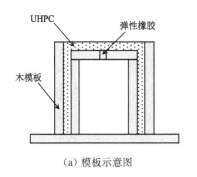

（a）模板示意图　　（b）制备好的 U 形　　（c）准备浇筑海水海砂混凝
　　　　　　　　　　　UHPC 模壳　　　　　　土的 UHPC 模壳

图 8-3　U 形 UHPC 模壳的制备

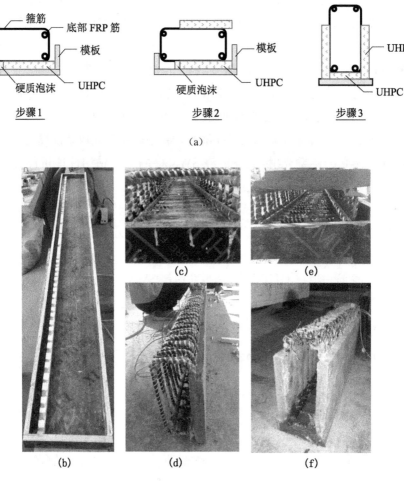

（a）浇筑 U 形 UHPC 模壳的三个步骤；（b）侧模板照片；（c）步骤 1 的照片；
（d）浇筑完一侧 UHPC 后的半成品；（e）步骤 2 的照片；（f）制备完成的含预
嵌 FRP 配筋笼的 U 形 UHPC 模壳

图 8-4　含预嵌 FRP 配筋笼的 U 形 UHPC 模壳的制备过程

本节设计制作的试验梁的具体参数如表 8-2 所示，其中 BFRP 或 SFCB 代表梁受拉纵筋类型，而 A、B 和 C 代表梁的横截面形式。所有四根梁的顶部架立筋和箍筋均为 10 mm BFRP 筋和 8 mm BFRP 箍筋。对于 BFRP 筋梁，计算得到的 $\rho_f > \rho_{fb}$，其中 ρ_f 为受拉纵筋配筋率，ρ_{fb} 为界限配筋率。因此，BFRP 筋梁属于典型的超筋梁，其设计破坏模式为受压区混凝土压溃。对于 SFCB 配筋梁，计算得到的 $\rho_f < \rho_{fb}$，其设计破坏模式 SFCB 先屈服，然后受压区混凝土压溃。

表 8-2　试验梁的设计

梁编号	受拉纵筋类型	截面形式	UHPC 模壳	制备方法
BFRP-A	13 mm BFRP 筋	截面 A	无	传统方式
BFRP-B	13 mm BFRP 筋	截面 B	有	预制 UHPC 模壳
SFCB-B	15 mm SFCB	截面 B	有	预制 UHPC 模壳
SFCB-C	15 mm SFCB	截面 C	有	旋转法制备内嵌 FRP 配筋笼 UHPC 模壳

2）试验梁加载和测试

图 8-5 所示为本节中试验梁的加载装置和测试方法。如图 8-5(a)所示，试验梁的加载方式为四点弯加载，其净跨为 2 100 mm，纯弯段为 600 mm，弯剪段为

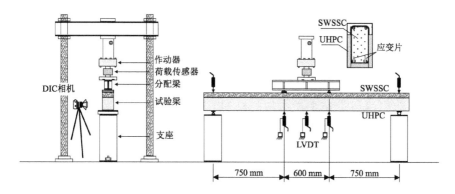

（a）试验装置的正面图和侧面图

（b）DIC 测试现场

图 8-5　试验测试装置和仪器布置

750 mm。采用位移加载,加载速率为 1.0 mm/min。设置五个位移计来测量跨中、两个加载点和两个支座处的变形,在跨中受拉纵筋表面粘贴应变片。对于 SFCB-B 和 SFCB-C 梁,在弯剪区的 14 个 BFRP 箍筋上依次粘贴应变片。所有测量值,包括荷载、位移和应变,均由 TDS-530 数据采集系统记录。此外,如图 8-5(b) 所示,通过数字图像相关(DIC)方法同步测量了梁在弯剪区和中间纯弯段的变形场。

8.2.3 试验结果分析

1) 破坏模式

图 8-6 中展示了本节所测试的四根梁破坏后的裂缝分布形态和纯弯段的照片,四根梁的破坏模式均为受压区混凝土压溃,底部受拉 BFRP 筋和 SFCB 均未发生断裂。如图 8-6(a) 所示,BFRP-A 梁的裂缝发展充分,尤其是在纯弯段两侧的弯剪区。如图 8-6(b) 所示,含有 U 形 UHPC 模壳的 BFRP-B 梁的裂缝开展得没有 BFRP-A 梁密集,裂缝更少更短,并且上述现象在两侧弯剪区表现得更为明显。图 8-6(c) 和 8-6(d) 所示为两根 SFCB 配筋梁的破坏模式,虽然都含有预制 UHPC 模壳,但两者的制作方法有所不同。如图 8-6(c) 所示,SFCB-B 梁的裂

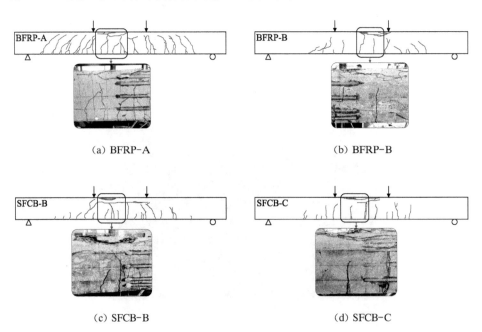

(a) BFRP-A

(b) BFRP-B

(c) SFCB-B

(d) SFCB-C

图 8-6　试验梁的破坏模式和裂缝分布

缝延伸高度明显变小,在两侧的弯剪区体现得更为明显。此外,在梁截面高度的 3/4 处出现一条连续的水平裂缝,该高度处是 UHPC 和海水海砂混凝土连接的位置。如图 8-6(d)所示,由于 UHPC 侧壁厚度的提高(由 15 mm 提高到了 25 mm),SFCB-C 梁的抗剪性能得到了提高,表现为 SFCB-C 梁的裂缝主要沿竖向发展。此外,由于 SFCB-C 梁中的 BFRP 箍筋一半嵌在 SWSSC 中,一半嵌在 UHPC 模壳中,所以并未出现如 SFCB-B 梁中的水平裂缝,这表明 SFCB-C 梁的整体性能相对更好。

2)荷载-跨中位移曲线

四根梁的荷载-跨中位移曲线如图 8-7 所示,试验梁的特征荷载、跨中位移、耗能和破坏模式汇总见表 8-3 所示。其中,P_{cr} 为梁的开裂荷载,P_y 为 SFCB 梁的屈服荷载,P_{max} 为试验梁的峰值荷载,Δ_y 为 SFCB 梁的屈服位移,Δ_u 为梁破坏时的极限位移,E_y 为屈服耗能,E_u 为极限耗能。Δ_u/Δ_y 为位移延性系数,E_u/E_y 为耗能延性系数。如表 8-3 所示,与不含有 UHPC 模壳的 BFRP-A 梁相比,带有预制 UHPC 模壳的 BFRP-B 梁的开裂荷载、极限荷载、极限挠度和耗能均有所提高。在这些提高中,开裂荷载和耗能能力提升得最为明显,分别提高了 70% 和 24%。

表 8-3　试验结果汇总

梁编号	P_{cr} /kN	P_y /kN	P_{max} /kN	Δ_y /mm	Δ_u /mm	Δ_u/Δ_y	E_y /kN·mm	E_u /kN·mm	E_u/E_y	破坏模式
BFRP-A	10.0	—	73.4	—	37.0	—	—	1 731	—	混凝土压溃
BFRP-B	17.0	—	75.5	—	40.9	—	—	2 142	—	混凝土压溃
SFCB-B	16.0	45.0	68.3	8.3	39.0	4.7	251	2 126	8.5	混凝土压溃
SFCB-C	17.0	45.0	62.8	7.1	24.3	3.4	211	1 324	6.3	混凝土压溃

比较图 8-7(a)与图 8-7(b)可以明显看出,BFRP-B 梁的曲线的转折段(图中的阶段 2)要比 BFRP-A 梁的更为平滑。这是由于 BFRP-B 梁底部的 UHPC 在加载过程中也可以提供一部分的拉力导致的,随着截面曲率的增加,UHPC 最终将退出工作,此后荷载-位移曲线将呈线性形式。根据表 8-3 和图 8-7(c)、图 8-7(d)中的曲线可知 SFCB-B 梁的开裂荷载、屈服荷载和极限荷载和 SFCB-C 梁的基本相同。需要指出的是,SFCB-C 梁的 U 形 UHPC 模壳比 SFCB-B 梁的稍厚,底板多厚 5 mm,侧板约多厚 10 mm。底板厚度增加 5 mm 对抗弯性能的影响不大,因为受拉 SFCB 的有效高度没有发生变化。然而,两个 UHPC 侧壁的厚度相

加一共比 SFCB-B 梁增加了 20 mm,将对其弯剪区的抗剪性能有较大提升。正如图 8-6(d)中所示的 SFCB-C 梁的剪切斜裂缝数量显著减少,跨中位移主要由弯曲变形引起,剪切变形的贡献明显减少。由表 8-3 可知,与 SFCB-B 梁相比,SFCB-C 梁的位移延性系数 Δ_u/Δ_y 和能量延性系数 E_u/E_y 分别降低了 28% 和 26%。

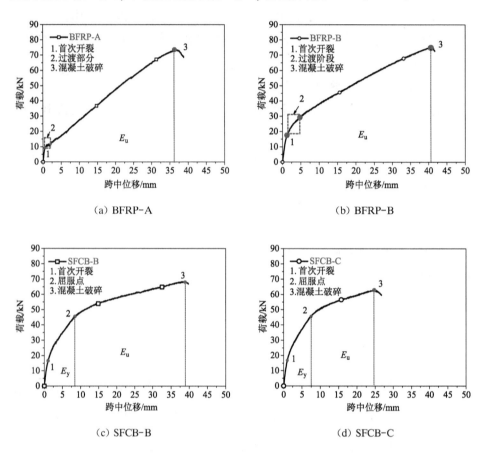

(a) BFRP-A (b) BFRP-B

(c) SFCB-B (d) SFCB-C

图 8-7　荷载-跨中位移曲线

3) DIC 测试结果

图 8-8 所示为基于 DIC 技术获得的不同荷载水平下弯剪段沿梁长度方向的应变分布图。可以看出,在相同的荷载水平下,BFRP-A 梁中的斜裂缝比其他三个含有 UHPC 模壳的梁中的斜裂缝更明显。比较图 8-8(a) 和图 8-8(b) 在破坏阶段的应变云图可以看出,BFRP-A 梁的剪跨内有六条发展明显的斜向裂缝,而在 BFRP-B 梁的剪跨内没有明显的斜向剪切裂缝,裂缝主要集中在加载点附近。类似的,比较图 8-8(c) 和图 8-8(d) 在破坏阶段的应变云图可以看出,SFCB-B 梁

的剪跨内出现一条明显的主斜裂缝,并延伸至 UHPC 模壳的顶部,虽然 SFCB-C 梁的剪跨内也出现了斜裂缝,但是该裂缝的长度明显要小于 SFCB-B 梁,并且主要集中在梁的底部区域。

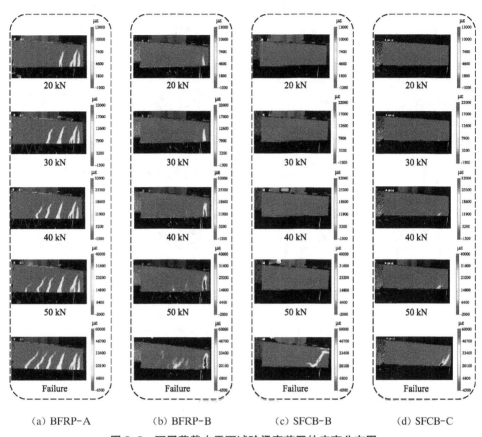

（a）BFRP-A　　（b）BFRP-B　　（c）SFCB-B　　（d）SFCB-C

图 8-8　不同荷载水平下试验梁弯剪区的应变分布图

图 8-9 所示为不同荷载水平下纯弯段内沿梁长度方向的应变分布图。可以明显看出,在相同荷载水平下,不含有 UHPC 模壳的 BFRP-A 梁比其他三个含有 UHPC 模壳的梁拥有更多条的弯曲裂缝。比较图 8-9(a)和(b)在破坏阶段的应变云图可以看出,在含有 UHPC 模壳的 BFRP-B 梁的纯弯段内仅产生三条较宽的主裂缝,而 BFRP-A 梁内则产生了大量的弯曲裂缝。比较图 8-9(c)和(d)在破坏阶段的应变云图可以看出,在 SFCB-B 梁中 SWSCC 和 UHPC 的连接面(梁高度的 3/4 处)观察到了一条水平的裂缝,这表明 UHPC 模壳和 SWSCC 的变形不同步。然而,在 SFCB-C 梁中,SWSSC 和 UHPC 模壳的连接面没有出现水平裂缝,这表明 UHPC 模壳和 SWSSC 具有相对较好的协同工作性能。

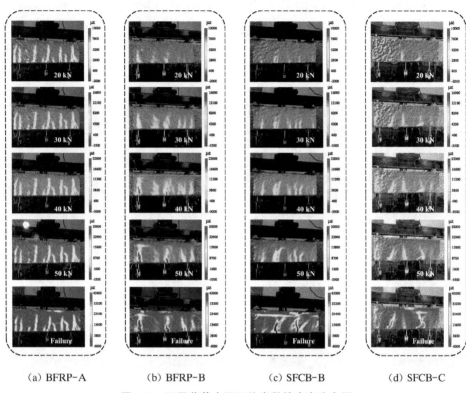

(a) BFRP-A   (b) BFRP-B   (c) SFCB-B   (d) SFCB-C

图 8-9　不同荷载水平下纯弯段的应变分布图

4）弯矩-曲率曲线

根据表 8-3 中结果，SFCB-C 梁的极限位移值（24.3 mm）明显小于 SFCB-B 梁（39.0 mm）。分析认为，这可能是因为 SFCB-C 梁的 UHPC 侧壁的总厚度（50 mm）大于 SFCB-B 梁的总厚度（30 mm），这将增加前者的抗剪刚度，并导致跨中总位移的减少。为了验证这一推论，本节对两根 SFCB 配筋梁纯弯段的弯矩-截面曲率关系进行了计算和比较。假设挠度曲线沿纯弯段内呈圆弧形状，平均曲率可通过以下公式求得：

$$\kappa = \frac{2\Delta}{(l_{\mathrm{b}}/2)^2 + \Delta^2} \tag{8-1}$$

$$\Delta = \Delta_2 - \frac{\Delta_1 + \Delta_3}{2} \tag{8-2}$$

式中：κ 为纯弯段曲率；l_{b} 是纯弯段长度；Δ_1、Δ_2 和 Δ_3 分别为左加载点、跨中和右加载点的挠度。计算结果如图 8-10 所示，可以看出，两条曲线基本一致。梁破坏时

的极限曲率, SFCB - B 梁为
84.4 km^{-1}, SFCB-C梁为78.3 km^{-1}。
极限曲率的差异明显小于上述跨
中极限位移的差异。

5）荷载-纵筋应变曲线

图 8-11 所示为试验梁的荷
载-跨中受拉纵筋应变关系曲线。
如图 8-11（a）所示，对于不含
UHPC 模壳的 BFRP-A 梁，其荷
载-应变曲线与图 8-7(a)中的荷载
-跨中位移曲线一致，开裂荷载（曲

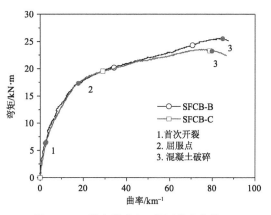

图 8-10　纯弯段弯矩-截面曲率曲线

线上的第一个拐点）大约也为 10 kN，开裂后纵筋应变突然增加，随后呈线性增
加,在梁破坏阶段获得的平均极限拉应变值为 0.013 1。对于 BFRP-B 梁,由于 U
形 UHPC 模壳的存在,开裂荷载增加到大约 17 kN,并且纵筋应变在开裂后没有
突然的增加。如图 8-11(b)所示,对 SFCB-B 梁,基于应变片数据观测到的开裂
荷载约为 12 kN,并且曲线在开裂后出现了明显的拐点。然而,对于通过旋转法
制作的 SFCB-C 梁,曲线在开裂后没有明显的拐点,对于 SFCB-C 梁,破坏阶段
测得的纵筋极限拉应变为 0.008 45。

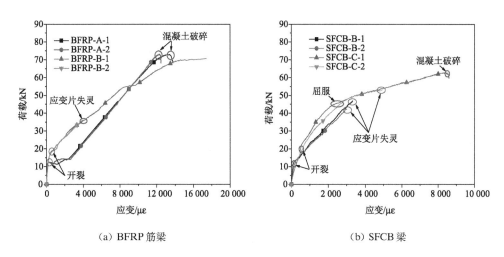

（a）BFRP 筋梁　　　　　　　　　　（b）SFCB 梁

图 8-11　荷载-跨中受拉纵筋应变曲线

6）荷载-箍筋应变曲线

为比较分析两种 UHPC 模壳制备工艺的影响,对 SFCB-B 截面形式梁和 SFCB-C 截面形式梁的箍筋应变进行了测试,测试结果如图 8-12 所示。可以看出,只有 S-3、S-4、S-5 和 S-6 处的应变值明显(箍筋位置如图 8-12 所示),其他箍筋的应变值不显著。如图 8-12(a)所示,SFCB-B 梁的箍筋应变有两个明显的拐点。其中一次是在大约 27 kN 的荷载水平下发生的,原因是此时梁受剪开裂。第二个拐点处于大约 45 kN 的荷载水平,原因是梁的屈服。如图 8-12(b)所示,对于 SFCB-C 梁,由于箍筋部分嵌固在 UHPC 模壳中,其变形与 UHPC 模壳的变形相协调,图 8-12(b)中的曲线是平滑的,没有明显的拐点。比较图 8-12(a)和 8-12(b)中的 S-3 和 S-9 曲线,可以看出 SFCB-B 梁中的箍筋比 SFCB-C 梁中的箍筋受力更早。

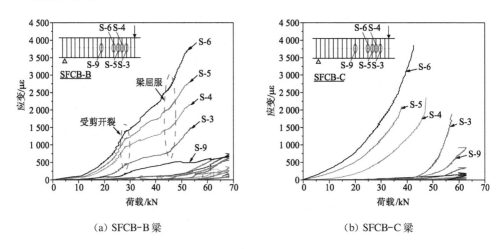

（a）SFCB-B 梁 （b）SFCB-C 梁

图 8-12　荷载-箍筋应变曲线

8.3　FRP 筋-海砂混凝土- UHPC 叠合梁性能研究

当在远海岛礁上开展工程建设时,碎石骨料资源缺乏,有时会就地取材地采用珊瑚石配置珊瑚骨料混凝土来使用。但是,由于珊瑚骨料表面多孔、抗压强度低,珊瑚骨料混凝土的一个突出不足点就是其抗压强度较低。以梁式构件为例,由于 FRP 筋的弹性模量一般相对较低,为保证构件满足正常使用条件下的刚度需求,其往往是超筋设计,这时构件的承载力由受压区混凝土的抗压性能控制。然而,由于珊瑚骨料混凝土的抗压强度相对较低,采用 FRP 筋作为珊瑚混凝土的配筋时,FRP 筋高强的特性将更加难以得到有效的发挥。为此,有必要对 FRP 筋-珊瑚骨料混凝土组合构件进行一定的优化改进。其中一个可行的措施是采用 UHPC 局部替代受压区珊瑚骨料混凝土。此外,为提升叠合梁的抗弯刚度和延性性能,在叠合梁的受拉区混杂配置了纵向布置的受拉钢管,为防止钢管锈蚀,在其外表面包裹 BFRP,制备了外包 BFRP 的钢管(BFRP-wrapped steel tube,简称 BWST)。下面是详细的研究内容。

8.3.1　试验材料

1）海砂珊瑚骨料混凝土

图 8-13 所示为本节采用的海砂、珊瑚骨料照片,海砂和珊瑚骨料的粒径分布如图 8-14 所示。

（a）海砂

（b）珊瑚

图 8-13　骨料图片

本节采用的海水海砂珊瑚骨料混凝土(SWCC)的配合比为 42.5 级普通硅酸盐水泥：海水：海砂：珊瑚：减水剂 ＝ 1.00：0.55：1.50：2.50：0.012。除珊瑚骨料外,其他材料与上节一致。在梁测试当天,用边长 150 mm 立方体测得的海水海砂珊瑚骨料混凝土的抗压强度(f_{cu})为 42.0 MPa,用 150 mm×150 mm×300 mm 棱柱体测得的抗压强度(f_c)为 38.5 MPa,弹性

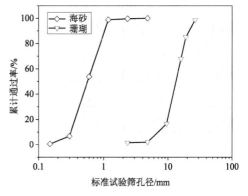

图 8-14　海砂和珊瑚骨料的粒径分布

模量为 29.5 GPa。

2）FRP 筋

本节采用了直径 10 mm 和 13 mm 的 BFRP 筋作为纵筋，箍筋采用的是 8 mm BFRP 箍筋，所用材料与上节一致，在此不再赘述。

3）UHPC

为避免传统钢纤维 UHPC 在海洋环境下表面钢纤维的锈蚀问题，本节中采用 PVA 纤维替代钢纤维。UHPC 的配合比为 SBT-UDC（Ⅱ）型预混料∶PVA 纤维∶减水剂∶自来水＝1 000∶20∶12.5∶100，减水剂的产品型号为 PCA-Ⅰ。UHPC 在室内环境中自然养护，测试当天用边长 150 mm 立方体测得的抗压强度（f_{cu}）为 110 MPa，用 150 mm×150 mm×300 mm 棱柱体测得的抗压强度（f_c）为 103 MPa，其弹性模量（E_c）为 37.5 GPa。

4）外包 BFRP 的钢管（BWST）

为提高 BFRP 筋增强混凝土梁的抗弯刚度和延性，在部分梁的受拉区放置了钢管以提供附加抗拉作用。如图 8-15 所示，选用了一根内径 55 mm、壁厚 1.5 mm 的 Q235 钢管。此外，在钢管表面包裹 3 层单向玄武岩纤维浸胶布，以隔绝氯离子对钢材的侵蚀，纤维的方向沿着钢管的轴向。固化成型后的 BFRP 外覆层的厚度为 1.5 mm。此外，为了提高其与混凝土的粘结性能，在树脂未固化前通过在其表面螺旋勒紧尼龙绳来形成如图 8-15(b)所示的带肋表面，生成的肋的深度约为 0.3 mm。

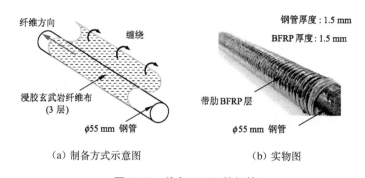

（a）制备方式示意图　　　　（b）实物图

图 8-15　外包 BFRP 的钢管

8.3.2　试验测试方案

1）试验梁设计与制作

如图 8-16 所示，本节共设计制作了 8 根梁。试验变量包括 BFRP 筋的配筋率、是否含有 BWST，以及是否采用了 UHPC 替换层。试样梁的尺寸与上节相同,长度为 2 400 mm,宽度为 120 mm,高度为 240 mm。采用"A-B-C"的形式对试验梁进行编号,首字母"A"代表底部受拉 BFRP 筋的类型,其中"B10"和"B13"分别代表 2φ10 和 2φ13 的 BFRP 筋;第二个字母"B"表示是否含有 BWST,其中数字"0"表示没有 BWST,数字"1"表示增设了一个 BWST。最后一个字母"C"表示是否采用了 UHPC 替换层,其中数字"0"表示没有 UHPC 层,"UHPC"表示梁的顶部 30 mm 被 UHPC 替换。受拉 BFRP 筋的混凝土保护层厚度为 28 mm,BWST 的底部距离梁底 60 mm。

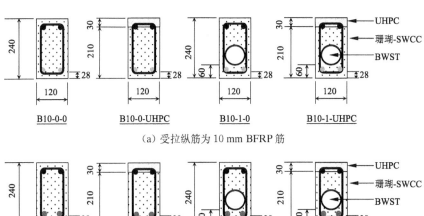

(a) 受拉纵筋为 10 mm BFRP 筋

(b) 受拉纵筋为 13 mm BFRP 筋

图 8-16　试验梁截面图(单位: mm)

梁的制备过程如图 8-17 所示。首先,制备好如图 8-17(a)中所示的配筋笼。然后,如图 8-17(b)所示,在试验室中浇筑海水海砂珊瑚混凝土。最后,如图 8-17(c)所示,对于顶部有 UHPC 替换层的梁,在距梁顶 30 mm 处停止浇筑海水海砂珊瑚混凝土,并在珊瑚混凝土初凝前,浇筑 UHPC 替换层。详细的试验方案如表 8-4 所示。

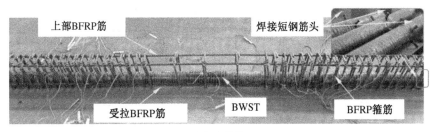

(a) 配筋笼

（b）浇筑完海水海砂珊瑚骨料混凝土　　　　（c）浇筑顶部 UHPC 层

图 8-17　叠合梁的制备过程

表 8-4　试验梁的编号

梁编号	BFRP 筋	BWST	UHPC 厚度/mm	弯剪区 BFRP 箍筋
	A_f/mm^2	$A_f' + A_s/mm^2$		
B10-0-0	157	—	0	$\phi 8@40\ mm$
B10-0-UHPC	157	—	30	$\phi 8@40\ mm$
B10-1-0	157	280 + 266	0	$\phi 8@40\ mm$
B10-1-UHPC	157	280 + 266	30	$\phi 8@40\ mm$
B13-0-0	265	—	0	$\phi 8@40\ mm$
B13-0-UHPC	265	—	30	$\phi 8@40\ mm$
B13-1-0	265	280 + 266	0	$\phi 8@40\ mm$
B13-1-UHPC	265	280 + 266	30	$\phi 8@40\ mm$

2）试验梁加载和测试

试验装置和测试仪器布置见图 8-18 所示。

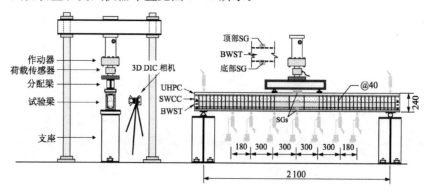

图 8-18　试验装置和测试仪器布置(单位：mm)

本节试验梁的加载装置和测试方法与上节基本类似,如图 8-18 所示,采用四点受弯试验,加载速度为 1.0 mm/min。共采用了 9 个位移计测试位移,其中 7 个放置在梁底测量试验梁的下挠,另外 2 个放置在 2 个支座处,用于抵消端部下沉的影响。其他例如受拉筋材应变测量、BWST 应变测量、裂缝测量和纯弯段梁顶混凝土压应变测量等均与上节类似,在此不再赘述。

8.3.3　试验结果分析

1）破坏模式

本节所有八根试验梁的破坏模式如图 8-19 所示。其中,如图 8-19(a)～(d) 所示,所有不含有 UHPC 替换层的梁的破坏模式都是典型的纯弯段受压区混凝土的压溃破坏。其中,B13-1-0 梁的受压区的海水海砂珊瑚骨料混凝土压溃最为严重,分析认为这是由于其配筋率较高,导致中和轴位置较低,受压区混凝土高度较高导致的。

对于如图 8-19(e)～(h)中所示的四根含有 UHPC 叠合层的梁,其破坏模式比较多样。如图 8-19(e)所示,B10-0-UHPC 梁的破坏始于受拉区 BFRP 筋的拉断,受压区的 UHPC 没有发生压溃,实测 BFRP 筋拉断时 UHPC 的压应变为 2 300 $\mu\varepsilon$,大约达到其极限的 65%。然而,如图 8-19(f)所示,当在受拉区附加配置 BWST 后,由于配筋率的增大,B10-1-UHPC 梁的破坏始于纯弯段受压区 UHPC 的压溃破坏。如图 8-19(g)和(h)所示,当底部受拉 BFRP 筋的直径为 13 mm 时(也就是 B13-0-UHPC 和 B13-1-UHPC 梁),试验梁的破坏模式都转变为剪切破坏,其中 B13-0-UHPC 为典型的斜拉破坏模式,而 B13-1-UHPC 梁,由于通长布置的 BWST 的存在,发生的是剪压破坏。

此外,需要说明的是,所有含有 UHPC 叠合层的梁,UHPC 层与海水海砂珊瑚骨料混凝土间都没有出现滑移分层现象,表明两者间的界面粘结良好。试验中观察到 BWST 与海水海砂珊瑚骨料混凝土的咬合良好,没有出现滑移现象,证明在其表面缠绕制备的肋痕有效保证了 BWST 与海水海砂珊瑚骨料混凝土之间的粘结。

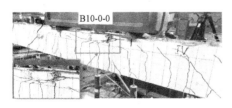
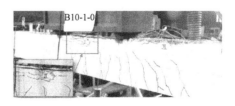

(a) B10-0-0　　　　　　　　　　　　(b) B10-1-0

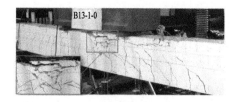

(c) B13-0-0　　　　　　　　　　　　　(d) B13-1-0

(e) B10-0-UHPC　　　　　　　　　　　(f) B10-1-UHPC

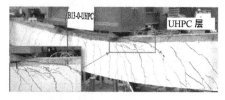

(g) B13-0-UHPC　　　　　　　　　　　(h) B13-1-UHPC

图 8-19　试验梁的破坏模式

2）荷载-跨中位移曲线

图 8-20 所示为本章 8 根试验梁的荷载-跨中挠度曲线。其中，图 8-20（a）所示受拉筋为 10 mm BFRP 筋的四根梁；图 8-20（b）所示受拉筋为 13 mm BFRP 筋的四根梁。根据实测曲线得出的试验结果汇总见表 8-5 所示。下面根据测试结果对各参数的影响进行定量分析。

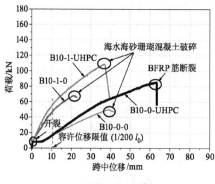
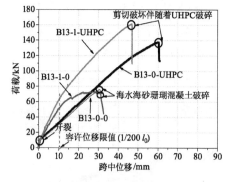

(a) 10 mm BFRP 筋梁　　　　　　　　(b) 13 mm BFRP 筋梁

图 8-20　荷载-跨中位移曲线

表 8-5　试验结果汇总

梁编号	F_{cr}	F_u	Δ_u	$F_{(1/200\,l_0)}$	E_u	破坏模式
	kN	kN	mm	kN	kN·mm	
B10-0-0	7.9	49.8	38.8	17.2	1 234.1	海水海砂珊瑚混凝土破碎
B10-0-UHPC	8.1	85.1	63.2	17.1	3 108.5	BFRP 筋断裂
B10-1-0	10	67.9	21.2	47.3	1 001.6	海水海砂珊瑚混凝土破碎
B10-1-UHPC	8.8	108.8	36.6	55.9	2 630.8	海水海砂珊瑚混凝土破碎
B13-0-0	9	75.9	30.4	31.7	1 383	海水海砂珊瑚混凝土破碎
B13-0-UHPC	8.7	137.5	59.6	33.6	4 838.2	剪切破坏&
B13-1-0	8.4	73	30	51.8	1 789.4	海水海砂珊瑚混凝土破碎
B13-1-UHPC	9	161.3	46.8	64.2	4 720.3	剪切破坏*

注：F_{cr} 代表开裂荷载；F_u 代表极限荷载；Δ_u 代表对应极限荷载的跨中位移；$F_{(1/200\,l_0)}$ 代表在最大允许极限跨中位移时的相应工作荷载值，即 $1/200\,l_0$；而 E_u 代表能量消耗，是 LD 曲线下的总面积。符号"&"表示剪切破坏模式属于斜劈破坏，而符号"＊"表示剪切破坏模式属于剪压破坏。

（1）UHPC 层的影响

比较图 8-20(a)的 B10-0-0 和 B10-0-UHPC 曲线以及图 8-20(b)中的 B13-0-0 和 B13-0-UHPC 曲线可以明显看出，当对顶部受压区的海水海砂珊瑚骨料混凝土采用 UHPC 替换后，试验梁的极限承载力、极限挠度以及耗能等都得到了较为明显的提升。由表 8-5 数据可知，B10-0-UHPC 梁的极限承载力、极限挠度以及耗能值相比于 B10-0-0 梁分别提高了 70.9%、62.9%和 151.9%；B13-0-UHPC 梁的极限承载力、极限挠度以及耗能值相比于 B13-0-0 梁分别提高了 81.2%、96.1%和 249.8%。图 8-21 以 10 mm BFRP 筋配筋梁为例，给出了极限状态时 B10-0-0 梁和 B10-0-UHPC 梁的挠曲形态图，从图中可以直观地感受到采用 UHPC 替换层对试验梁抗弯性能的改变。分析认为，这主要是由于 UHPC 的极限抗压强度（103 MPa）要远远超过海水海砂珊瑚骨料混凝土（38.5 MPa），试验梁底部的受拉 BFRP 筋的强度可以得到更为充分的发挥。例如，B10-0-UHPC 的破坏模式为 BFRP 筋拉断，这表明 BFRP 筋的极限应变达到了其极限拉应变，而实测 B10-0-0 梁在破坏时，其底部受拉 BFRP 筋的应变为 10 800 $\mu\varepsilon$，仅达到其极限应变的 45%。

此外,通过图 8-20 和表 8-5 也可以看出,采用 UHPC 层替换对试验梁刚度的提升有限,尤其是在正常使用情况下。例如,在 $1/200\ l_0$ 的挠度限值下对应的荷载值 $F_{(1/200\ l_0)}$ 基本保持不变(变化范围为 $-0.6\%\sim 6.0\%$)。另外,由于替换的仅仅是约 1/8 高度的海水海砂珊瑚骨料混凝土,且 UHPC 位于受压区,UHPC 替换层对试验梁的开裂荷载的影响也很小。

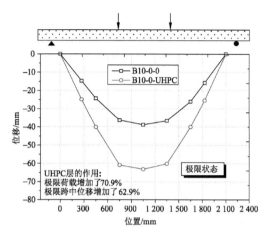

图 8-21 B10-0-0 梁和 B10-0-UHPC
梁的极限位移形态

(2) BWST 的影响

比较图 8-20(a)中的 B10-0-0 和 B10-1-0 曲线以及图 8-20(b)中的 B13-0-0 和 B13-1-0 曲线可以明显看出,当在海水海砂珊瑚骨料混凝土梁的底部受拉区域附加配置一根 BWST 后,试验梁最为明显的变化是其抗弯刚度得到了明显的提升。例如,由表 8-5 中数据可知,B10-1-0 梁的 $F_{(1/200\ l_0)}$ 的大小为 47.3 kN,是 B10-0-0 梁的 2.75 倍,B13-1-0 梁的 $F_{(1/200\ l_0)}$ 的大小为 51.8 kN,是 B13-0-0 梁的

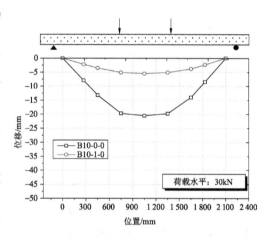

图 8-22 相同荷载水平下有无 BWST 梁位移分
布的比较(梁 B10-0-0 和 B10-1-0)

1.63 倍。还是以 10 mm BFRP 筋增强梁为例,图 8-22 中给出了相同荷载(30 kN)下是否配置 BWST 的试验梁的挠度分布曲线。可以看出,配置了 BWST 的试验梁的挠度要明显小于未设置的试验梁。但是,正如上文所述,由于试验梁的破坏都是由 SSCC 的压溃控制,因此,附加 BWST 对于试验梁的极限抗弯承载力的提升作用不是很明显。例如,B13-1-0 梁的极限承载力和极限挠度与 B13-0-0 梁相比甚至还略微降低了 3.8% 和 1.3%。

另外,实测 B10-1-0 梁在海水海砂珊瑚骨料混凝土压溃的极限状态时,跨中 BWST 底部的应变为 6 450 $\mu\varepsilon$(受拉),上部的应变为 − 460 $\mu\varepsilon$(受压),BFRP 筋的受拉应变为 8500 $\mu\varepsilon$。B13-1-0 梁在极限状态时,跨中 BWST 底部的受拉应变为 8 200 $\mu\varepsilon$(受拉),上部应变为 470 $\mu\varepsilon$(受拉),BFRP 筋的受拉应变为 11 800 $\mu\varepsilon$。可以看出,在极限状态时,BWST 的底部区域已经进入屈服阶段(超过其屈服应变),但是由于受压区海水海砂珊瑚骨料混凝土的压溃,BFRP 筋和 BWST 的强度都仍未得到充分的发挥。

(3) UHPC 层和 BWST 组合的影响

由图 8-20 中的 B10-1-UHPC 梁和 B13-1-UHPC 梁的荷载-挠度曲线可以看出,同时采用 UHPC 和 BWST,可以同步提升试验梁的抗弯刚度、极限承载力和耗能能力等性能指标。由表 8-5 可知,相于于 B10-0-0 梁,B10-1-UHPC 梁的极限承载力和耗能能力分别提升了 118.5% 和 113.2%,B10-1-UHPC 梁的 $F_{(1/200\,l_0)}$ 值为 B10-0-0 梁的 3.25 倍。与 B13-0-0 梁相比,B13-1-UHPC 梁的极限承载力和耗能能力分别提升了 112.5% 和 241.3%,B13-1-UHPC 梁的 $F_{(1/200\,l_0)}$ 值为 B13-0-0 梁的 2.0 倍。另外,在跨中极限挠度上,对于 10 mm BFRP 筋配筋的梁,由于破坏模式依然是跨中受压区的压溃破坏,实测 B10-1-UHPC 的极限挠度相比于 B10-0-0 略微降低了 5.7%。而对于 13 mm BFRP 筋配筋的梁,由于配筋率的增加,跨中受压区未发生压溃破坏,得益于 UHPC 的高延性,B13-1-UHPC 的极限挠度相比于 B13-0-0 提升了 53.9%。

正如前文中所提到的,相比于仅配置 BWST 的梁,同时配置 UHPC 和 BWST 时,得益于受压区 UHPC 的高抗压性能,受拉区的 BWST 和 BFRP 筋的力学性能可以得到更好的发挥。例如,对于 B10-1-UHPC 梁,在 UHPC 压溃的极限状态时,BFRP 筋受拉应变为 14 800 $\mu\varepsilon$,明显高于 B10-1-0 梁中测得的 8 500 $\mu\varepsilon$。

3) 裂缝分布和裂缝宽度

八根试验梁在破坏阶段的裂缝分布形态如图 8-23 所示。比较 B10-0-0 梁和 B10-1-0 梁的裂缝分布形态可以看出,配置 BWST 后,剪跨区斜裂缝开展得要少一些,裂缝开展得高度也低于前者。类似现象在 13 mm BFRP 筋组也观察到(B13-0-0 和 B13-1-0 梁)。另外,通过观察裂缝分布形态可以明显看出,UHPC 层和海水海砂珊瑚骨料混凝土间咬合良好,没有出现分层现象。另外,比较 B13-0-UHPC 和 B13-1-UHPC 梁的剪切破坏形态可以看出,纵向布置 BWST 后,试验梁的破坏形态由斜拉破坏转变为剪压破坏。分析认为这是由于底部 BWST 的消栓作用导致的。此外,由于 BWST 具有一定的高度,可以在斜裂缝穿过时提供抗拉强度,起到类似箍筋的作用,因此配置了 BWST 的梁(B13-1-UHPC)的抗剪承载力高于未配置的梁(B13-0-UHPC)。

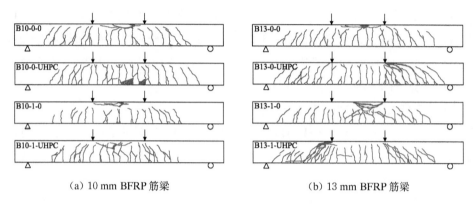

(a) 10 mm BFRP 筋梁　　　　　　　　　　(b) 13 mm BFRP 筋梁

图 8-23　试验梁的裂缝分布

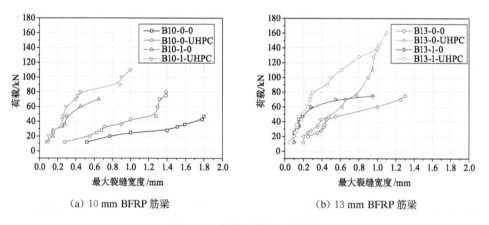

(a) 10 mm BFRP 筋梁　　　　　　　　　　(b) 13 mm BFRP 筋梁

图 8-24　荷载-裂缝宽度曲线

在试验过程中,同步地对跨中纯弯段底部受拉纵筋高度处的最大裂缝宽度进行了跟踪测量,测试结果如图 8-24 所示。其中,图 8-24(a)所示为 10 mm BFRP 筋增强梁,图 8-24(b)所示为 13 mm BFRP 筋增强梁。可以看出:①在相同荷载等级下,未配置 BWST 的梁的裂缝宽度要明显大于配置了 BWST 的梁,例如:在 20 kN 的荷载下,B10-0-0 梁的最大裂缝宽度为 0.77 mm,而 B10-1-0 梁的裂缝宽度仅为 0.15 mm,B10-0-UHPC 梁的最大裂缝宽度为 0.55 mm,而 B10-1-UHPC 梁的裂缝宽度为 0.10 mm。②在相同荷载等级下,采用了 UHPC 替换层的梁的裂缝宽度要小于未采用的梁,例如:在 25 kN 的荷载下,B10-0-0 梁和

B10-0-UHPC 梁的最大裂缝宽度分别为 1.00 mm 和 0.63 mm。B13-0-0 梁和 B13-0-UHPC 梁的最大裂缝宽度分别为 0.35 mm 和 0.25 mm。③此外,由图 8-24(b)可以看出,B13-1-0 梁在 60 kN 以后,最大裂缝宽度的增长明显变缓,这与图 8-20(b)中的荷载-挠度曲线相对应。分析认为这可能是由于 BWST 的屈服和受压区海水海砂珊瑚骨料混凝土的大面积压溃导致的。

8.4　本章小结

本章提出并研究了两类 FRP 筋-海砂混凝土- UHPC 组合梁的抗弯性能,一类是采用 U 形的 UHPC 模壳作为永久模板,另一类是将 UHPC 放在受压区。并在试验中进行了一些细节性的改进,例如在 U 形 UHPC 模壳上预嵌配筋笼,采用钢-连续纤维复合筋(SFCB)替代纯 FRP 筋,采用珊瑚骨料替代碎石骨料,采用新型 PVA 纤维替代普通钢纤维等。基于本章研究得出以下几方面的结论:

(1) 采用 U 形 UHPC 永久模壳可以提升试验梁的开裂荷载、极限荷载、极限位移和耗能能力。其中,对于开裂荷载和耗能能力的提升相对来说更为显著一些,分别为 70% 和 24%。

(2) 采用预嵌配筋笼的旋转法制备的 UHPC 模壳梁的整体性要高于直接采用预制 UHPC 模壳浇筑的梁。后者由于 UHPC 的内壁光滑,在破坏阶段梁高的 3/4 位置处出现水平裂缝。

(3) 对受压区的海水海砂珊瑚骨料混凝土采用 UHPC 替换后,可以显著改善试验梁的极限承载力、极限挠度以及耗能等指标。但是,对于抗弯刚度的提升效果有限。在海水海砂珊瑚骨料混凝土梁的受拉区附加配置 BWST 后,可以有效提升试验梁的抗弯刚度。但是,由于破坏是由受压区海水海砂珊瑚骨料混凝土的压溃控制,附加 BWST 对试验梁抗弯承载力的提升不大。同时采用 UHPC 和 BWST 时,可以同步提升试验梁的抗弯刚度、极限承载力和耗能能力等性能指标。

(4) 在相同荷载等级下,未配置 BWST 的梁的裂缝宽度要明显大于配置了 BWST 的梁,采用了 UHPC 替换层的梁的裂缝宽度要小于未采用的梁。穿过剪跨区的 BWST,对于试验梁的抗剪承载力有一定的提升作用。

需要说明的是本章研究旨在验证所提出的混杂设计理念的可行性,因此构件数量、尺寸等变量不是很多。通过测试试验梁的抗弯性能,对所提出的制备工艺、UHPC 与海水海砂珊瑚骨料混凝土的界面粘结性能、BWST 与海水海砂珊瑚骨料混凝土界面咬合性能等进行了探索和验证。总体上,新材料的组合应用是达到了预期的效果的,达到了量材而用的目标。

本章参考文献

[1] Li Y L, Teng J G, Zhao X L, et al. Theoretical model for seawater and sea sand concrete-filled circular FRP tubular stub columns under axial compression[J]. Engineering Structures, 2018,160:71-84.

[2] Chen G M, He Z B, Jiang T, et al. Axial compression tests on FRP confined seawater/ sea-sand concrete[C]//6th Asia-Pacific Conference on FRP in Structures,2017.

[3] Xiao J Z, Oaing C B, Nanni A, et al. Use of sea-sand and seawater in concrete[J]. Building Materials, 2017,155:1101-1111.

[4] Li S W. Experiment Studies on the Shear Performance of Sea Sand Concrete Beam with BFRP Tendons[D].Guangzhou: Guangdong University of Technology, 2014.

[5] Lu J K. Experimental Research on Flexural Behavior of Sea Sand Concrete Beam Reinforced with BFRP bar[D]. Guangzhou: Guangdong University of Technology, 2014.

[6] Li Y L, Zhao X L, Raman Singh R K, et al. Experimental study on seawater and sea sand concrete filled GFRP and stainless steel tubular stub columns[J].Thin-Walled Structures, 2016,106:390-406.

[7] Li Y L, Zhao X L, Raman Singh R K, et al. Tests on seawater and sea sand concrete-filled CFRP, BFRP and stainless steel tubular stub columns[J].Thin-Walled Structures, 2016, 108:163-184.

[8] Teng J G, Yu T, Dai J G, et al. FRP composites in new construction: current status and opportunities[C]//Proceedings of 7th National Conference on FRP Composites in Infrastucture,2011.

[9] Dong Z Q, Wu G, Xu Y Q. Bond and flexural behavior of sea sand concrete members reinforced with hybrid steel-composite bars presubjected to wet — dry cycles[J]. Journal of Composites for Construction, 2017, 21(2):04016095.

[10] Dong Z Q, Wu G, Zhao X L, et al. Durability test on the flexural performance of seawater sea-sand concrete beams completely reinforced with FRP bars[J]. Construction and Building Materials, 2018, 192:671-682.

[11] Robert M, Benmokrane B. Combined effects of saline solution and moist concrete on long-term durability of GFRP reinforcing bars[J]. Construction and Building Materials,

2013，38：274-284.

[12] Feng P，Wang J，Wang Y，et al. Effects of corrosive environments on properties of pultruded GFRP plates[J]. Composites Part B：Engineering，2014，67：427-433.

[13] Ceroni F，Cosenza E，Gaetano M，et al. Durability issues of FRP rebars in reinforced concrete members[J]. Cement and Concrete Composites，2006，28（10）：857-868.

[14] Dong Z Q，Wu G，Xu B，et al. Bond durability of BFRP bars embedded in concrete under seawater conditions and the long-term bond strength prediction[J].Materials & Design，2016，92：552-562.

[15] Altalmas A，El Refai A，Abed F. Bond degradation of basalt fiber-reinforced polymer （BFRP） bars exposed to accelerated aging conditions[J]. Construction and Building Materials，2015，81：162-171.

[16] Al-Salloum Y A，El-Gamal S，Almusallam T H，et al. Effect of harsh environmental conditions on the tensile properties of GFRP bars[J]. Composites Part B：Engineering，2013，45（1）：835-844.

[17] Wang Z K，Zhao X L，Xian G J，et al. Durability study on interlaminar shear behaviour of basalt-，glass-and carbon-fibre reinforced polymer （B/G/CFRP） bars in seawater sea sand concrete environment[J]. Construction and Building Materials，2017，156：985-1004.

[18] Wang Z K，Zhao X L，Xian G J，et al. Long-term durability of basalt- and glass-fibre reinforced polymer （BFRP/GFRP） bars in seawater and sea sand concrete environment [J]. Construction and Building Materials，2017，139：467-489.

[19] Shi C J，Wu Z M，Xiao J F，et al. A review on ultra high performance concrete：Part I. Raw materials and mixture design[J]. Construction and Building Materials，2015，101：741-751.

[20] Wang D H，Shi C J，Wu Z M，et al. A review on ultra high performance concrete：Part II. Hydration，microstructure and properties[J]. Construction and Building Materials，2015，96：368-377.

[21] Shirai K，Yin H，Teo W. Flexural capacity prediction of composite RC members strengthened with UHPC based on existing design models[J].Structures，2020，23：44-55.

[22] Zhang Y，Zhu Y P，Yeseta M，et al. Flexural behaviors and capacity prediction on damaged reinforcement concrete （RC） bridge deck strengthened by ultra-high performance concrete （UHPC） layer[J]. Construction and Building Materials，2019，215：347-359.

[23] Wang X P, Yu R, Song Q L, et al. Optimized design of ultra-high performance concrete (UHPC) with a high wet packing density[J]. Cement and Concrete Research, 2019,126:105921.

[24] Shi C J, Wu Z M, Xiao J F, et al. A review on ultra high performance concrete: Part I. Raw materials and mixture design[J]. Construction and Building Materials, 2015,101: 741-751.

[25] Wang D H, Shi C J, Wu Z M, et al. A review on ultra high performance concrete: Part II. Hydration, microstructure and properties[J]. Construction and Building Materials, 2015, 96:368-377.

[26] Fehling E, Schmidt M, Walraven J, et al. Ultra-high performance concrete UHPC: Fundamentals, design, examples[M].Berlin, Germany: Ernst & Sohn , 2014.

[27] Wu G, Wu Z S, Luo Y B, et al. Mechanical properties of steel-FRP composite bar under uniaxial and cyclic tensile loads[J]. Journal of Materials in Civil Engineering, 2010,22(10):1056-1066.

[28] Dong Z Q, Wu G, Xu Y Q. Experimental study on the bond durability between steel-FRP composite bars (SFCBs) and sea sand concrete in ocean environment [J]. Construction and Building Materials, 2016,115:277-284.

[29] Dong Z Q, Wu G, Xu Y Q. Bond and flexural behavior of sea sand concrete members reinforced with, hybrid steel-composite bars presubjected to wet — dry cycles[J]. Journal of Composites for Construction, 2017,21(2):04016095.

[30] Wu G, Dong Z Q, Wang X, et al. Prediction of long-term performance and durability of BFRP bars under the combined effect of sustained load and corrosive solutions[J]. Journal of Composites for Construction, 2015, 19(3):04014058.

[31] Wu G, Wang X, Wu Z S, et al. Durability of basalt fibers and composites in corrosive environments[J]. Journal of Composite Materials, 2015, 49(7):873-887.

[32] Brühwiler E, Denarié E. Rehabilitation of concrete structures using Ultra-High Performance Fibre Reinforced Concrete[J].The Second International Symposium on Ultra High Performance Concrete, 2008(1):1-8.

第9章 FRP筋/网格-海砂混凝土组合梁性能研究

9.1 引言

近年来,随着"一带一路"倡议的提出和推进,我国在大力推进海洋基础设施的建设。传统的混凝土生产方式消耗了大量的淡水和河沙资源,目前存在着资源短缺的瓶颈问题。在海洋工程建设中,存在着大量的海水和海砂资源,可用于制备混凝土[1-5]。但由于氯离子含量超标,直接使用海水和海砂会导致内部金属加速腐蚀,从而给结构的长期性能带来很大的隐患。众所周知,纤维增强复合材料(FRP)具有优异的耐氯离子腐蚀性能,结合丰富的海水和海砂资源,在新建结构(尤其是海洋基础设施领域)具有良好的应用前景。

然而FRP筋在混凝土结构中的应用仍然存在着诸多问题,其低弹性模量和线弹性的特点导致纯FRP配筋构件在正常使用状态下的变形和裂缝宽度过大,且在极限破坏时的延性相对较差。通过将FRP筋与钢材进行混合配置是提升构件刚度和改善构件脆性的一种有效方法[6]。同样值得注意的是,当混凝土类型为海砂混凝土时,氯离子侵蚀问题也会发生在抗剪箍筋上,因此,不应使用传统箍筋,而应使用FRP箍筋[7]。尽管目前已经可以工业化生产制备FRP箍筋[8],但制造工艺相对复杂,且弯折后的FRP箍筋在拐角处强度损失较大。此外,由于FRP箍筋的弹性模量较低,为避免过大的剪切裂缝,规范中建议的FRP箍筋极限应变值仅为0.004[9],相应的极限抗拉强度仅为200 MPa至300 MPa,这大大限制了其高强特性的发挥,导致极低的材料利用率。FRP网格制品具有垂直和水平交叉的网格结构,可以代替FRP箍筋使用。目前FRP网格主要通过与聚合物水泥砂浆(PCM)结合,用于对混凝土或砖石结构进行外贴加固[10-16],只有少数研究尝试使用FRP网格作为新建结构的箍筋使用[17-20]。

为此,本章创新提出了一种新型 FRP 筋/网格-海砂混凝土组合梁,网格片横向布置充当抗剪箍筋,并在部分梁的受拉区域配置了外包 BFRP 钢管进行组合增强。本章对该新型组合梁进行了抗弯和抗剪性能测试,基于试验研究和数值模拟,对 BFRP 配筋率、是否含有外包 BFRP 钢管以及是否设置 BFRP 网格箍筋等关键参数的影响进行了深入分析。本章研究可为今后该新型组合梁在海洋工程中的实际应用提供参考。

9.2　FRP 筋/网格-海砂混凝土组合梁的抗弯性能研究

本节对 BFRP 筋/网格和外包 BFRP 钢管(BWST)组合增强的海水海砂混凝土梁的抗弯性能进行了测试,并基于有限元建模,对比分析了 BWST 和 BFRP 配筋率等参数的影响。详述如下。

9.2.1　试验材料

1) BFRP 筋和 BFRP 网格

如图 9-1 所示,本节所使用的玄武岩纤维增强复合材料(BFRP),包括 BFRP 筋和 BFRP 网格,均由江苏绿材谷新材料科技有限公司(GMV)生产,树脂基体为乙烯基树脂,BFRP 筋的纤维体积分数为 65%,BFRP 网格的纤维体积分数为 25%。如图 9-1(a)所示,公称直径为 10 mm 和 13 mm 的 BFRP 筋截面积分别为 75 mm² 和 120 mm²。10 mm 和 13 mm BFRP 筋所测得的极限抗拉强度分别为 1 141 MPa 和 1 142 MPa,弹性模量分别为 47.6 GPa 和 48.6 GPa。如图 9-1(b)

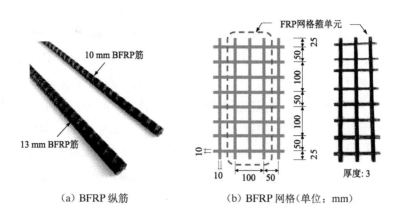

(a) BFRP 纵筋　　　　　(b) BFRP 网格(单位:mm)

图 9-1　BFRP 筋和 BFRP 网格

所示,BFRP 网格的格栅间距为 50 mm×50 mm,每条格栅的横截面在两个方向上均为 10 mm 宽,3 mm 厚。单片网格箍单元的宽度为 150 mm,高度为 400 mm。图 9-2 所示为制备的 BFRP 网格抗拉性能测试试件和实测荷载-位移曲线。试件的弹性模量由应变片测得,极限拉伸强度和弹性模量分别为 515 MPa 和 22.1 GPa。

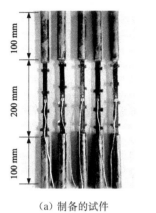
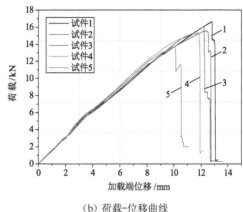

（a）制备的试件　　　　　　　（b）荷载-位移曲线

图 9-2　BFRP 网格拉伸性能测试

2) 外包 BFRP 的钢管(BWST)

为提高纯 BFRP 筋海水海砂混凝土梁的刚度和延性,并在一定程度上减轻其自重,部分试验梁的底部受拉区采用了外包 BFRP 的钢管(BWST)。当梁加载时,BWST 和 BFRP 筋可以共同承受拉力。BWST 的制备过程如图 9-3 所示。钢管的内径为 70 mm,壁厚(t_s)为 2.0 mm。为了防止与海水海砂混凝土直接接触造成的腐蚀,在其外表面上包裹了三层单向玄武岩纤维布,纤维方向沿着钢管的轴线以提供额外的抗拉强度。固化成型后的 BFRP 外包覆层的厚度(t_f)为 1.5 mm。所采用的玄武岩纤维由江苏绿材谷新材料科技有限公司(GMV)提供,单丝直径为 13 μm,线密度为 300 tex。所用树脂产品型号为 L-500A/B,购自上海三悠树脂有限公司。如图 9-3(d)所示,为了提高其与混凝土的粘结性能,在树脂固化前,在其表面螺旋勒紧一根尼龙绳,形成肋高约 0.3 mm 的凹凸肋。如图 9-4 所示,为了确定 BWST 的力学性能,制备并测试了狗骨试件。获得的荷载-位移曲线如图 9-4(b)所示。由于 BFRP 层的存在,BWST 具备了屈服后刚度,屈服强度(f_y)和极限强度(f_u)分别为 227 MPa 和 396 MPa,钢管屈服前弹性模量(E_1)为 123 GPa。

（a）除锈

（b）涂刷树脂

（c）制备单向浸渍的玄武岩纤维布

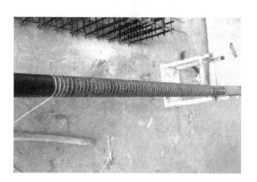

（d）包裹 BFRP 布

图 9-3　BWST 的制备

（a）测试中的试件

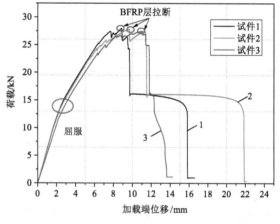

（b）荷载-位移曲线

图 9-4　BWST 拉伸性能测试

3）海水海砂混凝土（SWSSC）

试验中制备混凝土所用的水是天然海水,取自中国江苏省连云港的近海。海砂购自中国福建省沿海城市漳州。海砂为中砂,海砂中氯离子浓度为 0.08%。所采用的水泥标号为 42.5,所用粗骨料为南京当地生产的碎石,粒度在 5～20 mm 之间。海水海砂混凝土的配比为水泥∶海水∶海砂∶粗骨料∶减水剂 = 1∶0.35∶1.50∶2.50∶0.01。所用减水剂为聚羧酸减水剂,减水率为 26%。混凝土于 2019 年 10 月浇筑,测试当天(2020 年 7 月)测得边长 150 mm 立方体抗压强度为 60.8 MPa。需要注意的是,由于天然海水中含有氯离子,混合后海砂中的氯离子浓度增加到 0.65%。

9.2.2　试验研究

1）试件设计

图 9-5 展示了所制备的试验梁尺寸和配筋细节。所有试验梁的尺寸统一为 4000 mm×150 mm×400 mm(长×宽×高)。如图 9-5(a)所示,共设计了 4 种截面,分别命名为 B2-0、B2-1、B4-0 和 B4-1。其中,"B2"代表 2 根受拉 BFRP

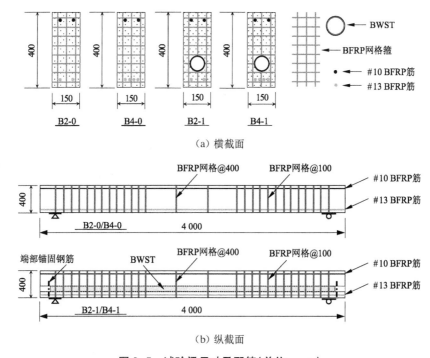

(a) 横截面

(b) 纵截面

图 9-5　试验梁尺寸及配筋(单位: mm)

筋,"B4"代表 4 根受拉 BFRP 筋,数字"0"代表未嵌入 BWST,"1"代表受拉区嵌入 1 根 BWST。下部受拉 BFRP 筋直径为 13 mm,顶部受压筋由两根 10 mm BFRP 筋组成,混凝土保护层为 30 mm。如图 9-5(b)所示,纯弯段 BFRP 网格箍筋的间距为 400 mm,在剪跨区为 100 mm。详细试验方案如表 9-1 所示,试验参数包括受拉 BFRP 筋配筋率和是否配置 BWST。

表 9-1　试验参数

试件编号	配筋状态	BFRP 筋（A_f）	BWST（$A_f^r + A_s$）	s/mm
B2-0	少筋	2♯13（266 mm²）	0	100
B4-0	超筋	4♯13（531 mm²）	0	100
B2-1	超筋	2♯13（266 mm²）	356 + 452（mm²）	100
B4-1	超筋	4♯13（531 mm²）	356 + 452（mm²）	100

注：A_f 代表受拉 BFRP 筋截面积；A_f^r 代表 BWST 中 BFRP 层的截面积；A_s 代表 BWST 中钢管的截面积；s 代表剪跨区网格箍间距。

图 9-6 展示了以 B4-1 为例的试验梁的制作过程,FRP 筋笼如图 9-6(a)所示,为了提高 BWST 在梁端的锚固性能,在钢管端部焊接了短钢筋。需要注意的是,在实际工程实践中,可以将端部锚固在框架结构节点区域,而这一区域一般采用普通混凝土,因此可以消除氯离子腐蚀问题。如图 9-6(b)所示,海水海砂混凝土在试验室中搅拌和浇筑,试验梁在测试前在室内环境下进行自然养护。

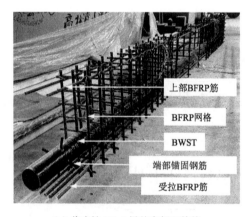

（a）代表性 B4-1 梁的内部配筋笼　　　　　　（b）浇筑海水海砂混凝土

图 9-6　试验梁的制作过程

2）试验装置

测试装置和仪器布置如图 9-7 所示，试验梁在 3 600 mm 的简支净跨度（l_0）和 1 200 mm 的剪跨长度下进行四点弯曲测试。在位移加载模式下以 1.0 mm/min 的速率施加荷载。设置 5 个位移计（LVDT）来测量跨中、两个加载点和两个端部支座处的变形（以抵消端部位移）。在跨中受拉 BFRP 筋表面和靠近加载点的 4 个 BFRP 网格箍上粘贴应变片（SG）。由 TDS-530 数据采集系统记录包括荷载、位移和应变在内的数据。试验过程中，采用数字裂缝宽度观测仪同步测量纯弯段受拉 BFRP 筋位置处的竖向主裂缝宽度。

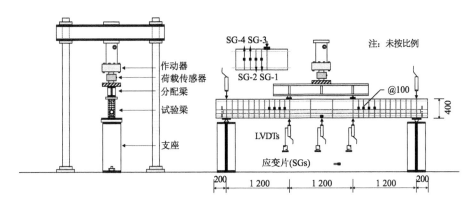

图 9-7　试验加载装置（单位：mm）

9.2.3　试验结果

1）破坏模式

试验梁的破坏模式如图 9-8 所示。从图 9-8（a）可以看出，B2-0 的受拉区仅有两根 BFRP 筋，失效是由 BFRP 筋被拉断而导致的。由于 BFRP 筋在破坏阶段断裂引起的振动，纯弯段的混凝土保护层大面积剥落，暴露出梁内的 BFRP 筋；第一条裂缝出现在 B2-0 的跨中，此时荷载约为 14 kN；随着荷载的增加，在 20～40 kN 范围内，纯弯段和两个剪跨区均不断出现竖向裂缝；两个剪跨区的竖向裂缝出现在 BFRP 网格位置，其间距与 BFRP 网格间距相等，当加载至 78 kN 时，剪跨区出现第一条斜裂缝；荷载达到 100 kN 左右后，斜裂缝数量开始显著增加，并与先前 BFRP 网格箍筋位置出现的已有竖向裂缝相交。分析表明，以上观察到的裂缝模式是由 BFRP 网格箍筋的嵌入引起的。设置片状 BFRP 网格后，在该位置处的截面混凝土比例降低 40%，降低了该处混凝土的总抗拉能力。因此，竖向裂缝首先在剪跨区 BFRP 网格的位置处出现。

如图 9-8(b)所示,B4-0 的破坏模式是混凝土压碎,梁的受拉区布置了 4 根 BFRP 筋。在荷载接近 80 kN 之前,纯弯段和两个剪跨区的裂缝也首先沿着竖直方向发展;直到荷载达到 80 kN 才出现斜裂缝,并在大约 100 kN 后裂缝数量开始增加并与先前发展的竖向裂缝相交。梁的底部和顶部的斜裂缝很窄,但在中间很宽。剪跨区的最大斜裂缝宽度在 180 kN 时为 2.6 mm,在 200 kN 时增加到 3.2 mm。

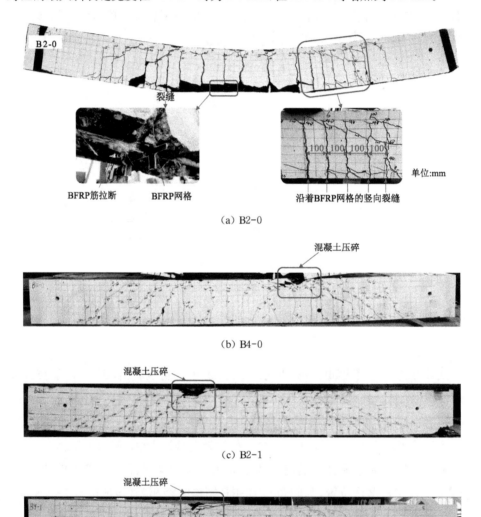

(a) B2-0

(b) B4-0

(c) B2-1

(d) B4-1

图 9-8 试验梁破坏模式

如图 9-8(c)所示,B2-1 的破坏模式是受压区的混凝土被压碎,该梁的受拉区布置了 2 根 BFRP 筋和 1 根 BWST。第一条斜裂缝直到 120 kN 才出现,高于梁 B2-0 的开裂荷载(78 kN)。在加载过程中观察到,斜裂缝不是先出现在梁底部,然后慢慢延伸到加载点,而是突然出现在梁截面的中间区域,裂缝宽度在梁截面中间区域最宽。

如图 9-8(d)所示,对于有 4 根 BFRP 筋和 1 根 BWST 的梁 B4-1,与梁 B4-0相比,破坏模式仍然是受压区混凝土被压碎。在大约 20 kN 的荷载下,第一个竖向裂缝出现在跨中。此后,在纯弯段和两个剪跨区相继出现了几条竖向裂缝。直到 125 kN 的荷载水平才出现斜裂缝。与梁 B4-0 相比,梁 B4-1 的斜裂缝发展得更充分,裂缝数量也更多。

2）荷载-跨中位移曲线

荷载-跨中位移曲线见图 9-9 所示。

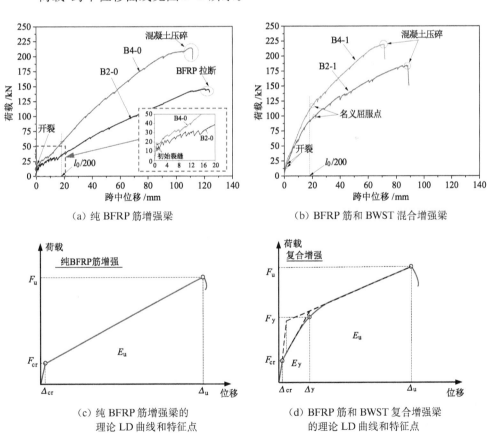

（a）纯 BFRP 筋增强梁　　　　　（b）BFRP 筋和 BWST 混合增强梁

（c）纯 BFRP 筋增强梁的
理论 LD 曲线和特征点

（d）BFRP 筋和 BWST 复合增强梁
的理论 LD 曲线和特征点

图 9-9　荷载-跨中位移曲线

测得的 4 根梁的荷载-跨中位移(LD)曲线如图 9-9(a)和(b)所示。如图 9-9(a)所示,纯 BFRP 筋增强受弯梁的 LD 曲线是典型的双线性形式。拐点是由混凝土开裂引起的。在加载前期(大约在 0~30 kN 之间),梁 B2-0 的 LD 曲线有明显的锯齿状波动,而梁 B4-0 的曲线相对平滑。这是由于 B2-0 梁的配筋率低,一旦出现新的裂缝,其宽度和高度都比较大,造成瞬时微小位移增加约 0.5 mm,造成突然的微小荷载下降。当没有新的竖直裂缝出现时,荷载波动停止。从图 9-9(b)所示的曲线可以看出,BFRP 筋和 BWST 混合增强梁的 LD 曲线呈现近似的三折线形式。曲线的第一个拐点也是由混凝土开裂引起的,第二个名义拐点是由于 BWST 的屈服引起。图 9-9(c)和(d)分别为纯 BFRP 筋配筋梁、BFRP 筋和 BWST 混合增强梁的理论 LD 曲线和特征点。屈服点的位置通过图解法确定[23]。由测试曲线得到的各实际特征值列于表 9-2。下文根据试验变量对结果进行分析。

表 9-2 抗弯试验结果

试件编号	F_{cr} /kN	F_y /kN	F_u /kN	$F_{(1/200\,l_0)}$ /kN	Δ_{cr} /mm	Δ_y /mm	Δ_u /mm	E_y /kN·mm	E_u /kN·mm	失效模式
B2-0	14.6	N/A	140.3	35.6	0.54	N/A	123.7	N/A	9 543	FR
B4-0	18.8	N/A	214.2	56.7	0.69	N/A	110.6	N/A	12 811	CC
B2-1	15.2	100.8	184.4	91.7	1.34	22.0	87.2	1 209	10 506	CC
B4-1	20.4	117.3	219.4	109.8	1.25	20.0	70.7	1 304	9 839	CC

注:F_{cr} 代表开裂荷载;F_y 代表屈服荷载;F_u 代表极限荷载;$F_{(1/200\,l_0)}$ 代表在允许的最大跨中位移 $(1/200\,l_0)$ 下的相应使用荷载;Δ_{cr}、Δ_y 和 Δ_u 分别是开裂荷载、名义屈服荷载和极限荷载所对应的跨中位移;E_y 代表屈服能耗,即 LD 曲线下近似三角形的面积;E_u 代表总能耗,即 LD 曲线下的总面积;在失效模式中,"FR"代表 BFRP 筋拉断破坏;"CC"代表混凝土压碎破坏;"N/A"代表不可用。

3) BFRP 筋配筋率的影响

如图 9-9(a)所示,当 BFRP 筋的配筋率从 0.48%(梁 B2-0)增加到 0.96%(梁 B4-0)时,破坏模式从 BFRP 筋断裂变为混凝土压碎。由表 9-2 可知,B4-0 梁的开裂荷载(F_{cr})比 B2-0 梁高 28.8%,相应的极限荷载(F_u)增加了 52.7%。此外,从图 9-9(a)所示的 LD 曲线可以看出,增加受拉 BFRP 筋数量后,梁的抗弯刚度显著提高,最大使用荷载值($F_{(1/200\,l_0)}$)从 35.6 kN 增加到 56.7 kN,增幅高达 59.3%。配筋率的增加延长了初始弹性阶段,梁 B4-0 的试验开裂位移(Δ_{cr})比梁 B2-0 略增加 0.15 mm。此外,由于破坏模式的变化,B4-0 梁的极限位移(Δ_u)为 110.6 mm,比 B2-0 梁小 10.6%。然而,由于抗弯刚度的增加,B4-0 梁的总能耗(E_u)比 B2-0 梁高 34.2%。

4）BWST 的影响

与梁 B2-0 和 B4-0 相比，梁 B2-1 和 B4-1 的底部受拉区中额外布置了一根 BWST。如图 9-8 和表 9-2 所示，对于具有两根受拉 BFRP 筋的梁，在额外放置 BWST 后，破坏模式从 BFRP 筋断裂变为混凝土压碎。对于具有四根受拉 BFRP 筋的梁，破坏模式没有改变。由于在受拉区嵌入空心 BWST，受拉混凝土的有效面积（0.5×宽×高）减少了约 12%，使梁 B2-1 和 B4-1 在初始弹性阶段（开裂阶段之前）的抗弯刚度略低于梁 B2-0 和 B4-0。BWST 的影响体现在开裂荷载对应的位移值更大：梁 B2-1 和梁 B4-1 的 $\triangle_{cr}$ 值分别为 1.34 mm 和 1.25 mm，大于梁 B2-0 的 0.54 mm 和梁 B4-1 的 0.69 mm，而开裂荷载几乎不受影响。

对于极限荷载，梁 B2-1 的 F_u 为 184.4 kN，比梁 B2-0 高 31.4%。此外，由于额外放置的 BWST 提高了抗弯刚度，梁 B2-1 的极限位移为 87.2 mm，比梁 B2-0 的极限位移降低 29.5%。然而，对于那些有四根 BFRP 筋的超筋梁，额外放置 BWST 对极限承载能力几乎没有影响（梁 B4-0 的极限荷载为 214.2 kN，梁 B4-1 的极限荷载为 219.4 kN）。即便如此，由于 BWST 对抗弯刚度产生了有利影响，与梁 B4-0 相比，梁 B4-1 的相应极限位移减少了 36.1%。此外，可以看出，梁 B2-1 和梁 B4-1 的使用荷载（$F_{(1/200\,l_0)}$）均显著高于梁 B2-0 和梁 B4-0，具有两根 BFRP 筋的梁（B2-0 和 B2-1）的提升为 157.6%，具有四根 BFRP 筋的梁（B4-0 和 B4-1）的提升为 93.7%。这充分说明增设 BWST 是提高梁在正常使用极限状态下抗弯刚度的有效途径。从总能耗的角度来看，在放置额外的 BWST 后，带有两根 BFRP 筋的梁的 E_u 增加了 10.1%。对于带有四根 BFRP 筋的梁，由于早期混凝土破碎，在额外布置 BWST 后，E_u 减少了 23.2%。

5）BFRP 筋与 BWST 比率的影响

如图 9-9（b）所示，梁 B2-1 和梁 B4-1 均采用 BFRP 筋和 BWST 混合增强；不同之处在于 BFRP 筋与 BWST 的比率。梁 B2-1 的 $A_f/(A_f'+A_s)$ 值为 0.33，而梁 B4-1 为 0.66。由表 9-2 可见，与 B2-1 梁相比，B4-1 梁的开裂荷载、屈服荷载和极限荷载分别增加了 34.2%、16.4% 和 19.0%。此外，梁 B4-1 的 $F_{(1/200\,l_0)}$ 值比梁 B2-1 提高了 19.7%。由于抗弯刚度较高，梁 B4-1 在开裂荷载、屈服荷载和极限荷载下的跨中位移与梁 B2-1 相比分别减少了 6.7%、9.1% 和 18.9%。由于屈服荷载的增加，梁 B4-1 的屈服能耗 E_y 比梁 B2-1 高 7.9%。然而，由于极限位移的减少，梁 B4-1 的总能耗 E_u 比梁 B2-1 低约 6.3%。

6) 荷载-应变曲线

图 9-10 展示了跨中截面处 BFRP 筋的荷载-应变曲线。对于没有额外配置 BWST 的梁 B2-0 和 B4-0，BFRP 筋的应变在开裂后迅速增加，特别是对于低配筋率的梁 B2-0。一旦梁开裂，BFRP 筋的应变将突然增加。对于嵌入 BWST 的梁 B2-1 和 B4-1，开裂后 BFRP 筋应变的增加率低于未嵌入 BWST 的梁。BWST 进入屈服阶段后，BFRP 应变增加速度加快。梁 B4-0、B2-1 和 B4-1 的 BFRP 筋在极限状态下实测应变分别为 15 400 $\mu\varepsilon$、17 600 $\mu\varepsilon$ 和 9 300 $\mu\varepsilon$，相应的强度利用率分别为 66%、75% 和 40%。由于梁 B2-0 的破坏模式为 BFRP 筋断裂，其强度利用率为 100%。

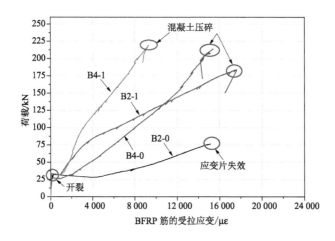

图 9-10　BFRP 筋的荷载-跨中拉伸应变曲线

在本节中，四个应变片垂直粘贴在靠近加载点的四个 BFRP 网格箍筋的中部。结果如图 9-11 所示，从曲线的形状可以看出，BFRP 网格箍筋直到斜裂缝出现才开始发挥重要作用，并且在此过程中 BFRP 网格箍筋上的力非常小。在竖向裂缝扩展阶段，对于没有 BWST 的梁，BFRP 网格的拉伸应变仅为 550~650 $\mu\varepsilon$ 左右，这不到其极限应变的 5%。此外，如图 9-11(c) 和 (d) 所示，对于配置有 BWST 的梁，BFRP 网格箍筋在斜裂缝出现之前几乎没有受力(B4-1)甚至被压缩(B2-1)。此外，如图 9-11(b) 和 (d) 所示，比较 SG-3 的曲线可以看出，梁 B4-0 和梁 B4-1 的 BFRP 网格箍筋在同一位置处的极限应变(SG-3)分别为 9 350 $\mu\varepsilon$ 和 4 160 $\mu\varepsilon$。这表明 BWST 可以有效地减少 BFRP 网格箍筋所承受的荷载，并且 BWST 在一定程度上可以起到抗剪作用。

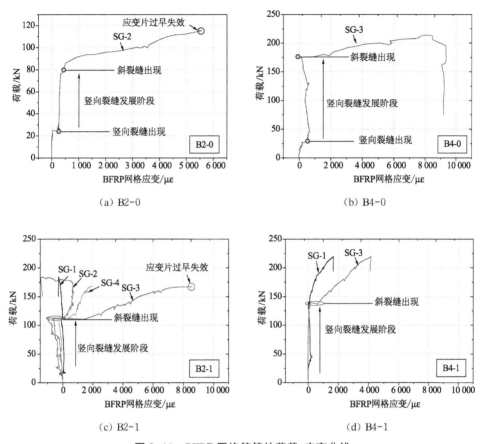

(a) B2-0　　　　　　　　　　　　(b) B4-0

(c) B2-1　　　　　　　　　　　　(d) B4-1

图 9-11　BFRP 网格箍筋的荷载-应变曲线

7）裂缝宽度和开裂模式

图 9-12 展示了测得的荷载-最大裂缝宽度曲线。其中，裂缝宽度是指纯弯段受拉 BFRP 筋高度处竖向主裂缝的宽度。在相同荷载水平下，梁的最大裂缝宽度顺序为 B2-0＞B4-0＞B2-1＞B4-1。例如，在 100 kN 荷载下，梁 B2-0、B4-0、B2-1 和 B4-1 的最大裂缝宽度分别为 5.0 mm、0.75 mm、0.47 mm 和 0.35 mm。BWST 可

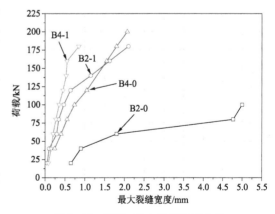

图 9-12　荷载-最大裂缝宽度曲线

以有效地减小梁的最大裂缝宽度。此外,对于有 BWST 的梁 B2-1 和 B4-1,在接近屈服荷载之前,裂缝宽度随着荷载的增加而线性增加。在达到屈服荷载后,由于 BWST 的屈服,裂缝宽度的增加率变大。

图 9-13 展示了四根梁在最终破坏阶段的表面裂缝分布形态。对比梁 B2-0 和梁 B4-0 的裂缝分布形态可以看出,梁 B4-0 纯弯段出现的裂缝更为密集,有 6 条主裂缝,平均裂缝间距为 200 mm,而梁 B2-0 在纯弯段有 5 条主裂缝,平均裂缝间距为 240 mm。此外,B4-0 梁剪跨区斜裂缝数量大于 B2-0 梁,沿 BFRP 网格箍筋的竖向裂缝高度低于 B2-0 梁。对比梁 B2-0 和梁 B2-1 的裂缝分布规律可以看出,加设 BWST 后,纯弯段的主裂缝数量没有变化,均存在 5 个主裂缝。但 B2-1 梁的斜裂缝数量显著增加,导致每个斜裂缝宽度显著减小,沿 BFRP 网格箍筋的竖向裂缝高度明显低于 B2-0 梁。在梁 B4-0 和梁 B4-1 的比较中也观察到类似的现象。因此,沿全长纵向布置 BWST 在剪切斜裂缝的发展中可以起到非常有利的作用,使斜裂缝发展得更充分,缩短了 BFRP 网格箍筋位置的竖直裂缝。

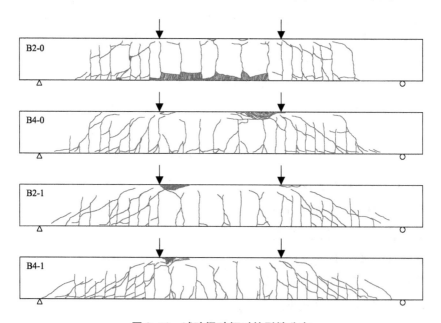

图 9-13　试验梁破坏时的裂缝分布

9.2.4　有限元模拟

大型商用有限元软件 ABAQUS 在材料和几何非线性方面具有很大的优势,

本节利用 ABAQUS 建立有限元模型,以进一步研究 BFRP 筋/网格和 BWST 增强海水海砂混凝土梁的抗弯性能,在验证模型的精度后进行了参数化分析。

1) 模型的建立

(1) 材料参数

采用 ABAQUS 中的混凝土损失塑性模型(Concrete Damaged Plasticity Model,简称 CDP 模型)来模拟海水海砂混凝土在受拉和受压下的力学行为。研究表明,海水海砂混凝土具有与普通混凝土相当的 28 d 抗压强度[1]。因此,本章忽略了海水海砂混凝土和普通混凝土之间力学性能的差异,海水海砂混凝土在单轴压缩和拉伸下的本构关系采用《混凝土结构设计规范》GB 50010—2010(2015 年版)[24]的定义,如图 9-14 所示。需要注意的是,立方体抗压强度 f_{cu} 通过式 (9-1)转化为轴心抗压强度 f_c;由于缺少试验值,海水海砂混凝土的弹性模量 E_c 由式(9-2)计算得出;拉压本构关系的计算过程由式(9-3)～式(9-6)给出:

$$f_c = 0.88\alpha_{c1}\alpha_{c2}f_{cu} \tag{9-1}$$

$$E_c = \frac{10^5}{2.2 + \dfrac{34.7}{f_{cu}}}(\text{MPa}) \tag{9-2}$$

式中:$\alpha_{c1} = 0.781\,6$,$\alpha_{c2} = 0.932\,4$,$f_{cu} = 60.8\ \text{MPa}$

$$\sigma_c = (1 - d_c)E_c\varepsilon \tag{9-3}$$

$$d_c = \begin{cases} 1 - \dfrac{\rho_c n}{n - 1 + x^n}, & x \leqslant 1 \\[3mm] 1 - \dfrac{\rho_c}{\alpha_c(x-1)^2 + x}, & x > 1 \end{cases} \tag{9-4}$$

式中:

$$\rho_c = f_c/E_c\varepsilon_c,\ n = E_c\varepsilon_c/(E_c\varepsilon_c - f_c),\ x = \varepsilon/\varepsilon_c,$$

$$\alpha_c = 0.157f_c^{0.785} - 0.905,\ \varepsilon_c = (700 + 172\sqrt{f_c}) \times 10^{-6}$$

$$\sigma_t = (1 - d_t)E_t\varepsilon \tag{9-5}$$

$$d_t = \begin{cases} 1 - \rho_t(1.2 - 0.2x^5), & x \leqslant 1 \\[3mm] 1 - \dfrac{\rho_t}{\alpha_t(x-1)^{1.7} + x}, & x > 1 \end{cases} \tag{9-6}$$

式中：$\rho_t = f_t / E_t \varepsilon_t$，$x = \varepsilon / \varepsilon_t$，$\alpha_t = 0.312 f_t^2$，$f_t = 2.85\,\mathrm{MPa}$，$\varepsilon_t = f_t^{0.54} \times 65 \times 10^{-6}$；$\sigma_c$ 和 σ_t 分别为海水海砂混凝土的受压和受拉应力；f_c 和 f_t 分别为海水海砂混凝土的轴心抗压和抗拉强度；d_c 和 d_t 分别为混凝土的单轴受压和受拉损伤演化参数；ε_c 为轴心抗压强度对应的受压应变；ε_t 为轴心抗拉强度对应的受拉应变。

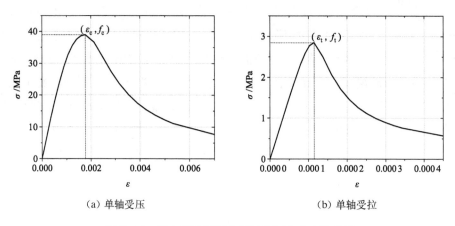

（a）单轴受压　　　　　　　　　　　　（b）单轴受拉

图 9-14　海水海砂混凝土单轴拉压应力应变曲线

此外，为了观察裂缝的开展，采用了混凝土受压和受拉损伤因子来描述压缩和拉伸刚度的退化损伤。受压和受拉损伤因子分别由式（9-9）和式（9-10）给出[25]：

$$\varepsilon_c^{\mathrm{in}} = \varepsilon - \sigma_c / E_c \qquad (9\text{-}7)$$

$$\varepsilon_t^{\mathrm{in}} = \varepsilon - \sigma_t / E_c \qquad (9\text{-}8)$$

$$D_c = 1 - \frac{\sigma_c E_c^{-1}}{\varepsilon_c^{\mathrm{pl}}(1/b_c - 1) + \sigma_c E_c^{-1}} \qquad (9\text{-}9)$$

$$D_t = 1 - \frac{\sigma_t E_c^{-1}}{\varepsilon_t^{\mathrm{pl}}(1/b_t - 1) + \sigma_t E_c^{-1}} \qquad (9\text{-}10)$$

式中：D_c 和 D_t 分别为混凝土受压和受拉损伤因子；$\varepsilon_c^{\mathrm{in}}$ 和 $\varepsilon_t^{\mathrm{in}}$ 分别为受压和受拉应力对应的非弹性应变；$\varepsilon_c^{\mathrm{pl}}$ 和 $\varepsilon_t^{\mathrm{pl}}$ 分别为受压和受拉应力对应的塑性应变，并且 $\varepsilon_c^{\mathrm{pl}} = b_c \varepsilon_c^{\mathrm{in}}$，$\varepsilon_t^{\mathrm{pl}} = b_t \varepsilon_t^{\mathrm{in}}$，而 b_c 和 b_t 分别为 0.7 和 0.1。

CDP 模型中所需的其他参数分别为膨胀角 ψ，偏心率 e，初始双轴压缩屈服应力与初始单轴压缩屈服应力的比值 $\sigma_{b0} / \sigma_{c0}$，拉伸子午线上的第二应力不变量与压缩子午线上的第二应力不变量之比 K_c，以及黏性参数 μ。这些参数分别取

38°,0.1,1.16,0.6667 和 0.0005[26]。海水海砂混凝土的泊松比 ν 取为 0.2。带有减缩积分的八节点六面体单元(C3D8R)被用于海水海砂混凝土以防止剪切自锁效应。在正式计算之前,尝试了三种单元尺寸(15 mm,20 mm,25 mm)以探究网格敏感性对模型的影响。通过比较发现,当网格尺寸为 20 mm 时,有限元结果与试验结果最接近;而 25 mm 的网格尺寸比较粗糙,带来收敛性的问题;15 mm 大小的网格接近骨料的尺寸,并且模型计算时间大大增加。因此,海水海砂混凝土的全局网格尺寸被设置为 20 mm。

表 9-3 展示了 BFRP 和 BWST 的相应材料参数。钢管的弹性模量没有经过试验测试,因此,在有限元分析中,BFRP 布的弹性模量取为 20 GPa,与 BFRP 网格的弹性模量相近,钢管的弹性模量取为 200 GPa。在有限元模型中采用线弹性模型对 BFRP 筋/网格进行建模。双节点线性桁架单元(T3D2)用于 BFRP 筋和 BFRP 网格,采用适用于弹塑性材料的双线性各向同性硬化模型对钢管进行模拟。通过利用复合铺层功能将材料属性分配给 BWST,这可以确保 BFRP 布的纤维方向沿钢管的轴线。由于 BWST 的厚度远小于其他方向的尺寸,因此使用 4 节点减缩积分壳单元(S4R)。BFRP 筋和网格采用的网格尺寸为 20 mm,BWST 为 25 mm。

表 9-3　BFRP 筋/网格和 BWST 材料参数

种类	d, t /mm	E /GPa	ν	f_y /MPa	ε_y	f_u /MPa	ε_u
BFRP 筋	10	47.6	0.2	—	—	1141	0.02397
	13	48.6		—	—	1142	0.02350
BFRP 网格	3	22.1		—		515	0.02330
BFRP 布	1.5	20		—		400	0.02000
钢管	2	200	0.3	227	0.00114	390	0.17700

注:d 为筋材的公称直径;t 为厚度;E 为弹性模量;ν 为泊松比;f_y 和 f_u 分别为屈服和极限强度;ε_y 和 ε_u 分别为屈服和极限应变。

(2) 边界条件

图 9-15 展示了相关支撑和对称平面的边界条件。为了获得最大的计算效率并减少运行时间,考虑简支梁的对称性,建立了一半的测试梁模型。通过施加与试验相同的竖直位移来加载所有模型。此外,在计算过程中观察到,在两个剪跨区,竖向裂缝出现的时间早于斜裂缝,竖向裂缝的位置与 BFRP 网格的位置相同。

因此,在每个 BFRP 网格的位置预先设置一条 150 mm × 5 mm × 5 mm 的裂缝,其体积相当于边缘部分网格的体积,以模拟受拉区混凝土截面的减少。

不考虑任何 BFRP 筋/网格与混凝土之间的相对滑移,它们之间的相互作用采用 ABAQUS 中的嵌入区域(Embedded Region)功能。由于 BWST 两端焊接的短钢筋和

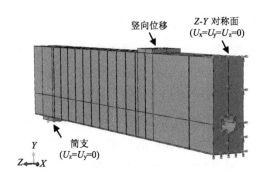

图 9-15　边界条件

表面凹凸不平的筋条,保证了与混凝土的结合性能。因此,BWST 通过绑定(Tie)约束定义其与海水海砂混凝土之间的相互作用。此外,为了防止应力集中,在支撑位置和加载点设置了 2 块与混凝土表面相连的钢垫板。

2) 模型有效性的验证

为了直观地展示模拟中裂缝的分布,塑性应变幅度(PEMAG)云图如图 9-16 所示。时间步总长为 1,因此,时间步为 1 时表示加载的最终阶段。此外,有限元模拟结果补充了试验未能测得的数据,如塑性应变等。如图 9-16(a)~(c)所示,

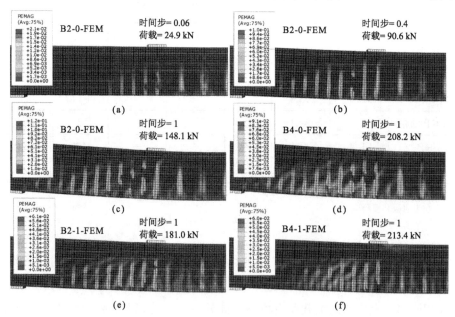

图 9-16　有限元模型的塑性应变幅度

由于梁底部预设裂缝的存在,在 BFRP 网格的位置首先出现了竖向裂缝。然后,斜裂缝开始增加并与之前的竖向裂缝相交,这与在试验中观察到的现象相同。试验梁的受拉边缘混凝土因为 BFRP 网格的存在而被削弱,因此,预设裂缝的方法是合适的。

通过开放数据库(ODB)文件,B2-0-FEM 的受拉 BFRP 筋的应力为 1 142 MPa,与 FEM 中设定的极限应力相同,而混凝土在压缩区还没有达到极限应变。因此,B2-0-FEM 具有与 B2-0 相同的失效模式。对于其他模型,当达到极限位移时,受拉 BFRP 筋均未达到极限应力,但受压混凝土被压碎。因此,有限元模型的失效模式与试验结果均保持一致。

有限元和试验得到的荷载-位移曲线如图 9-17 所示,可以看出,曲线的规律总体上是一致的。表 9-4 给出了试验和有限元在极限荷载和跨中位移方面的比较,模拟结果与试验得到的结果非常吻合。

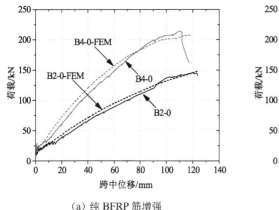

（a）纯 BFRP 筋增强

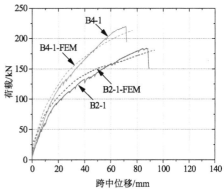

（b）BFRP 筋/BWST 复合增强

图 9-17　荷载-位移曲线的比较

表 9-4　试验与有限元结果比较

梁编号	F_u^{test} /kN	F_u^{FEM} /kN	F_u^{FEM}/F_u^{test}	Δ_u^{test} /mm	Δ_u^{FEM} /mm	$\Delta_u^{FEM}/\Delta_u^{test}$	破坏模式	
							试验	模拟
B2-0	140.3	148.1	1.056	123.7	122.4	0.989	FR	FR
B2-1	184.2	181.0	0.983	87.2	93.2	1.069	CC	CC
B4-0	214.2	208.2	0.972	110.6	118.5	1.071	CC	CC
B4-1	219.4	213.4	0.973	70.7	76.2	1.078	CC	CC

注:F_u^{FEM} 和 F_u^{test} 分别为有限元和试验的极限荷载;Δ_u^{FEM} 和 Δ_u^{test} 分别为有限元和试验的极限位移。

3）参数化分析

通过试验和数值结果的对比,验证了有限元模型的可靠性。为了进一步研究更多参数对 BFRP 筋/网格和 BWST 增强海水海砂混凝土梁抗弯性能的影响,对 BFRP 筋的配筋率、BWST 的横截面积和钢管的屈服强度进行参数分析。参数调整后的有限元模型通过位移加载,直到 BFRP 筋断裂或海水海砂混凝土压碎。图 9-18 显示了参数分析中有限元模型的尺寸和配筋,表 9-5 给出了有限元结果的汇总。"B2-0.5-FEM"表示 BWST 的截面积是"B2-1-FEM"的一半。

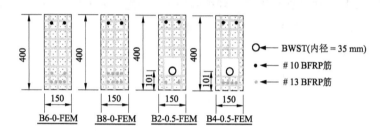

图 9-18 有限元参数分析中模型的配筋详图

表 9-5 有限元模拟结果汇总

模型	F_{cr} /kN	Δ_{cr} /mm	$F_{(1/200\,l_0)}$ /kN	F_u /kN	Δ_u /mm	E_u /kN·mm	破坏模式
B2-0-FEM	26.7	1.04	40.3	148.1	122.43	11 234	FR
B4-0-FEM	29.1	1.22	67.5	208.2	118.51	16 709	CC
B6-0-FEM	32.7	1.32	85.6	218.7	91.52	13 551	CC
B8-0-FEM	34.1	1.40	102.7	226.4	70.82	10 559	CC
B2-1-FEM	30.7	1.41	99.7	181.0	93.24	12 522	CC
B2-0.5-FEM	30.1	1.29	75.0	169.8	105.80	12 666	CC
B2-1-350-FEM	31.2	1.44	117.0	184.5	92.10	13 277	CC
B2-1-450-FEM	31.5	1.46	125.3	190.2	89.60	13 508	CC
B4-1-FEM	32.8	1.46	117.8	213.4	76.23	11 640	CC
B4-0.5-FEM	31.8	1.38	97.7	200.2	85.64	12 209	CC

注:"0.5"表示 BWST 的截面积是"1"的一半;"350"和"450"分别表示钢管的屈服强度为 350 MPa 和 450 MPa。

（1）BFRP 配筋率的影响

BFRP 筋的数量改为六根（B6-0-FEM）和八根（B8-0-FEM）以增加配筋率。图 9-19 给出了配筋率在 0.48%～1.92%范围内变化的荷载位移曲线的比较。总体上，随着配筋率的增加，开裂荷载、开裂跨中位移、使用极限荷载和极限荷载均增加。但是，当配筋率增加到一定程度时，极限荷载的增加幅度从 40.6%降低到 3.5%。此外，如图 9-19 和表 9-5 所示，虽然抗弯刚度提高了，但延性变差，导致了总能耗降低。具有较高配筋率的有限元模型的失效是由受压区混凝土决定的，所以此时 BFRP 筋的抗拉强度没有得到有效利用。

（2）BWST 截面积的影响

钢管内径减小到 35 mm（B2-0.5-FEM 和 B4-0.5-FEM），而 BWST 的厚度保持不变，这使 BWST 的横截面积减少了一半。从图 9-20 和表 9-5 可以看出，与 B2-1-FEM 和 B4-1-FEM 相比，B2-0.5-FEM 和 B4-0.5-FEM 的抗弯刚度降低了。由于 BWST 截面积的减少，开裂荷载和开裂跨中位移略有下降。其中，B2-0.5-FEM 和 B4-0.5-FEM 的使用极限负荷分别降低了 24.8%和 17.1%。B2-0.5-FEM 和 B4-0.5-FEM 的极限荷载对应 B2-1-FEM 和 B4-1-FEM 的极限荷载均降低 6.2%。此外，由于极限位移的增加，总能耗的变化在 5%以内。

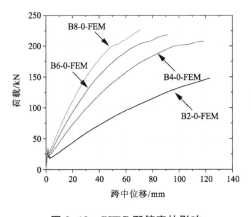

图 9-19　BFRP 配筋率的影响　　　　图 9-20　BWST 截面积的影响

（3）钢管屈服强度的影响

从图 9-21 和表 9-5 可以看出，由于只增加了钢管的屈服强度，因此三个有限元模型在弹性阶段的弯曲刚度几乎一样，且具有相似的开裂荷载和开裂跨中位移。但随着屈服强度的增加,屈服点逐渐延后。因此,对于 B2-1-350-FEM 和 B2-1-450-FEM,在规范允许的最大跨中位移极限($F_{(1/200 l_0)}$)下的使用荷载分别增加了 17% 和 26%。B2-1-350-FEM 和 B2-1-450-FEM 的总能耗也分别增加了 6% 和 7%。此外,随着屈服强度的增加,得到了更高的极限荷载和更小的极限位移。

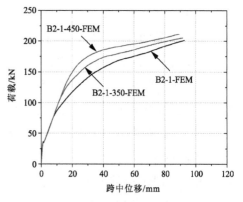

图 9-21　钢管屈服强度的影响

9.3　FRP 筋/网格-海砂混凝土组合梁的抗剪性能研究

考虑到港口工程中高桩码头的梁(通常是跨度/高度小于 5 的短梁)是所提出的组合梁最有潜力的应用场景。因此,本节初步设计和测试了剪跨比为 1.35 的梁的抗剪性能,评估了 BWST 和 BFRP 网格箍筋对抗剪性能的影响。根据试验测试结果,建立并验证了有限元模型(FEM),并进行了更多参数下的数值模拟。

9.3.1　试验材料

本节的 BFRP 筋/网格和 BWST 增强海水海砂混凝土短梁和 9.2 节所述的试验梁所采用的试验材料相同。BFRP 和用来制备 BWST 的钢管均分别为同一生产商的同一批产品;本节所述的试验梁与 9.2 节所述的试验梁同批浇筑,海水海砂混凝土的配比和力学性能也相同。因此,关于试验材料及其性能不再赘述。

9.3.2　试验研究

1)试件设计

图 9-22 展示了 4 根试验梁的尺寸和配筋细节。4 根梁的尺寸统一为 2000 mm×150 mm×400 mm(长×宽×高),分别命名为 BFRP-0-@500、BFRP-0-@100、BFRP-1-@500 和 BFRP-1-@100。其中,"BFRP"代表 4 根底部受拉 BFRP 筋,"0"代表不包含 BWST,"1"代表配置了 1 根 BWST,"@500"代表

BFRP 网格箍筋间距为 500 mm，"@100"表示间距为 100 mm。采用的底部受拉筋为 4 根直径为 13 mm 的 BFRP 筋，上部受压筋为 2 根直径为 10 mm 的 BFRP 筋。混凝土保护层为 30 mm，BWST 中心距梁底 125 mm，梁的制备过程与 9.2 节所述一致。

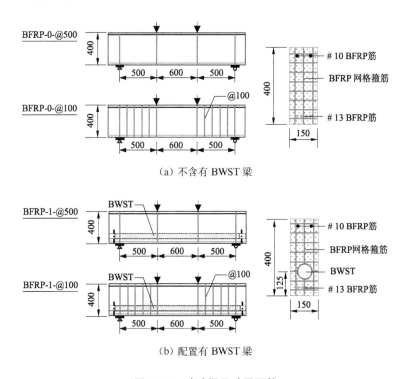

图 9-22　试验梁尺寸及配筋

2）试验装置

如图 9-23（a）所示，四个试件都在 1 600 mm 的简支净跨和 500 mm 的剪切跨度上进行了四点弯曲测试，剪切跨度与有效高度比值为 1.35。根据 ASCE-ACI Committee 445[27] 的分类，本章所测试的梁属于短梁类型。在位移控制模式下以 1.0 mm/min 的速率施加荷载。设置位移计（LVDT）来测量跨中和两个加载点的变形。应变片（SG）安置在受拉 BFRP 筋和 BWST 跨中位置的底部。对于剪跨区的 BFRP 网格间距为 100 mm 的试件，四个 SG 依次连接到四个 BFRP 网格箍筋的中间高度处。所有测量值，包括荷载、位移和应变，均由 TDS-530 数据采集系统记录。同时，如图 9-23（b）所示，使用非接触式 3D 数字图像相关（DIC）测试技术实时监测梁的全场应变。

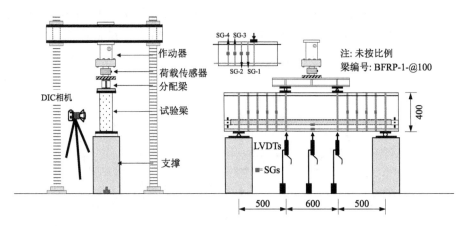

（a）示意图

（b）DIC 测试方法

图 9-23　试验装置和仪器布置（单位：mm）

9.3.3　试验结果

1）破坏模式

由于本节试验梁为典型的短梁，其抗剪机理与普通浅梁不同。短梁的抗剪承载力由混凝土压杆、拉杆、节点区组成的桁架拱体系提供，抗剪承载力明显高于浅梁。在本节中，水平布置的 BWST 将充当额外的拉杆并改变拱形作用的几何形状。下面详细描述各梁的破坏过程：

如图 9-24(a)所示,无腹筋梁 BFRP-0-@500 的最终破坏模式是加载点的混凝土局部压碎,属于典型的剪压破坏类型。当加载到 69 kN 时,两个加载点各出现一条竖向裂缝,两条裂缝沿 BFRP 网格箍筋向上延伸至距梁顶约 50 mm 的位置(裂缝高度约为 350 mm)。当加载到大约 100 kN 时,两个加载点的中间出现了一条竖直的主裂缝。当荷载进一步达到 140 kN 左右时,在纯弯段和两个剪跨区底部 150 mm 高度均出现明显的斜裂缝,且斜裂缝与先前出现的竖向主裂缝相交。随着荷载的不断增加,靠近荷载点的局部混凝土被压碎。

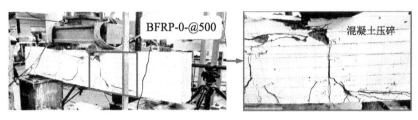

(a) BFRP-0-@500

(b) BFRP-0-@100

(c) BFRP-1-@500

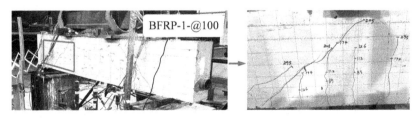

(d) BFRP-1-@100

图 9-24　试验梁破坏模式

如图 9-24(b)所示,梁 BFRP-0-@100 没有 BWST,但在剪跨区具有 100 mm 间距的 BFRP 网格,由于端部受拉 BFRP 筋被拔出而失效,且 BFRP 网格箍筋断裂。与梁 BFRP-0-@500 类似,在大约 66 kN 时,两个加载点下方出现竖向裂缝,在大约 95 kN 时,两个加载点之间出现竖向主裂缝。随着荷载的不断增加,BFRP 网格位置的剪跨区出现竖向裂缝并逐渐向上延伸。当荷载达到 110 kN 时,沿支座与加载点的连线出现一条斜裂缝。随着荷载的不断增加,斜裂缝的宽度逐渐变宽,最终梁沿主斜裂缝发生断裂,并伴随梁端 BFRP 筋的拔出破坏。

如图 9-24(c)所示,仅配置了 BWST 的梁 BFRP-1-@500 由于 BWST 的端部锚固失效而失效。初始裂缝出现在两个加载点下,此时荷载水平约为 50 kN,低于没有 BWST 的梁,这是因为空心 BWST 在一定程度上减少了截面中的混凝土比例。当加载到大约 90 kN 时,两个加载点之间出现了竖向主裂缝。当荷载持续增加到 195 kN 左右时,两个剪跨区开始出现斜裂缝。最后,梁由于斜剪裂缝底部的混凝土剥落而失效,BWST 和受拉 BFRP 筋都在梁端发生滑动。

如图 9-24(d)所示,梁 BFRP-1-@100,在剪跨区同时配置了 BFRP 网格和 BWST。当加载到大约 85 kN 时,跨度中间出现了竖向裂缝。当加载到大约 125 kN时,沿 BFRP 网格箍筋的剪跨区中开始出现竖向裂缝。当加载到大约 210 kN时,剪跨区中出现斜裂缝。受加载框架最大承载能力的限制和出于安全的考虑,BFRP-1-@100 梁未加载至破坏。

2) 荷载-跨中位移曲线和特征值

图 9-25 展示了四根梁的实测荷载-跨中位移曲线。从曲线的斜率可以看出,配置 BWST 后梁的刚度显著提高,而 BFRP 网格箍筋对刚度影响不大。对比 BFRP-0-@100 曲线和 BFRP-0-@500 曲线,可以看出,在剪跨区配置 BFRP 网格箍筋的梁的极限承载力反而更低。这主要是因为 BFRP 网格的配置改变了拉压杆系统中压杆的倾角。梁 BFRP-0-@500 中形成的压杆与水平方向之间的角度大于梁 BFRP-0-@100 中的角度。前者的承载能力由压杆的极限抗压强度控制,而后者的破坏是由 BFRP 筋拉出引起的。对于嵌入了 BWST 的梁,梁 BFRP-1-@500 和梁 BFRP-1-@100 的荷载-跨中位移曲线重合,表明在这种情况下,网格的影响可以忽略不计。

表 9-6 展示了基于荷载-跨中位移曲线和开裂模式的定量结果。比较各梁的开裂荷载(F_{cr}),可以看出 BFRP 网格箍筋的间距对开裂荷载影响不大。例如,梁 BFRP-1-@500 和梁 BFRP-1-@100 的开裂荷载分别为 50 kN 和 48 kN。包含

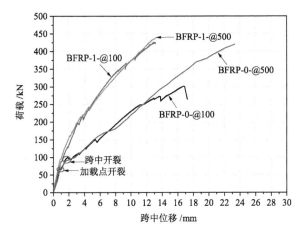

图 9-25　荷载-跨中位移曲线

BWST 梁的开裂荷载比没有 BWST 的梁低约 28%。这是因为空心的 BWST 削弱了截面中的混凝土比例。然而,由于 BWST 对梁的弯曲刚度的有利影响,包含BWST 梁的开裂位移低于没有 BWST 的梁。比较各梁的极限荷载(F_u)可以看出,由于破坏模式的变化,梁 BFRP-0-@100 的极限荷载和极限位移低于梁BFRP-0-@500。加入 BWST 后,梁 BFRP-1-@500 和 BFRP-1-@100 的极限荷载和极限位移几乎相同。各梁剪跨区斜裂缝状况也列于表 9-6 中。其中,梁BFRP-0-@500 剪跨区无明显斜裂缝,而在梁 BFRP-0-@100 在剪跨区有 1 条与梁轴的夹角为 60° 的主斜裂缝。梁 BFRP-1-@500 剪跨区存在 3 条斜裂缝,中间主斜裂缝与梁轴成 38° 角。在梁 BFRP-1-@100 的剪跨区有 2 条斜裂缝,主斜裂缝与梁轴成 45° 角。

表 9-6　试验结果汇总

试件编号	F_{cr} /kN	Δ_{cr} /mm	F_u /kN	Δ_u /mm	斜裂缝数量	主斜裂缝夹角	失效模式
BFRP-0-@500	69	1.0	435	23.3	0	0°	剪压破坏
BFRP-0-@100	66	1.1	302	16.9	1	60°	锚固破坏
BFRP-1-@500	50	0.5	439	13.2	3	38°	锚固破坏
BFRP-1-@100	48	0.5	426*	12.9*	2	45°	N/A

注:" * "表示试件未加载到破坏;"N/A"表示未得到。

3）荷载-应变曲线

图 9-26 展示了荷载与 BFRP 筋在跨中的应变之间的关系曲线。在相同的荷载水平下,含 BWST 的梁中 BFRP 筋的应变明显低于不含 BWST 的梁。这是因为受拉区的 BWST 也提供了抗拉能力。在相同荷载水平下,梁 BFRP-0-@100 的 BFRP 筋的应变低于梁 BFRP-0-@500 的应变,这是因为梁 BFRP-0-@100 在纯弯段有两条主裂缝,而梁 BFRP-0-@500 在纯弯段只有一条主裂缝,且裂缝恰好位于该位置 SG 所在的位置。图 9-26(b)展示了箍筋间距为 100 mm 的两个梁中荷载与 BFRP 网格的应变之间的关系。可以看出,梁 BFRP-1-@100 的斜裂缝出现的时间晚于梁 BFRP-0-@100,这是因为 BWST 的存在改变了拉压杆模型的几何形状,减少了剪跨区混凝土的拉应力。BFRP 网格的应变在斜裂缝出现后迅速增加。

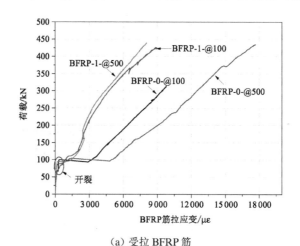

（a）受拉 BFRP 筋

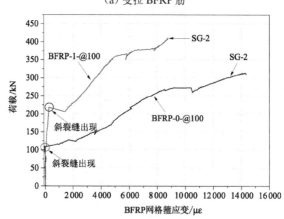

（b）BFRP 网格箍筋

图 9-26　荷载-应变曲线

荷载与 BWST 在跨中位置的应变关系如图 9-27 所示。首先，可以看出 BFRP 网格的间距对曲线的影响很小，两条曲线几乎重合。此外，可以看出，在 300 kN 荷载水平后，BWST 的应变随着荷载的增加而逐渐减小。基于对观察到的试验现象的分析，认为这是由新的小分支裂缝的出现和 BWST 与混凝土的滑移的耦合效应造成的。上述现象反映出，BWST 与海水海砂混凝土的粘接性能除了设置人工凹凸表面外还需要进一步加强。

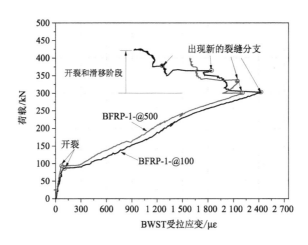

图 9-27　荷载- BWST 应变曲线

4）应变云图和裂缝

如图 9-28 所示，3D 数字图像相关（DIC）技术很好地记录了梁的裂缝发展过程。如图 9-28(a)所示，无腹筋梁 BFRP-0-@500 的裂缝非常稀疏。裂缝首先在布置了 BFRP 网格的两个加载点下产生，这是因为片状 BFRP 网格的存在降低了混凝土的连续性，截面上的混凝土面积减少了约 40%。梁在整个加载过程中只有 3 条竖向主裂缝，剪跨区没有长斜裂缝。损伤集中在三个主裂缝上，观察到的裂缝宽度达 5.14 mm。如图 9-28(b)所示，对于梁 BFRP-0-@100，BFRP 网格箍筋在剪跨区以 100 mm 的间距放置，裂缝发展过程与梁 BFRP-0-@500 不同。初始裂缝也首先出现在加载点下方，然而，随着荷载的增加，剪跨处也出现了竖向裂缝，表明损伤不再仅集中在加载点下方的第一个裂缝中。随着荷载的进一步增加，竖向裂缝向荷载点倾斜发展，最终导致梁的锚固失效。比较图 9-28(a)和图 9-28(b)所示的裂缝发展过程，可以看出片状 BFRP 网格箍筋的放置改变了裂缝发展过程，导致梁的破坏模式发生了变化。

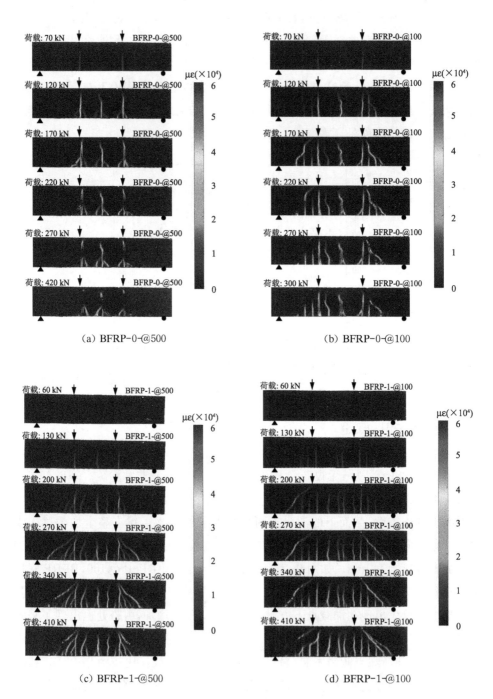

(a) BFRP-0-@500　　　　　　　　　(b) BFRP-0-@100

(c) BFRP-1-@500　　　　　　　　　(d) BFRP-1-@100

图 9-28　不同荷载水平下的应变云图

图 9-28(c)展示了梁 BFRP-1-@500 在剪跨区只有 BWST 的裂缝发展过程。初始阶段出现 3 条竖向裂缝,与梁 BFRP-0-@500 相似。然而,随着荷载的增加,出现了更多的竖向裂缝和斜裂缝,最终由于梁端 BWST 和 BFRP 筋锚固不足而失效。如图 9-28(d)所示,当 BWST 和 BFRP 网格箍筋同时配置在剪跨区时,裂缝发展最为密集。在 190 kN 之前,裂缝沿竖直方向发展。随着荷载的增加,剪跨处出现了 1 条较宽的主斜裂缝。最终,梁 BFRP-1-@100 也会由于端部锚固不足而失效。将图 9-28(c)和(d)中的裂缝发展过程与图 9-28(a)和(b)中的裂缝发展过程进行比较,可以发现 BWST 的附加配置能够改变拉压杆模型的几何形状,使裂缝更加密集且宽度更小。

图 9-29 描绘了最后阶段四根梁的裂缝分布。梁 BFRP-0-@500 在剪跨区没有长斜裂缝,只有 3 条主竖向裂缝延伸到梁的顶部。破坏(裂缝)集中在三个主要的竖向裂缝和混凝土保护层。混凝土保护层范围内出现大量小分支裂缝。最终的破坏模式是混凝土在加载点被压碎。如图 9-29(b)所示,BFRP-0-@100 梁的剪跨区存在 1 条主斜裂缝,梁沿主斜裂缝破裂,那些横向放置的 BFRP 网格拉断。梁 BFRP-1-@500 的最终裂缝分布如图 9-29(c)所示,剪跨区出现 3 条长斜裂缝,由于 BWST 的滑移,在梁端观察到水平裂缝。对于梁 BFRP-1-@100,如图 9-29(d)所示,剪跨区出现 2 条长斜裂缝,且裂缝发展较密。图 9-30 展示了通过 DIC 测试方法获得的主斜裂缝的形态和宽度。在极限荷载作用下,没有 BWST 的梁的最大裂缝宽度达到了惊人的 5.08 mm 和 5.14 mm,而有 BWST 的梁的最大裂缝宽度显著减小。例如,带有 BFRP 网格箍筋和 BWST 的梁 BFRP-1-@100 的最大裂缝宽度为 1.95 mm,而仅带有 BWST 的梁 BFRP-1-@500 的值为 2.28 mm。

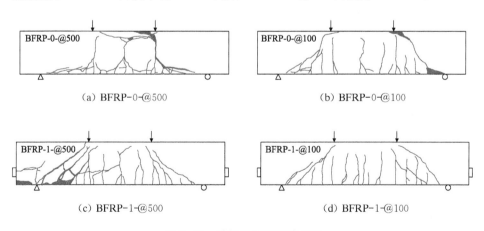

(a) BFRP-0-@500　　　　　　　　　　(b) BFRP-0-@100

(c) BFRP-1-@500　　　　　　　　　　(d) BFRP-1-@100

图 9-29　破坏阶段的裂缝分布

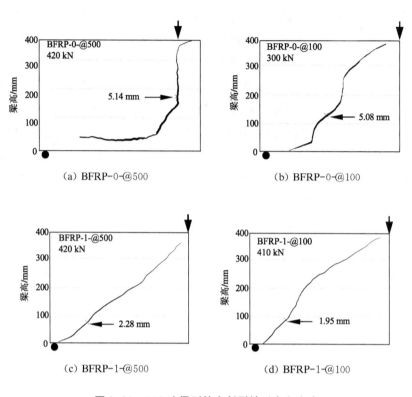

图 9-30　DIC 法得到的主斜裂缝形态和宽度

9.3.4　有限元模拟

使用商业有限元软件 ABAQUS 建立有限元模型（FEM），以模拟非线性力学行为并进一步研究此类复合增强海水海砂混凝土梁在更多参数下的抗剪性能。

1）模型的建立

（1）材料参数

海水海砂混凝土部分同样采用 CDP 模型，拉压本构关系按照《混凝土结构设计规范》GB 50010—2010（2015 年版）[24]给出，如图 9-31 所示。根据 Neville 等的研究[28]，本章的单轴受压本构关系中轴心抗压强度 f_c 取为 0.81 倍的立方体抗压强度 f_{cu}；轴心抗拉强度 f_t 根据 GB 50010—2010 取值，为 2.85 MPa。CDP 模型中以混凝土受压和受拉损伤因子来定义混凝土在压缩和拉伸过程中的刚度退化，受压和受拉损伤因子的计算见式（9-9）和式（9-10）。CDP 模型中其他材料参数取值与 9.2.4 节中的相同，BFRP 和 BWST 材料参数见表 9-3 所示。

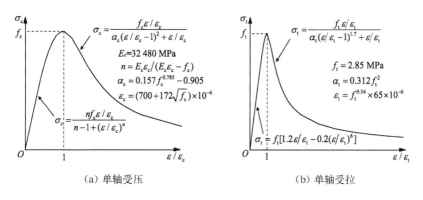

（a）单轴受压　　　　　　　　　　（b）单轴受拉

图 9-31　海水海砂混凝土拉压本构关系

（2）网格划分

模型各部分材料的网格划分如图 9-32 所示。ABAQUS 接触分析中的接触对由主面和从面组成，应选择刚度较大的面作为主面，且网格较粗。因此，选择 BWST 作为主表面，采用的网格尺寸为 25 mm。

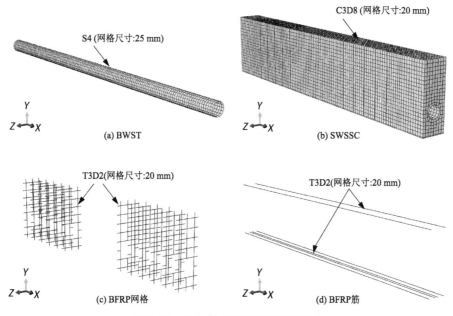

图 9-32　抗剪复合短梁模型网格划分

（3）边界条件和接触

图 9-33 展示了有限元模型的几何形状和边界条件。所有模型通过施加竖向

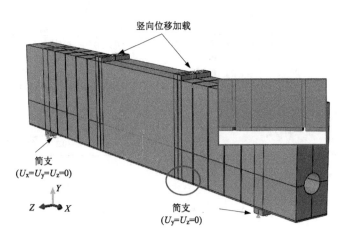

竖向位移加载

简支
$(U_x = U_y = U_z = 0)$

简支
$(U_y = U_z = 0)$

图 9-33　抗剪复合短梁模型的边界条件

位移来加载。在每个 BFRP 网格的位置预设了一条 150 mm×5 mm×5 mm 的裂缝,相当于边缘网格的体积,以考虑截面处混凝土的削减。

嵌入区域(Embedded Region)功能被用来模拟筋和海水海砂混凝土之间的相互作用。BWST 通过使用绑定(Tie)约束到海水海砂混凝土的内表面,而没有考虑 BWST 与混凝土的滑动。此外,为了防止应力集中,在支撑位置和加载点设置了钢垫板。

2）模型有效性的验证

剪切行为长期以来一直是混凝土分析建模的主要缺陷,因为众多变量影响其行为以及其脆性破坏模式。ABAQUS 或其他商业有限元软件中可用的混凝土力学模型无法准确描述剪切变形[29-30]。考虑到这些,未对网格间距为 500 mm 的模型进行建模,因为这些模型的剪切区中有大量的素混凝土。图 9-34 通过最大主塑性应变直观地显示了裂缝分布。CDP 模型假设当最大主塑性应变为正时开裂开始,裂缝的方向被认为与最大主塑性应变垂直。如图 9-34 所示,竖向裂缝首先出现在纯弯段。随着荷载的不断增加,由于梁底部存在预设裂缝,在剪跨区沿 BFRP 网格与混凝土的交界面出现竖向裂缝。然后,斜裂缝开始增加并与先前的竖向裂缝相交,这与试验中观察到的现象相同。这在一定程度上表明预设裂缝的方法是合适的,BFRP 网格确实削弱了测试梁的受拉区混凝土截面。

有限元模型得到的荷载-位移曲线和试验的曲线在图 9-35 中进行了比较。曲线的规律总体上是一致的。表 9-7 给出了试验与有限元在极限荷载和跨中位移方面的比较。结果表明,有限元模型在裂纹分布、极限荷载和破坏模式方面与

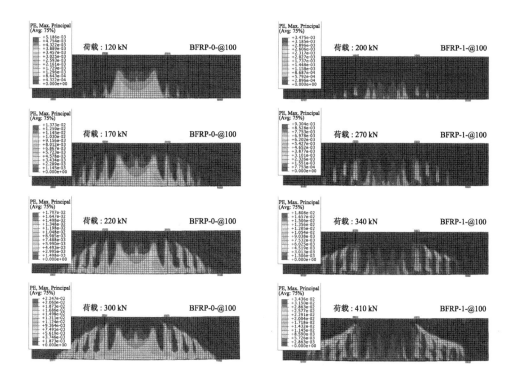

(a) BFRP-0-@100-FEM　　　　　　　　(b) BFRP-1-@100-FEM

图 9-34　有限元模型的最大塑性主应变

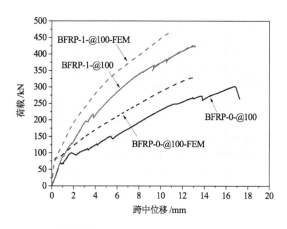

图 9-35　抗剪复合梁有限元与试验的荷载位移曲线对比

试验结果吻合较好。尽管有限元模型的跨中位移和试验结果之间的相对误差在 20% 左右，但这是可以接受的，因为目前对混凝土的剪切行为建模在许多方面都具有挑战性，尤其是当剪切跨距相对较小时（本章的剪跨比为 1.35，这意味着剪切变形占很大比例）。

表 9-7　有限元结果与试验结果比较

梁编号	F_u^{test} /kN	F_u^{FEM} /kN	F_u^{FEM}/F_u^{test}	Δ_u^{test} /mm	Δ_u^{FEM} /mm	$\Delta_u^{FEM}/\Delta_u^{test}$	破坏模式	
							试验	模拟
BFRP-0-@100	302	332	1.099	16.9	13.6	0.805	剪切破坏	剪切破坏
BFRP-1-@100	426*	470	1.103	12.9*	11.0	0.852	N/A	剪切破坏

注："*"表示试件未加载到破坏；"N/A"表示未得到。

3）参数化分析

基于有限元的可靠性，设计了四种不同间距的 BFRP 网格（100 mm、150 mm、200 mm、250 mm）和三种不同的剪跨比（1.35、1.85、2.35）以进一步研究所提出复合增强海水海砂混凝土梁的抗剪性能（图 9-36）。

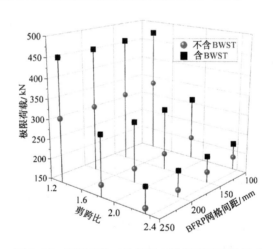

图 9-36　不同参数对抗剪复合梁极限荷载的影响

图 9-36 提供了所有有限元模型的极限荷载之间的比较。很明显，BWST 的存在大大提高了所提出的复合增强海水海砂混凝土梁的抗剪强度。当剪跨比为 1.35 时，BWST 能使极限荷载平均增加 45%。随着剪跨比的增加，极限荷载显著

降低。但是，BWST 对极限荷载的增强仍然显著。当剪跨比为 1.85 和 2.35 时，有限元极限荷载分别平均增加 47% 和 26%。此外，BFRP 网格的间距也影响了极限荷载。与有 BWST 的梁相比，随着 BFRP 网格的间距从 100 mm 增加到 250 mm，无 BWST 梁的极限荷载平均降低了 10%。然而，网格间距对 BWST 梁的影响可以忽略不计，差异在 3% 以内。

9.4　本章小结

本章提出一种适用于海洋基础设施建设的 FRP 筋/网格-海砂混凝土组合梁，并探索了在其受拉区配置外包 BFRP 的钢管以提升其综合性能。通过四点弯曲性能试验和有限元建模，系统地分析了这种新型组合梁的抗弯及抗剪性能，根据分析结果，可以得出以下结论：

（1）由 BFRP 筋和 BFRP 网格箍筋组成的增强筋笼可与海砂混凝土结合使用。横向放置的 BFRP 网格可以起到抗剪箍筋的作用。然而，由于截面处混凝土面积的减少，裂缝往往首先沿网格高度方向竖直发展。当剪跨比较小时，将改变拉压杆系统的几何形状，从而导致显著的承载能力损失。例如，对于具有更密箍筋间距的梁，承载能力损失为 30.6%。

（2）在底部受拉区放置 BWST 是提高组合梁正常使用阶段抗弯性能和抗剪承载力的有效方法。BWST 的附加配置还可以改变剪跨区的开裂模式，延缓剪跨区斜裂缝出现，沿 FRP 网格箍筋的竖向裂缝高度显著降低，弯剪区斜裂缝发展更加密集，角度减小，导致各斜裂缝宽度显著减小。在相同荷载水平下，有 BWST 的梁的斜裂缝宽度明显小于无 BWST 的梁。

（3）数值结果显示预测值与试验数据吻合良好，表明所建立的有限元模型可以有效预测 BFRP 筋/网格和 BWST 增强的 SWSSC 梁的抗弯和抗剪行为。参数分析表明，随着配筋率的增加，初期抗弯性能有所改善，增加到一定程度后，效果下降，延展性变差；BWST 的存在显著提高了所提出的组合短梁的抗剪能力；BFRP 网格间距对梁的影响可以忽略不计，差异在 3% 以内，这是因为承载力是由拉压杆系统提供的。

本章参考文献

［1］ Xiao J Z，Qiang C B，Antonio N，et al. Use of sea-sand and seawater in concrete construction: Current status and future opportunities[J]. Construction and Building Materials, 2017,155:1101-1111.

[2] Dempsey J G. Coral and salt water as concrete materials[J].ACI Journal Proceedings, 1951,48:157-166.

[3] Narver D L. Good concrete made with coral and seawater [J]. Civil Engineering, 1954, 24(11):49-52.

[4] Rasmusson I. Concrete at advance bases[J]. ACI Journal Proceedings, 1946(42): 541-552.

[5] 王德志，张金喜，张建华.沿海公路钢筋混凝土桥梁氯盐侵蚀的调研与分析[J].北京工业大学学报，2006, 32(2):187-192.

[6] 葛文杰，张继文，戴航，等.FRP 筋和钢筋混合配筋增强混凝土梁受弯性能[J].东南大学学报（自然科学版），2012,42(1):114-119.

[7] Dong Z Q, Wu G, Zhao X L, et al. Durability test on the flexural performance of seawater sea-sand concrete beams completely reinforced with FRP bars[J]. Construction and Building Materials, 2018,192(20):671-682.

[8] Issa M A, Ovitigala T, Ibrahim M. Shear behavior of basalt fiber reinforced concrete beams with and without basalt FRP stirrups[J]. Journal of Composites for Construction, 2016, 20(4):04015083.

[9] Brit Svoboda. Advanced Infrastructure Technologies（AIT）Bridges company. [EB/OB].(2021)[2021-02-21]. https://www.aitbridges.com.

[10] Chen W, Chen X, Yi D. The shear behavior of beams strengthened with FRP grid [M]// Advances in FRP Composites in Civil Engineering. Berlin, Heidelberg: Springer,2011:772-775.

[11] Guo R, Cai L H, Hino S, et al. Experimental study on shear strengthening of RC beams with an FRP grid-PCM reinforcement layer[J]. Applied Sciences, 2019, 9(15): 2984.

[12] Papanicolaou C, Triantafillou T, Lekka M. Externally bonded grids as strengthening and seismic retrofitting materials of masonry panels[J]. Construction and Building Materials, 2011,25(2):504-514.

[13] Wang B, Wang Z P, Uji K, et al. Experimental investigation on shear behavior of RC beams strengthened by CFRP grids and PCM[J].Structures, 2020, 27:1994-2010.

[14] He W D, Wang X, Monier A, et al. Shear behavior of RC beams strengthened with side-bonded BFRP grids [J]. Journal of Composites for Construction, 2020, 24(5):04020051.

[15] He W D, Wang X, Wu Z S. Flexural behavior of RC beams strengthened with

prestressed and non-prestressed BFRP grids［J］. Composite Structures，2020，246：112381.

［16］Guo R，Hu W H，Li M Q，et al. Study on the flexural strengthening effect of RC beams reinforced by FRP grid with PCM shotcrete［J］. Composite Structures，2020，239：112000.

［17］Jeong S K，Lee S S，Kim C H，et al. Flexural behavior of GFRP reinforced concrete members with CFRP grid shear reinforcements［J］.Key Engineering Materials，2006，306/307/308：1361-1366.

［18］Sharbatdar M K，Saatcioglu M，Benmokrane B. Seismic flexural behavior of concrete connections reinforced with CFRP bars and grids［J］. Composite Structures，2011，93（10）：2439-2449.

［19］Sha X，Wang Z Y，Feng P，et al. Axial compressive behavior of square-section concrete columns transversely reinforced with FRP grids［J］. Journal of Composites for Construction，2020，24（4）：04020028.

［20］Wang W Q，Sheikh M N，Hadi M N S. Axial compressive behaviour of concrete confined with polymer grid［J］.Materials and Structures，2016，49（9）：3893-3908.

［21］Dong Z Q，Wu G，Zhao X L，et al. Behaviors of hybrid beams composed of seawater sea-sand concrete（SWSSC）and a prefabricated UHPC shell reinforced with FRP bars［J］. Construction and Building Materials，2019，213：32-42.

［22］Dong Z Q，Wu G，Zhu H，et al. Flexural behavior of seawater sea-sand coral concrete-UHPC composite beams reinforced with BFRP bars［J］. Construction and Building Materials，2020，265：120279.

［23］Sun Z Y，Wu G，Wu Z S，et al. Flexural strengthening of concrete beams with near-surface mounted steel — fiber-reinforced polymer composite bars［J］. Journal of Reinforced Plastics and Composites，2011，30(18)：1529-1537.

［24］中华人民共和国住房和城乡建设部.混凝土结构设计规范：GB 50010—2010［S］.北京：中国建筑工业出版社，2011.

［25］Birtel V，Mark P. Parameterised finite element modelling of RC beam shear failure［C］//ABAQUS Users' Conference，2006.

［26］Ren W，Sneed L H，Yang Y，et al. Numerical simulation of prestressed precast concrete bridge deck panels using damage plasticity model［J］.International Journal of Concrete Structures and Materials，2015，9(1)：45-54.

［27］ASCE-ACI Committee 445 on Shear and Torsion. Recent approaches to shear design of structural concrete［J］. Journal of Structural Engineering，1998，124(12)：1375-1417.

[28] Neville A M. A general relation for strengths of concrete specimens of different shapes and sizes[J]. ACI Journal Proceedings，1966,63(10):1095-1109.

[29] Saatci S，Vecchio F J. Nonlinear finite element modeling of reinforced concrete structures under impact loads[J].ACI Structural Journal，2009,106:717-725.

[30] Kuntal V S，Chellapandian M，Prakash S S. Efficient near surface mounted CFRP shear strengthening of high strength prestressed concrete beams — An experimental study[J]. Composite Structures，2017，180:16-28.

第 10 章　FRP 管海砂混凝土拱性能研究

10.1　引言

  FRP 管约束混凝土结构由美国学者 Mirmiran 等[1]于 1996 年首次提出,采用 FRP 代替钢材,不仅解决了钢材的锈蚀问题,而且继承了钢管混凝土的诸多优点[2-3]。然而,现阶段针对 FRP 管约束混凝土结构的研究基本采用的都是直线形构件,针对弧形 FRP 管约束混凝土结构的研究和应用相对较少,尚处于起步阶段[4]。2012 年 Dagher 等[5]对 6 个 FRP 管混凝土拱的性能进行了研究,试验发现,FRP 管拱首先在拱顶内侧发生 FRP 管的受拉破坏,受力形式转变为三铰拱,随着荷载的继续施加,在拱圈外侧约 1/4 跨度处发生 FRP 拉断破坏,此时结构彻底失去承载能力。研究证明 FRP 管混凝土拱有很好的强度、稳定性和抗疲劳能力。2012 年 Wen 等[6]和 2016 年 Walton 等[7]分别对 FRP 管混凝土拱结构开展了静力荷载和动力荷载下的非线性有限元模拟研究。基于研发的弧形 FRP 管制备工艺[8],在上述试验室测试数据和模拟分析数据的支撑下,Habib 博士联合相关专家和投资人成立了名为 Advanced Infrastructure Technologies(AIT,先进基础设施技术)Bridges 的公司,专业开展上述 FRP 管混凝土拱桥的咨询、设计和建造服务[9]。FRP 管混凝土拱结构除可应用于涵洞式拱桥外,也可以在地下防护工程中得到应用[10-12]。但是,上述所用的 FRP 管是采用编制套管制备而成、内部配置的是普通混凝土,且内部没有配置纵筋[13]。

  众所周知,与各向同性的钢管不同,FRP 管通常都是各向异性的,且通常是以提供某一个方向的拉力为主(环向或纵向)。当 FRP 管约束海砂混凝土构件不仅仅受到轴心荷载,还有偏心荷载或者侧向荷载带来的弯矩时,FRP 管内部需要额外设置纵筋[14-16]。然而,海洋气候环境多变,适宜于工程建设的窗口期往往较短,同时考虑到海岛环境下设备、人力缺乏等因素,宜尽量简化现场作业工作量。

为此，2019 年伊超[17]曾提出在 GFRP 管内壁预粘贴锯齿状拉挤型材的方式来提供纵向抗拉强度，并通过试验研究了内灌珊瑚骨料混凝土 GFRP 管柱的抗震性能。借鉴上述研究和经验，本章构思了如图 10-1 中所示的面向海洋环境的新型海水海砂珊瑚骨料混凝土（SWCC）填充 BFRP 管拱桥结构体系。其中，BFRP 管柱采用在特制弧形模具上螺旋缠绕 BFRP 浸胶布制备（提供环向强度），并采用特殊工艺在其管壁内部预粘结 BFRP 纵筋增强（提供纵向抗拉强度）。

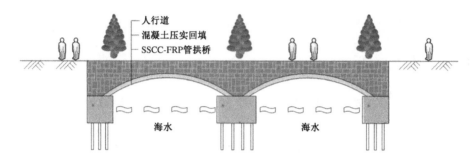

图 10-1　面向海岛环境的海水海砂混凝土填充 BFRP 管拱桥结构概念图

本章针对上述拱桥结构开展了拱体自身的轴压和偏压性能测试，并在试验基础上，基于数值模拟研究，开展了不同 BFRP 纵筋配筋率和 BFRP 管厚的影响分析。随后，对拱体结构开展了单点受荷下的静力加载试验，分析了不同的矢跨比、管壁厚度、是否配筋等参数的影响。上述研究可为未来海洋环境下建设如图 10-1 中所示的新型 BFRP 管拱桥结构提供参考，助力我国海岛资源的开发利用。

10.2　海砂混凝土填充 BFRP 管柱轴心受压性能研究

10.2.1　试验材料

1）玄武岩纤维布和树脂

如图 10-2（a）所示，本章的 BFRP 管采用试验室内手糊制备（wet layup 工艺），用于缠绕制备 BFRP 管的玄武岩纤维布由浙江石金玄武岩纤维有限公司提供，产品代号为 GBF，具体性能指标如表 10-1 所示。如图 10-2（b）中所示，所用树脂由上海三悠树脂有限公司提供，产品型号为 L 500A/B，厂家提供的性能如表10-2所示。

纤维方向

L-500 AS　　L-500 BS

(a) 玄武岩纤维布　　　　　　(b) 树脂基体

图 10-2　玄武岩纤维布和树脂基体

表 10-1　玄武岩纤维布的物理力学性能

产品	纤维直径/μm	线密度/tex	断裂强度/(N/tex)	弹性模量/GPa	断裂延伸率/%
GBF	13	300	≥0.6	≥91	≥3.1

表 10-2　树脂基体的物理力学性能

产品	固化时间/h (23℃)	抗拉强度 /MPa	弯曲强度 /MPa	拉伸剪切强度/MPa	压缩模量 /MPa
L500A/B	≤18	≥30	≥40	≥10	≥1.0×10^3

2）BFRP 筋

如图 10-3 所示,预粘结于 BFRP 管内壁的 BFRP 筋由江苏绿材谷新材料有限公司生产提供,其名义直径为 8 mm。根据 ASTM D7205/D7205M[18],实测其极限抗拉强度为 1 177 MPa,弹性模量为 46.9 GPa,极限拉应变 0.025。

3）BFRP 管

根据 ASTM D2290-19[19],使用如图 10-4 所示的方法测试 BFRP 管的环向拉伸性能。它由两个 U 形端板和两个与待测试的 BFRP 环曲率相同的半圆形钢制碟片组成。制作宽度为 13 mm 的 BFRP 环。加载速度为 2.5 mm/min。为了测试应变,计算弹性模量,在 BFRP 环上安装应变片。实测本章制备的壁厚分别为 2.3 mm 和 3.5 mm 的 BFRP 管的环向抗拉强度分别为 278.4 MPa 和 283.9 MPa,对应的弹性模量分别为 12.7 GPa 和 12.8 GPa。

4）海水海砂珊瑚骨料混凝土

为了尽可能真实地模拟偏远岛礁所面临的环境,混凝土拌和水采用按照

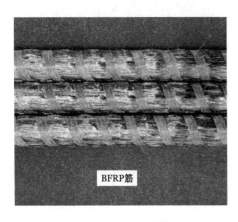

图 10-3 BFRP 筋   图 10-4 BFRP 管环向抗拉性能测试

ASTM D1141-98(2003)[20]配制的人工海水。混凝土细骨料选用从中国沿海城市漳州购买的天然海砂,混凝土粗骨料选用从南海开采的天然珊瑚骨料,如图 10-5 所示。根据 JTG E42—2005[21],对海砂和珊瑚的粒径进行了筛分试验。试验结果如图 10-6 所示,使用的海砂属于中砂级别,珊瑚骨料的粒径在 10~25 mm 之间。

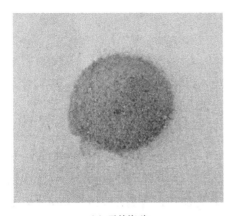

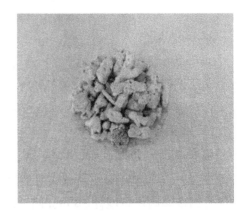

(a) 天然海砂   (b) 天然珊瑚骨料

图 10-5 海水海砂珊瑚骨料混凝土原材料

本章采用的海水海砂珊瑚骨料混凝土(SWCC)的具体配合比为人工海水:水泥:海砂:珊瑚骨料:减水剂=0.55:1.0:1.5:2.5:0.012。所用水泥为国家标准 42.5 级硅酸盐水泥,减水剂为西卡(江苏)建材有限公司提供的减水率为

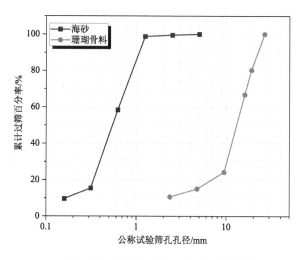

图 10-6　海砂和珊瑚骨料筛分试验结果

25%的聚羧酸减水剂。经过 6 个月的室内自然养护后,实测其抗压强度为 18.6 MPa。

10.2.2　试验设计

1）试件制作

除了普通的 BFRP 管外,本章还设计了一种内壁预粘结 BFRP 纵筋的一体式 BFRP 管。如图 10-7(a)所示,玄武岩纤维浸胶布以与纵轴线成 67.5°的转角包裹在直径为 150 mm 的塑料泡沫内模上,待树脂固化成型后扣除泡沫内芯,即

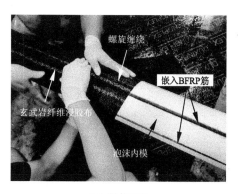

（a）制备工艺

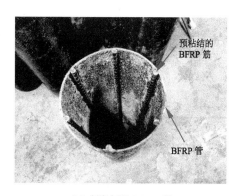

（b）制备好的 BFRP 管

图 10-7　预粘结有 BFRP 筋的 BFRP 管

可制备得到普通 BFRP 管,而对于内壁预粘结 BFRP 筋的一体式 BFRP 管,预先在内芯泡沫上开槽并嵌入 6 mm BFRP 筋,之后再以同样的 67.5° 的角度包裹 BFRP 浸胶布,待树脂固化后扣除泡沫内芯,BFRP 纵筋即被牢固地预粘结在 BFRP 管的内壁上。采用上述方法共制备了三种壁厚的 BFRP 管,玄武岩纤维布的包裹层数分别是 2 层、3 层和 4 层,其对应的固化后 BFRP 管壁厚分别是 2.3 mm、3.5 mm 和 4.7 mm。制备好的 BFRP 管如图 10-7(b)所示,本节轴心受压试验中有一半试件的内部预粘结有 BFRP 纵筋。

2)试验方案

本节轴心受压试验方案如表 10-3 所示,包含两个变量,分别为 BFRP 管的壁厚(名义厚度分别为 2 mm、3 mm 和 4 mm)和是否含有 BFRP 纵筋,每组 3 个重复试件,共计 21 个试件。试件尺寸如图 10-8 所示,试件按以下格式命名:A-x-N(/Y)。其中,"A"表示试件轴心(Axial)受压;数字"x":2、3、4 表示 BFRP 管的管壁厚度(mm);"N"代表不含有 BFRP 纵筋,"Y"代表含有 BFRP 纵筋。

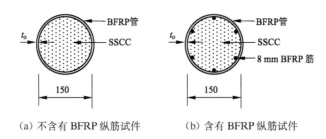

(a)不含有 BFRP 纵筋试件　　　(b)含有 BFRP 纵筋试件

图 10-8　轴心受压试件尺寸示意图(单位:mm)

表 10-3　轴心受压试验方案

试件	加载方式	名义壁厚/mm	是否含有 BFRP 筋	高度/mm
A-2-N	轴压	2	否	300
A-3-N	轴压	3	否	300
A-4-N	轴压	4	否	300
A-2-Y	轴压	2	是	300
A-3-Y	轴压	3	是	300
A-4-Y	轴压	4	是	300

注: 试验同时设置了 3 个直径为 150 mm 的裸柱,用于测试没有被 BFRP 管约束的 SSCC 的力学性能。

3）测试方法

本节轴心受压试件的加载装置和测试方法如图 10-9 所示。加载速度为
0.25 mm/min[22]，为了降低端部破碎的影响，在短柱两端缠绕了三层宽 25 mm 的
BFRP 条带进行加强。为尽可能消除端部效应，采用混凝土弹性模量测定仪在短
柱中部 150 mm 处对称布置 2 台位移计，测试试件的局部轴向变形；同时在试验
机上布置 2 台位移计，测试短柱的整体变形。为测试 BFRP 管的环向应变和轴向
应变，在短柱中间隔角度 90° 的四个位置均匀粘贴 8 个长度为 20 mm 应变片，
每个位置用于测量轴向和环向应变的应变片相互垂直。

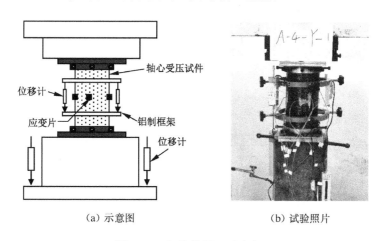

（a）示意图　　　　　　　　　　（b）试验照片

图 10-9　加载装置及测试方法

10.2.3　试验结果

1）破坏模式

试件加载初期，轴向压力快速增长直至与无约束混凝土的抗压强度接近时，
试件的轴向荷载增长速率放缓，此过程试件表面无明显变化，随后，对于未约束试
件，当压力值接近峰值承载力时，能明显听到混凝土开裂的声音，随后在试件表面
出现裂缝。继续加载，裂缝不断增多，并发展至纵贯整个试件，试件所受荷载逐渐
下降。对于 BFRP 管约束试件，当压力值接近未约束试件峰值应力时，可以听到
混凝土被压碎产生的轻微的"噼啪"声。继续加载，轴向应力随应变的增长速率减
缓，并以一个相对恒定的速率持续增长，直至 BFRP 管突然发生断裂，并伴有较大
的劈裂声，此时内部的核心混凝土已经压碎，荷载会突然下降。由于端部约束的
作用，试件上下两端的混凝土没有被压碎，中间部分的混凝土被压碎。

图 10-10 所示为轴压试件的代表性破坏形态图。从图中可以看出，2 mm 和 3 mm 壁厚的 BFRP 管约束试件表现出来的破坏模态为管壁中间某一处区域发生大面积的断裂和剥落，露出被压碎的核心混凝土；4 mm 壁厚的 BFRP 管约束试件表现为管壁表面出现多道沿最外层纤维方向的裂纹，管壁断裂处多呈现犬牙交互的形状；对于带 BFRP 纵筋的试件，BFRP 管壁破坏形态与不带筋试件基本相同，此外，随着 BFRP 管壁的破坏，可以看到内部 BFRP 纵筋因受压而被折断。

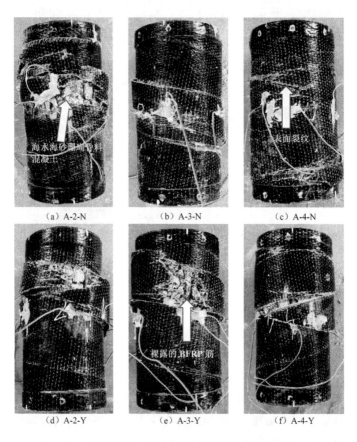

(a) A-2-N   (b) A-3-N   (c) A-4-N

(d) A-2-Y   (e) A-3-Y   (f) A-4-Y

图 10-10　FRP 管混凝土柱轴压破坏模式

2）应力-应变曲线

轴压试件的典型应力-应变曲线如图 10-11 所示，试件的极限压应力和相应的极限压应变如表 10-4 所示。在加载初始阶段，位移计测得的整体轴向应变与应变片测得的局部轴向应变基本一致。BFRP 管（与 BFRP 筋）约束的试件在加载初期，轴向应力随轴向应变的发展趋势与对比组（REF）相似，由于 BFRP 管与

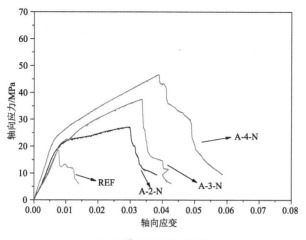

（a）不带 BFRP 纵筋构件

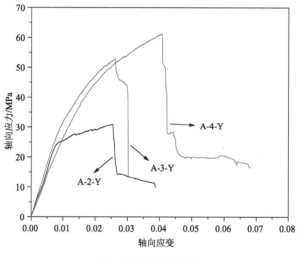

（b）带 BFRP 纵筋构件

图 10-11　轴向应力-应变曲线

核心混凝土同时受压,提升了试验试件的整体弹性模量,曲线斜率略大于 REF。REF 试件以相对稳定的增长速率在达到峰值应力后急剧下降,BFRP 管约束试验组 A-2-N、A-3-N 和 A-4-N 在达到 REF 的极限轴向应力值时,应力增长速率降低,并以相对恒定的速率继续发展,且在该阶段 BFRP 管壁越厚应力增长速率越大,意味着此时核心混凝土开始被压溃,由于受到 BFRP 管约束,混凝土三向受力,仍然可以继续承载。从图中可以看到,BFRP 筋可以显著提高试件的极限应力,但是不能有效提高试件的极限应变,因为极限状态下试件的破坏由 BFRP 管环向抗拉强度控制,此状态下 BFRP 筋往往被压弯甚至折断,对于极限应变的提升没有帮助。由于试验的离散性,试件 A-2-Y、A-3-Y 测得的极限应变略低于 A-2-N、A-3-N。在 BFRP 筋的增强下,A-3-Y、A-4-Y 在加载过程中的应力-应变曲线没有表现出与其余约束试件相似的"两段式"发展曲线,而是一条斜率逐渐变小的曲线,可能是因为在 3 mm、4 mm 厚的 BFRP 管与 BFRP 筋共同约束下,试件的整体性更强。

表 10-4　试件极限压应力以及对应应变

试件	f_{c0}, f_{cp}/MPa	f_{cp}/f_{c0}	ε_{c0}, ε_{cp}	$\varepsilon_{cp}/\varepsilon_{c0}$
无约束(REF)	18.58	1.00	0.010 70	1.00
A-2-N	27.13	1.46	0.031 37	2.93
A-3-N	37.59	2.02	0.035 57	3.32
A-4-N	46.69	2.51	0.040 27	3.76
A-2-Y	30.98	1.67	0.027 73	2.59
A-3-Y	52.80	2.84	0.029 37	2.74
A-4-Y	61.30	3.30	0.042 93	4.01

其中,f_{c0}——无约束混凝土试件的极限压应力;

f_{cp}——约束混凝土试件的极限压应力;

ε_{c0}——无约束混凝土试件在极限压应力下的应变;

ε_{cp}——约束混凝土试件在极限压应力下的应变。

环向应变-轴向应变的关系曲线如图 10-12 所示,图中环向应变和轴向应变值均为柱中局部应变,曲线中每个数据均为 4 个位置应变片记录数据的平均值。BFRP 管制作工艺为 BFRP 浸胶单向布沿 22.5°的角度手工缠绕制成,BFRP 管表面纤维纹理与相互垂直的环向及轴向应变片均呈一定夹角,极限状态下 BFRP 管的断裂均沿着表面纤维纹理,因此在试验中应变片测得的环向应变和轴向应变具有较大的离散性和波动性,A-4-Y 试验组的环向应变数据离散性均较大,故舍去该组的环向应变-轴向应变曲线。分析图 10-12 可得,在相同轴向应变下,BFRP 管壁厚度越大,环向应变越小;BFRP 筋的存在减小了环向应变的发展速率,且 BFRP 管壁越厚,该效果越明显。下文对本节试验参数的影响进行了对比分析。

(1)BFRP 管约束的影响

本节共采用了三种壁厚的 BFRP 管,如图 10-13 和图 10-14 所示,BFRP 管

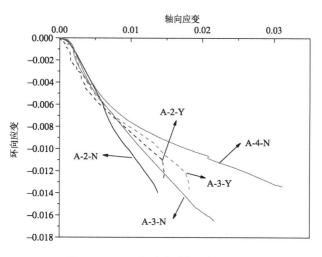

图 10-12　环向应变-轴向应变曲线

约束后,海水海砂珊瑚混凝土柱的承载力均明显提高,改善程度随着 BFRP 管壁厚度的增加而增加。2 mm、3 mm 和 4 mm 厚度的 BFRP 管对于极限承载力的提高率分别为 46%、102% 和 151%,极限承载力的提高率与 BFRP 管壁厚度大致呈线性关系。由于 BFRP 管的约束,混凝土处于三向受力状态,其峰值轴向应变也显著提高,三种厚度的 BFRP 管对于极限轴向应变的提高率分别为 193%、232% 和 276%,极限轴向应变的提高率与 BFRP 管壁厚度亦大致呈线性关系。

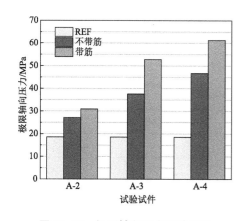

图 10-13　极限轴向压力测试结果

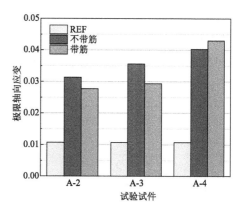

图 10-14　极限轴向应变测试结果

（2）BFRP 筋增强的影响

图 10-13 和图 10-14 中也展示了预粘结 BFRP 筋对柱子轴心受压性能的影

响。可以看出，2 mm、3 mm 和 4 mm 壁厚的含 BFRP 纵筋的 BFRP 管约束柱的极限承载力分别提升了 67%、184% 和 230%，均高于不带 BFRP 筋的对应三组约束试件；另外，相比于不带筋的三组约束试件，BFRP 筋对于壁厚为 3 mm 和 4 mm 的 BFRP 管约束试件的极限承载力的提高作用相近，约为素混凝土强度的 80%，显著高于对 2 mm 壁厚时的提升作用（21%）。分析认为这是由于壁厚为 2 mm 的 BFRP 管约束试件在 BFRP 筋还未完全发挥作用时，其管壁已达到极限环向拉应变并断裂。是否含有 BFRP 筋对极限轴向应变的影响不大，因为极限状态下试件的破坏由 BFRP 管环向抗拉强度控制，此状态下 BFRP 筋往往被压弯甚至折断，对于极限应变的影响较小。

10.3　海砂混凝土填充 BFRP 管柱偏心受压性能研究

10.3.1　试验方案

本节偏心受压试件的截面形式和上节轴心受压试件相同，试件同批次制作，不同点是偏心受压试件的高度为 450 mm。试验变量包括 BFRP 管的壁厚 t_s（名义壁厚 2 mm 和 3 mm），是否含有 BFRP 纵筋，以及偏心距（10 mm、20 mm、30 mm），具体试验方案如表 10-5 所示，试件编号中"E"表示试件偏心（Eccentric）受压，数字"2"和"3"表示 BFRP 管的壁厚，"N"表示不含有 BFRP 纵筋，"Y"表示含有 BFRP 纵筋，最后一位的数字"10""20"和"30"分别对应不同的偏心距值。

表 10-5　偏心受压试验方案

试件	名义壁厚/mm	偏心距/mm	是否预粘结 BFRP 纵筋	高度/mm
E-2-N-10	2	10	否	450
E-3-N-10	3	10	否	450
E-2-Y-10	2	10	是	450
E-3-Y-10	3	10	是	450
E-2-N-20	2	20	否	450
E-3-N-20	3	20	否	450
E-2-Y-20	2	20	是	450

（续表）

试件	名义壁厚/mm	偏心距/mm	是否预粘结 BFRP 纵筋	高度/mm
E-3-Y-20	3	20	是	450
E-2-N-30	2	30	否	450
E-3-N-30	3	30	否	450
E-2-Y-30	2	30	是	450
E-3-Y-30	3	30	是	450

偏心受压加载测试装置如图 10-15 所示，用销钉支架代替常用的刀铰支架来施加偏心荷载，使用激光水平仪确定偏心值。在试件中部 150 mm 范围内固定铝制框架，并对称布置 2 台中部位置处位移计（M-LVDTs），用以测试偏压荷载下截面转角。另外，在试验机上布置 2 台测试全长变形的位移传感器（F-LVDTs），用以测试试件的整体轴向压缩变形。在试件中部间隔 90°的四个位置均匀粘贴 4 个 20 mm 长的应变片（SG），用于测量环向应变。试验最初以 1 kN/s 的速度进行加载至 20 kN，然后以 0.3 mm/min 的恒定速度进行加载，直至试件破坏。

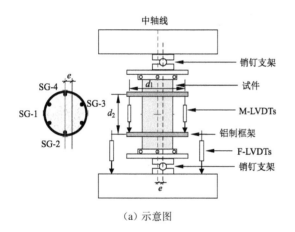

（a）示意图　　　　　　　　　（b）现场照片

图 10-15　测试装置和仪器

10.3.2　试验结果

1）破坏模式

部分代表性试件的破坏模式如图 10-16 所示。试验过程中发现，在加载初期，所有试件的轴向荷载都随轴向位移的增长快速线性增长，试验柱的上下表面基本保持水平。对于不带筋试件组，当偏心距较小时（10 mm），经过一段时间的加载，短柱上下表面渐渐发生倾斜，在听到纤维断裂发出的"噼啪"声后荷载增长速度变缓；而随着偏心距的增大，短柱上下表面倾斜的速度明显加快，且相同条件下，BFRP 管壁越薄，上下表面倾斜得越快，荷载在达到极限后逐渐缓慢降低。对于带筋试件组，当偏心距较小时（10 mm），试验现象与不带筋小偏压试件相似，荷载增长变缓后继续以恒定速度增长，不同之处在于，当荷载接近极限荷载时，短柱上下表面才渐渐发生倾斜，当上下表面出现肉眼可见的夹角时，试件迅速破坏；随着偏心距的增大，在柱身发生倾斜后，荷载随着位移的增长速率不断降低，荷载达到极限后保持一段时间，呈现出塑性变形的特性。

从如图 10-16 所示的最终破坏形态可以看出，对于不带筋的试件，破坏时，受拉侧 BFRP 管及其内混凝土出现多条受拉裂缝，受压侧 BFRP 管断裂、混凝土被压坏。对于带筋试件，破坏主要表现为受压侧 BFRP 管断裂、混凝土压坏，在破坏发生前，受拉侧外表面没有观察到明显的开裂现象，破坏发生后，可以在局部观察到一条较大水平裂缝，透过破裂的 BFRP 管可以看到内部 BFRP 筋被拉断。总体上，不含筋试件的破坏范围较大，而含筋试件的破坏更为集中。

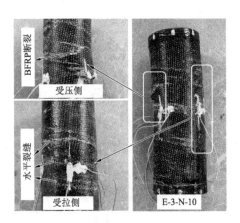
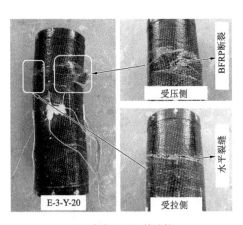

(a) 不含有 BFRP 筋试件　　　　　　　　　(b) 含有 BFRP 筋试件

图 10-16　偏心受压试件典型破坏模式

2）荷载-位移曲线

实测各试件的轴向荷载-位移曲线如图 10-17 所示，图 10-17（a）和（b）所示为不含 BFRP 纵筋的试件组，图 10-17（c）和（d）所示为含有 BFRP 纵筋的试件组。可以看出，曲线大致分为 3 个阶段：第一阶段为初始线弹性阶段，荷载与位移呈线性变化关系；第二阶段为过渡阶段，荷载-位移曲线的斜率逐渐减小；第三阶段为应变硬化/软化阶段。从图 10-17 中的曲线可以看出,随着偏心距的增大,第一阶段曲线的斜率逐渐减小,这一规律对所有类型的试件都适用;另外,如图 10-17(a)所示,对于 2 mm 传统 BFRP 管增强情况,偏心距增大导致第三阶段由应变硬化逐步转变为应变软化。例如,比较图 10-17(a)中的 E-2-N-30 试件和图 10-17(c)中的 E-2-Y-30 试件可以看出,内部含有纵筋有助于避免在第三阶段出现应变软化的现象,E-2-Y-30 试件的第三阶段曲线大致保持水平,荷载较为稳定。另外,比较内部是否含有 BFRP 纵筋的试件的曲线可以看出,含有BFRP 筋的试件的第三阶段曲线变得平缓,变形能力得到了较为明显的提升。

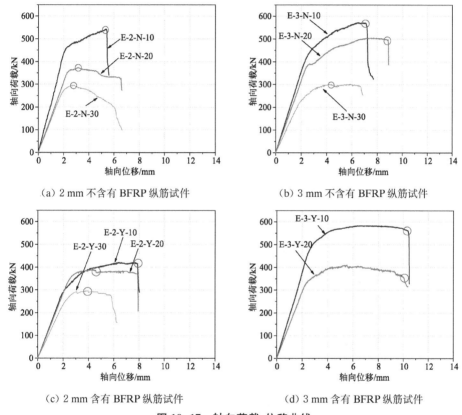

(a) 2 mm 不含有 BFRP 纵筋试件　　　　(b) 3 mm 不含有 BFRP 纵筋试件

(c) 2 mm 含有 BFRP 纵筋试件　　　　(d) 3 mm 含有 BFRP 纵筋试件

图 10-17　轴向荷载-位移曲线

3) 极限荷载和极限位移值

表 10-6 中总结了所有试件的极限轴向荷载和相应的极限轴向位移值,极限荷载是试件的最大荷载,对于应变硬化(strain hardening)试件,极限轴向位移为试件破坏时对应的位移,而对于应变软化(strain softening)试件,极限轴向位移取峰值荷载处对应的轴向位移值(针对的是 E-2-N-20 和 E-2-N-30 试件)。初

始状态时,偏心荷载作用下的截面应力分布如图 10-18(a)所示,其中截面最大应力 $\sigma_{\max}$ 和最小应力 $\sigma_{\min}$ 可采用如下公式求得:

$$\sigma_{\max} = \frac{4P}{\pi D^2} + \frac{32Pe}{\pi D^3} \tag{10-1}$$

$$\sigma_{\min} = \frac{4P}{\pi D^2} - \frac{32Pe}{\pi D^3} \tag{10-2}$$

式中:D 为直径;e 为偏心距;P 为荷载。经计算,偏心距为 10 mm 时,$\sigma_{\max} = 0.087P$,$\sigma_{\min} = 0.026P$,均大于 0,代表全截面受压;偏心距为 20 mm 时,$\sigma_{\max} = 0.12P$,$\sigma_{\min} = -0.003\,8P$,可以看出此时远离加载端一侧出现了拉应力;偏心距为 30 mm 时,$\sigma_{\max} = 0.15P$,$\sigma_{\min} = -0.034P$,同样,远离加载端一侧为拉应力。需要说明的是,如图 10-18(b)所示,偏心荷载作用不仅会引起截面应力分布的不均匀,也会导致柱身发生侧移(在加载后期相对明显),从而产生一定的附加偏心距 δ。对于本节中 10 mm 偏心距的试件,虽然初始状态时是全截面受压,随着柱身侧移的产生,在加载后期,远离加载点一侧截面还是会出现拉应力,这也是为什么 10 mm 组破坏时在柱身受拉侧有水平裂缝的原因(图 10-16(a)所示)。

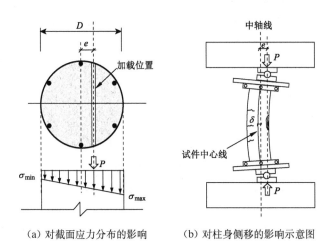

(a) 对截面应力分布的影响　　(b) 对柱身侧移的影响示意图

图 10-18　偏心加载的影响分析

表 10-6　极限荷载和极限位移

试件编号	名义壁厚/mm	偏心距/mm	极限荷载 P_u/kN	极限位移 Δ_u/mm
E-2-N-10	2	10.0	542.4	5.3
E-2-N-20	2	20.0	373.9	3.2

（续表）

试件编号	名义壁厚/mm	偏心距/mm	极限荷载 P_u/kN	极限位移 Δ_u/mm
E-2-N-30	2	30.0	295.2	2.8
E-2-Y-10	2	10.0	420.3	7.9
E-2-Y-20	2	20.0	389.7	7.8
E-2-Y-30	2	30.0	295.5	5.7
E-3-N-10	3	10.0	572.3	7.0
E-3-N-20	3	20.0	504.9	8.9
E-3-N-30	3	30.0	301.4	6.7
E-3-Y-10	3	10.0	583.2	10.4
E-3-Y-20	3	20.0	410.7	10.0
E-3-Y-30	3	30.0	N/A	N/A

注："N/A"表示由于柱端明显的局部损坏导致数据失真，未采纳。

各试件的极限荷载和极限位移随荷载偏心距的关系如图 10-19 所示。可以看出，极限荷载和位移总体上都是随着偏心距的增大而减小。此外，由图 10-19(a)可以看出，随着偏心距的增大，增大壁厚对极限荷载的影响越来越小。例如，在 20 mm 偏心距下，E-3-N-20 的极限荷载相比 E-2-N-20 提高了 35.0%；而在 30 mm 偏心距时，E-3-N-30 的极限荷载相比 E-2-N-30 仅提高了 2.1%。这是由于环向缠绕的 BFRP 管在轴线方向上的抗拉强度较低，使得受拉侧的 BFRP 管不能有效地抵抗偏压所带来的弯矩。另外，由图 10-19(b)曲线可以看出，对于 2 mm 壁厚

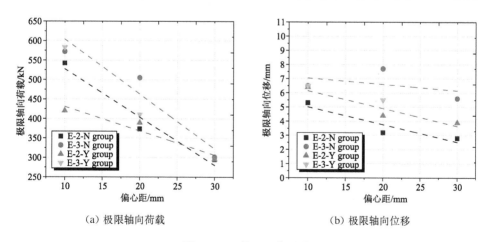

（a）极限轴向荷载　　　　　　　　　（b）极限轴向位移

图 10-19　偏心距的影响

情况时,附加内部 BFRP 纵筋能较为显著地提升极限位移。例如,E-2-N-30 试件的极限位移为 2.8 mm,而含有 BFRP 筋的 E-2-N-30 试件的极限位移提升至 5.7 mm。

4) 荷载-环向应变曲线

图 10-20 给出了两个典型试件四个位置处的荷载-环向应变曲线(E-2-N-20、E-3-Y-20)。可以看出,在偏心荷载作用下截面环向应变分布不均匀,表现为远偏心侧的环向应变最小(SG-1),近偏心侧的环向应变最大(SG-3)。对于图 10-20(a) 中所示不含有 BFRP 纵筋的试件,在裂缝出现前的初始线弹性阶段,环向应变随着荷载的增加缓慢线性增长,随着试件进入应力软化阶段,由于内部混凝土压溃导致其迅速膨胀,BFRP 管的环向应变开始快速增加,截面轴线位置处的 SG-2 和 SG-4 应变大小一致,介于 SG-1 和 SG-3 之间。对于图 10-20(b) 中所示含有 BFRP 纵筋的试件,在裂缝出现前,应变随着荷载的增加也是呈线性缓慢增加,当内部混凝土进入压溃阶段时,环向应变也同样开始迅速增加。与不含有 BFRP 筋试件不同的是,在试验后期,截面轴线位置处的 SG-2 和 SG-4 应变值超过了最远端 SG-3 的值。分析认为这可能是由于 SG-2 和 SG-4 正好粘贴在 BFRP 纵筋位置的外侧,加载后期,BFRP 纵筋具有向外屈曲的趋势,导致此处 BFRP 管环向应变局部增大。

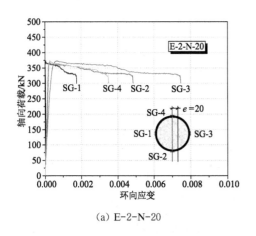

(a) E-2-N-20

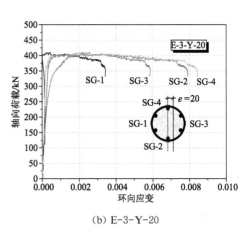

(b) E-3-Y-20

图 10-20   轴向荷载-环向应变曲线

5) 荷载-曲率曲线

通过试验柱中部铝制框架上的两个对称布置的 M-LVDTs 的读数差可以计算得到中部截面的平均曲率,截面曲率 ρ 可由下式计算得到:

$$\rho = \frac{\Delta l}{d_1 \cdot d_2} \tag{10-3}$$

式中：Δl 为铝制框架上对称布置的两个 M-LVDTs 的读数的差值；d_1 为位移计在水平方向的距离，实测为 220 mm；d_2 为两个铝制框架的竖向间距(100 mm)。

如图 10-21 所示，在相同荷载值下，截面曲率随着偏心距的增大而增大。比较图中内部含有 BFRP 筋和不含有 BFRP 筋试件的荷载-曲率曲线可以看出，BFRP 纵筋的存在有效减缓了试件(尤其是大偏心受压试件)截面曲率的发展速度。

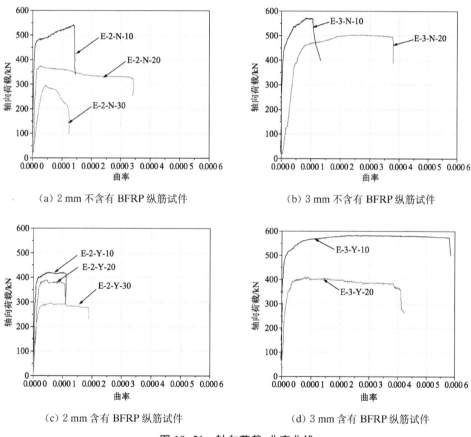

（a）2 mm 不含有 BFRP 纵筋试件　　　（b）3 mm 不含有 BFRP 纵筋试件

（c）2 mm 含有 BFRP 纵筋试件　　　（d）3 mm 含有 BFRP 纵筋试件

图 10-21　轴向荷载-曲率曲线

10.3.3　数值模拟

基于上述偏心受压试验研究，结合 ABAQUS 有限元软件，建立了偏心受压下 BFRP 约束珊瑚混凝土短柱的三维有限元模型,基于数值模型,开展了内嵌 BFRP 纵筋配筋率、BFRP 管壁厚度和偏心距等更多参数下的性能模拟研究。

1) 模型建立与验证

如图 10-22 所示,不同于以往的将偏心压力简化为一对集中力和弯矩,在有限元模型中将两端的加载装置考虑进去,建立实体模型,有利于模型模拟的情况与试验时的情况更加吻合。

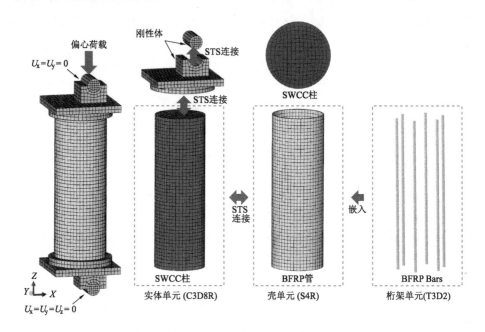

图 10-22　偏心受压下 FRP 约束珊瑚混凝土的有限元模型

（1）材料参数

如图 10-23 所示,FRP 由壳单元(S4R)组成的圆管模拟,内径为 150 mm,为 FRP 指定了复合材料层叠(composite lay-up)截面特性,FRP 的层数、厚度以及纤维铺设角度与试验保持一致。壳单元的厚度选择从底面偏移,从而在参数分析中只需改变 FRP 的厚度和层数而无需改变直径。

使用 Hashin 损伤准则[23]对 FRP 的刚度退化进行建模,考虑了四种不同的损伤起始标准:纤维受拉、纤维受压、基体受拉和基体受压。Hashin 损伤准则起始标准的一般形式如下:

纤维受拉: $\qquad F_f^t = \left(\dfrac{\hat{\sigma}_{11}}{X^T}\right)^2 + \alpha\left(\dfrac{\hat{\tau}_{12}}{S^L}\right)^2$ $\qquad$ (10-4)

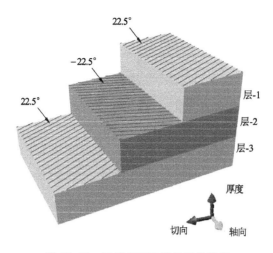

图 10-23　三层 BFRP 管的层堆叠图

纤维受压：
$$F_f^c = \left(\frac{\hat{\sigma}_{11}}{X^C}\right)^2 \tag{10-5}$$

基体受拉：
$$F_m^t = \left(\frac{\hat{\sigma}_{22}}{Y^T}\right)^2 + \left(\frac{\hat{\tau}_{12}}{S^L}\right)^2 \tag{10-6}$$

基体受压：
$$F_m^c = \left(\frac{\hat{\sigma}_{22}}{2S^T}\right)^2 + \left[\left(\frac{Y^C}{2S^T}\right)^2 - 1\right]\frac{\hat{\sigma}_{22}}{Y^C} + \left(\frac{\hat{\tau}_{12}}{S^L}\right)^2 \tag{10-7}$$

式中：X^T 表示纵向拉伸强度；X^C 表示纵向压缩强度；Y^T 表示横向拉伸强度；Y^C 表示横向压缩强度；S^L 表示纵向剪切强度；S^T 表示横向剪切强度；α 为确定剪切应力对纤维拉伸起始准则的贡献系数；$\hat{\sigma}_{11}$、$\hat{\sigma}_{22}$、$\hat{\tau}_{12}$ 表示有效应力张量的分量。

当以上其中一个损伤起始标准大于 1 时，则材料损伤开始。除了要定义强度以外，还需要定义 FRP 的损伤演化行为来模拟其刚度退化。用来定义损伤演化行为的参数基于文献[24]，经过试算调整了纵向拉伸强度和沿纤维方向的弹性模量。试算的方法与材料性能测试时相同，如图 10-24 所示，计算得到的 2 层和 3 层 BFRP 管的抗拉强度分别为 280.2 MPa 和 279.8 MPa，与试验值的误差分别为 0.6% 和 -1.4%；拉伸方向的弹性模量分别为 12.1 GPa 和 12.3 GPa，误差也在 5% 以内。有限元模型中 BFRP 管的材料性能参数如表 10-7 所示。BFRP 筋采用桁架单元(T3D2)模拟，弹性模量和拉伸强度与实测值保持一致。

表 10-7　BFRP 管材料性能

参数	数值
E_1 /MPa	15 000
E_2 /MPa	10 000
n_{12}	0.3
G_{12} /MPa	4 800
G_{13} /MPa	4 800
G_{23} /MPa	4 800
纵向抗拉强度/MPa	460
纵向抗压强度/MPa	260
横向抗拉强度/MPa	45
横向抗压强度/MPa	60
纵向剪切强度/MPa	35
横向剪切强度/MPa	20
纵向拉伸断裂能/MJ	73
纵向压缩断裂能/MJ	26.7
横向拉伸断裂能/MJ	0.67
横向压缩断裂能/MJ	13.3

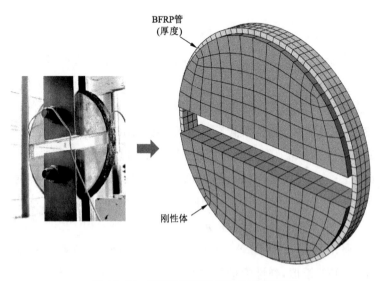

图 10-24　BFRP 管材料参数的试算模型

Wang 等[25]基于 FRP 约束珊瑚骨料混凝土的轴压试验结果,对轻集料混凝土在被动约束下的应力-应变模型进行了修改,并提出了适用于 FRP 约束珊瑚骨料混凝土的被动约束本构,该模型可表示为:

$$\sigma_c = \left[(E_c n \varepsilon_0 - f_0) e^{-\frac{\varepsilon_c}{n\varepsilon_0}} + f_0 + (f'_{cc} - f_0) \varepsilon_c / \varepsilon_{cc} \right] (1 - e^{-\frac{\varepsilon_c}{n\varepsilon_0}}) \quad (10\text{-}8)$$

$$\frac{f'_{cc}}{f'_{co}} = 1 + 2.11 \left(\lambda \frac{f_{lu,a}}{f'_{co}} \right)^{0.65} \quad (10\text{-}9)$$

$$\frac{f_0}{f'_{co}} = 1 + 0.8\lambda \frac{f_{lu,a}}{f'_{co}} \quad (10\text{-}10)$$

$$\frac{\varepsilon_{cc}}{\varepsilon_{co}} = 1.5 + 36.20 \rho_K^{1.17} \rho_\varepsilon^{1.15} \quad (10\text{-}11)$$

$$f_{lu,a} = 2t_T E_T \varepsilon_{h,rup} / d_T \quad (10\text{-}12)$$

式中:σ_c 和 ε_c 分别为混凝土的轴向应力和应变;E_c 为混凝土的弹性模量;参数 n 为控制整个应力应变曲线形状的参数;$\varepsilon_0 = f_0/E_c$;f_0 为第二阶段截距处的参考塑性应力,可以通过式(10-10)计算得到;f'_{co} 和 ε_{co} 为混凝土抗压强度和对应的峰值应变;f'_{cc} 和 ε_{cc} 分别为被约束混凝土的极限应力和应变,分别由式(10-9)和式(10-11)计算得到;λ 为骨料强度比;$f_{lu,a}$ 为实际围压,可以通过式(10-12)计算得到;t_T 和 d_T 分别为 BFRP 管的厚度和内径,E_T 和 $\varepsilon_{h,rup}$ 分别为 BFRP 管的环向弹性模量和环向断裂应变;约束刚度比 $\rho_K = 2t_T E_T / [(f'_{co}/\varepsilon_{co})d_T]$,应变比 $\rho_\varepsilon = \varepsilon_{h,rup}/\varepsilon_{co}$。$\varepsilon_{co}$ 和 E_c 根据 CAC20[26] 分别取 0.002 和 26.1 GPa;此外,根据文献[25],参数 n 取 0.5,λ 取 0.375;其余参数均取实测值。

混凝土的抗拉强度对结果的影响较小,海水海砂珊瑚骨料混凝土的受拉本构关系按照 GB 50010—2010[27]中普通混凝土的规定进行设置。在有限元模型中,混凝土采用混凝土损伤塑性模型(CDP),按照上述应变关系输入了基本参数,此外,由于损伤因子只对混凝土卸载刚度产生影响,本研究为单向加载,未对压缩和拉伸损伤因子进行设置。CDP 模型中其他参数取值为:泊松比取 0.2,膨胀角取 38°,偏心率取 0.1,f_{b0}/f_{c0} 取 1.16,K 取 0.667,黏性系数取 0.000 5。

(2) 边界条件与接触设置

有限元模型的边界条件和接触设置如图 10-22 所示。为了减少计算量,两端的加载装置设置为刚体,所有的法向接触类型均为"硬"接触,即只能传递压力,不能传递拉力;辊轴与支撑之间切向接触的类型为无摩擦,这样的接触设置可以允许两端支撑绕辊轴转动以达到模拟铰接的目的;支撑与试件之间切向接触的类型为"罚"接触,不考虑它们之间的滑动,摩擦系数取 1.0。由于 BFRP 管是预制构件,海水海砂珊瑚混凝土浇筑时,BFRP 管的树脂已经固化,不提供粘结力,BFRP 管与混凝土之间的接触类似于钢管与混凝土的摩擦接触关系,采用法向的"硬"接触和切向的"罚"接触,如图 10-25 所示,以前文试验中的 E-3-N-30 试件为例,通过试算发现摩擦系数的影响不大,摩擦系数取为 0.6[28]。

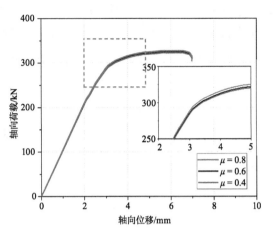

图 10-25 摩擦系数 μ 对轴向荷载-轴向位移曲线的影响

（3）有限元模型验证

表 10-8 总结了有限元结果及其与试验结果的误差。从表中可以看出,有限元结果与试验结果吻合得较好,除了试件 E-2-Y-10,计算得到的极限承载力与试验结果相差 39.5%,这个误差主要来自于试验的离散性,试件 E-2-Y-10 的局部存在缺陷,发生了和其他试件不同的破坏模式。除了试件 E-2-Y-10 以外,其余的计算结果均与试验结果有着良好的一致性,极限荷载和极限位移的最大误差分别为 10.3% 和 -11.5%。

表 10-8　试验结果与数值结果的比较

试件编号	极限轴向荷载			极限轴向位移		
	试验结果/kN	模拟结果/kN	误差/%	试验结果/mm	模拟结果/mm	误差/%
E-2-N-10	542.4	558.3	2.9	5.3	5.6	5.7
E-2-N-20	373.9	381.5	2.0	3.2	3.5	9.4
E-2-N-30	295.2	296.5	0.4	2.8	2.5	-10.7
E-2-Y-10	420.3	586.2	39.5	7.9	7.2	-8.9
E-2-Y-20	389.7	415.1	6.5	7.8	8.2	5.1
E-2-Y-30	295.5	311.8	5.5	5.7	6.0	5.3
E-3-N-10	572.3	581.9	1.7	7.0	6.8	-2.9

（续表）

试件编号	极限轴向荷载			极限轴向位移		
	试验结果/kN	模拟结果/kN	误差/%	试验结果/mm	模拟结果/mm	误差/%
E-3-N-20	504.9	452.8	−10.3	8.9	9.3	4.5
E-3-N-30	301.4	314.5	4.3	6.7	7.0	4.5
E-3-Y-10	583.2	633.3	8.6	10.4	9.2	−11.5
E-3-Y-20	410.7	451.2	9.9	10.0	9.7	−3.0

　　图 10-26 比较了试验和有限元荷载-位移曲线。试验的荷载-位移曲线中的主要特征，如初始的弹性阶段、过渡阶段以及强化/软化阶段，都能在有限元模型的结果中体现。进一步证明了有限元模型在模拟偏心受压状态下海水海砂珊瑚骨料 BFRP 管柱力学性能的准确性。

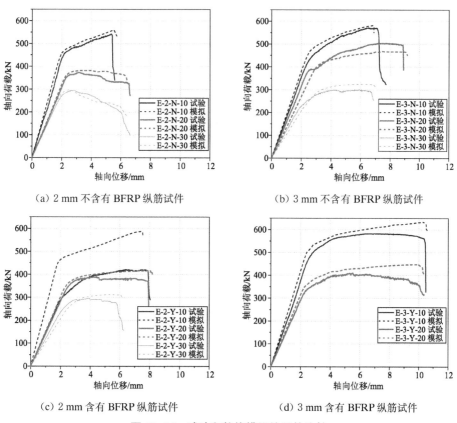

（a）2 mm 不含有 BFRP 纵筋试件　　　　（b）3 mm 不含有 BFRP 纵筋试件

（c）2 mm 含有 BFRP 纵筋试件　　　　（d）3 mm 含有 BFRP 纵筋试件

图 10-26　试验和数值模拟结果的比较

　　为了进一步验证有限元模型在预测偏心受压状态下海水海砂珊瑚混凝土 BFRP 管柱力学性能的有效性,对数值模拟的破坏模式与试验实测破坏模式进行比较。图 10-27 展示了试件 E-3-N-20 和 E-3-Y-20 的有限元模型的破坏模式,从图中可以看出,对于没有 BFRP 筋增强的有限元模型,BFRP 管在短柱中间位置的受拉和受压侧均出现了较集中的损伤,受压侧损伤面积较大,BFRP 管沿斜向破裂,这与图 10-16(a)中所展示的情况一致。在受拉侧,BFRP 管的损伤沿着水平方向开展,这也与试验中观察到的一致,混凝土的损伤也主要集中在中间位置,这都是由偏心受压造成短柱中部弯矩最大而导致的,混凝土在受压和受拉处出现了较大的塑性应变,可以认为混凝土在这些区域发生了破坏。对于有 BFRP 筋增强的有限元模型,受拉侧 BFRP 管的水平裂缝更加集中,受压侧也出现了较明显的损伤,混凝土因为有 BFRP 筋的加入,塑性应变有所下降,但还是在中间位置处出现了破坏,从有限元模型中可以进一步提取出 BFRP 筋的应力状态,从图中可以看出,BFRP 筋为构件提供了额外的承载力。

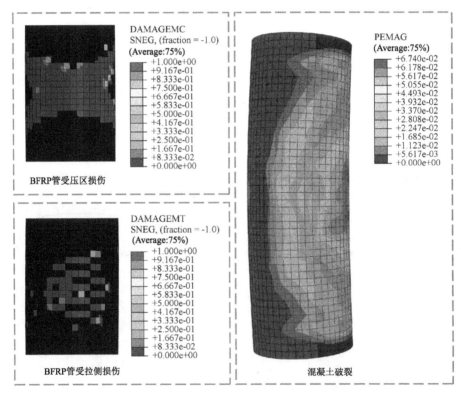

(a) E-3-N-20 试件

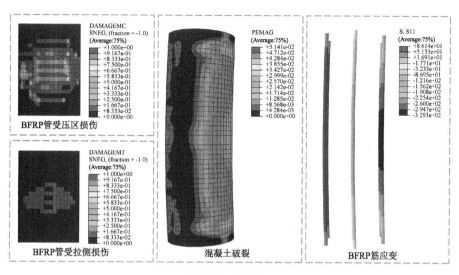

（b）E-3-Y-20 试件

图 10-27　有限元模型破坏模式

综上所述，所建立的有限元模型对于预测偏心受压状态下海水海砂珊瑚混凝土 BFRP 管柱的荷载-位移关系和破坏模式方面有着很好的精度。

2）参数分析

基于上述建立的有限元模型，开展了参数化分析，以弥补试验的局限性，研究更多变量对海水海砂珊瑚混凝土 BFRP 管柱性能的影响。主要的参数包括：BFRP 筋的配筋率 ρ_f（0%、0.85%、1.7% 和 2.55%），BFRP 管壁厚度 t_f（1.1 mm、2.3 mm、3.5 mm 和 4.7 mm）和偏心距 e（10 mm、20 mm、30 mm 和 40 mm），一共建立了 64 个模型。下面对各参数的影响规律进行介绍。

（1）BFRP 筋配筋率的影响

配筋率对承载力的影响如图 10-28 所示。总体上看，提升配筋率能够一定程度地提高构件的承载力。例如，当壁厚为 3.5 mm，偏心距为 10 mm 的情况下，每提升 0.85% 的配筋率，与无配筋构件的承载力相比分别提升了 3.7%、5.2% 和 6.5%，此外，当配筋率进一步增大时，承载力的涨幅在缩小，即 BFRP 筋对承载力提升的贡献越来越有小。

（2）BFRP 管壁厚度的影响

BFRP 管壁厚度的影响如图 10-29 所示。与配筋率相同，总体上管壁越厚承载力越大，例如，当配筋率为 1.70%，偏心距为 10 mm 时，每增加 1.2 mm 的

BFRP 管厚度，与壁厚为 1.1 mm 时的承载力相比，分别提升了 5.2%、9.5% 和 12.8%，外部包裹越厚的 BFRP 管，其对核心混凝土的约束就越强，从而直接提升了核心混凝土的峰值压应力。尽管随着偏心距的增大，这种提升作用存在着被削弱的趋势，但构件的极限承载力仍然得到了较为明显的改善。

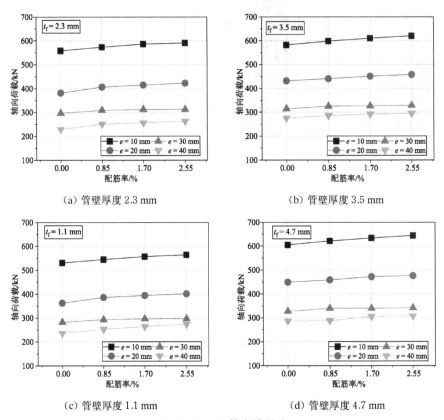

图 10-28　配筋率的影响

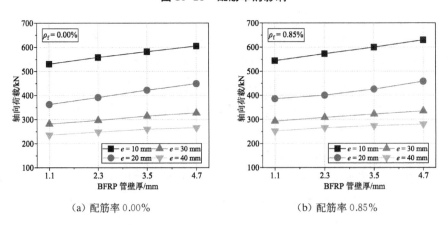

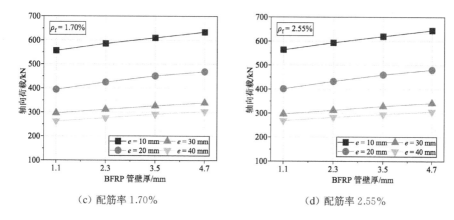

（c）配筋率 1.70%　　　　　　　（d）配筋率 2.55%

图 10-29　BFRP 管壁厚度的影响

10.4　海砂混凝土填充 BFRP 管拱力学性能研究

10.4.1　试验材料

本节所用试验材料与上文 10.2 节和 10.3 节中的相同。在此不再赘述。

10.4.2　试验设计

1）试件制作

如图 10-30 所示，曲线型 BFRP 管的制备采用在定制的曲线型泡沫拱表面人工缠绕玄武岩纤维布的方式制作。泡沫拱的直径为 150 mm，玄武岩纤维浸胶布

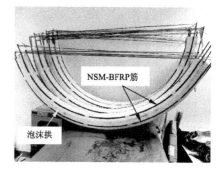

（a）缠绕 BFRP 布　　　　　　　（b）预粘 BFRP 筋的泡沫拱

图 10-30　BFRP 管拱的制备工艺

以与泡沫拱轴线成 67.5°的转角包裹,待树脂固化成型后,破除内芯泡沫。考虑到现场绑扎 BFRP 费时费力,且不易绑扎成曲线型的,如图 10-30(b)所示,对于内壁预粘结 BFRP 纵筋的拱壳,事先在曲线型泡沫拱的表面开槽,将 BFRP 纵筋嵌入泡沫拱的表面槽道内并固定,之后再在其表面缠绕玄武岩纤维浸胶布。设计了 3 种壁厚的 BFRP 管(2 mm、3 mm 和 4 mm),待树脂固化后,破除内芯泡沫,曲线型的 BFRP 纵筋即被牢固地粘贴在 BFRP 管的内壁上,从而得到带预粘结纵筋的一体式 BFRP 管。

如图 10-31(a)所示,将制备好的曲线型 BFRP 管倒立架设在支架上,在试验室内搅拌制备好 SWCC 后,从两头直接灌注进入倒立的 BFRP 管内,并用振捣棒插入振捣(图 10-31(b)),注意振捣时在 BFRP 管的两头交替振捣。如图 10-31(c)所示,在 BFRP 管内 SWCC 硬化成型后,翻转 BFRP 拱,采用 C50 混凝土,浇筑拱脚基础。

(a) 固定 BFRP 管　　　　　　(b) 浇筑 SWCC　　　　　　(c) 浇筑拱脚基础

图 10-31　SWCC 填充 BFRP 管拱试件的制作

2) 试验方案

采用上述工艺制备了 10 个具有不同壁厚和不同矢高比的管拱,试件的编号见表 10-9 中所示。每个试件按以下格式命名:Arch-x-y-N(Y),其中,"Arch"表示拱试件;数字"x":2、3、4 表示 BFRP 管的管壁厚度(mm);数字"y":120、150、180 分别表示在控制拱轴线跨度为 2 m(净跨度约为 2 000 mm - 150 mm = 1 850 mm,因起拱弧度不同略有偏差)不变条件下的起拱弧度(拱的圆心角分别为 120°、150°和 180°);"N"表示不含有 BFRP 纵筋,"Y"代表含有 BFRP 纵筋。

表 10-9　BFRP 管拱试件参数

试件	BFRP 管厚度/mm	跨度/mm	拱高/mm	圆心角/(°)	是否预粘BFRP 筋
Arch-3-180-Y	3	2 000	925	180	是
Arch-3-150-Y	3	2 000	692	150	是

（续表）

试件	BFRP 管厚度/mm	跨度/mm	拱高/mm	圆心角/(°)	是否预粘BFRP 筋
Arch-3-120-Y	3	2 000	502	120	是
Arch-3-180-N	3	2 000	925	180	否
Arch-3-150-N	3	2 000	692	150	否
Arch-3-120-N	3	2 000	502	120	否
Arch-2-150-Y	2	2 000	692	150	是
Arch-4-150-Y	4	2 000	692	150	是
Arch-2-150-N	2	2 000	692	150	否
Arch-4-150-N	4	2 000	692	150	否

3）测试方法

试验采用 MTS 伺服作动器进行静力加载，为了保证测试数据的准确性，在作动器处连接压力传感器，通过 TDS-530 数据采集仪读取荷载值。试验初始阶段以 1 kN/s 的速度进行加载。当荷载达到 10 kN 后，改为位移控制，加载速率为 0.5 mm/min。试验共布置了 3 个位移计用来测量拱在加载过程中不同位置处（拱跨中和两侧两个四等分点的正下侧）的变形，如图 10-32(a)所示。每个试件粘贴了 16 个应变片用于测量在加载过程中 BFRP 管壁跨中和左右四等分点处的应变。左右四等分点处各在拱顶、拱侧、拱底布置相互垂直应变片测量环向应变和纵向应变，跨中拱顶处未布置应变片。此外，如图 10-32(b)所示，采用非接触全场三维 DIC 技术监测试验过程中的应变场。DIC 方法是在试件试验过程中通过追踪试件表面散斑的像素运动[28]，来获得试件表面的位移场。然后对位移场进行后处理，得到应变场。为保持数据一一对应，DIC 系统采集频率与 TDS-530 静态数据采集仪频率相同。

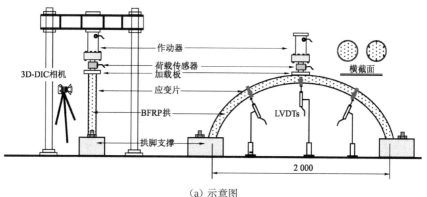

（a）示意图

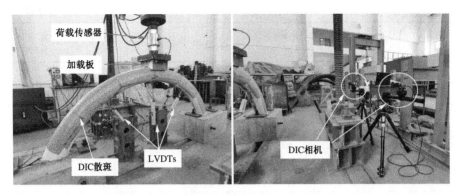

（b）现场照片

图 10-32　BFRP 管拱试件加载装置和仪器布置图（单位：mm）

10.4.3　试验结果

1）破坏模式

本章研究方案中设定了 3 个参数变量，即 BFRP 管壁厚度、起拱弧度以及是否含有 BFRP 纵筋，不同变量下的破坏模式如图 10-33 所示。

图 10-33（a）～（c）展示了相同转角半径（150°）下，不含有 BFRP 纵筋的拱在不同壁厚下的破坏模式。随着荷载的增加，裂缝首先出现在试件中部，随后在左右四等分点处依次出现裂缝并不断扩大。试件中部和左右四等分点处发生相继断裂后，承载力急速下降，试件破坏。图 10-33（d）～（f）所示为含有 BFRP 纵筋的拱，在相同转角半径（150°），不同壁厚下的破坏模式。相比于 Arch-2(3/4)-150-N 试件，Arch-2(3/4)-150-Y 试件首次出现裂缝的位置从试件跨中拱底转变为加载钢块边缘处。这是因为不带筋试件的跨中位置处弯矩最大，故在此处先出现裂缝；而带筋试件因为 BFRP 筋承受了因弯矩带来的拉应力，使得跨正中处管壁不至于过早破坏，由带筋试件初次出现裂缝的位置可以判断，造成拱底管壁破坏的原因不是弯矩，而是受压面区域边缘的剪力。如图 10-33（g）～（h）所示，Arch-3-180-N 与 Arch-2(3/4)-150-Y 的破坏现象相似，尽管 Arch-3-180-N 不带 BFRP 纵筋，但由于曲率大，跨中处因为弯矩产生的拉应力较小，故由剪力控制初始裂纹的产生。Arch-3-120-Y 和 Arch-3-180-Y 试件由于内部配有 BFRP 纵筋，破坏现象与 Arch-2(3/4)-150-Y 破坏现象相似。Arch-3-120-N 由于曲率小于对比试件，试件具有更好的承载力且首次裂缝出现在试件跨中位置。

(a) Arch-2-150-N

(b) Arch-3-150-N

(c) Arch-4-150-N

(d) Arch-2-150-Y

(e) Arch-3-150-Y

(f) Arch-4-150-Y

(g) Arch-3-180-N

(h) Arch-3-180-Y

图 10-33　BFRP 管拱试件破坏形态

DIC 测试得到的 Arch-3-120-N 和 Arch-3-120-Y 试件在加载过程中的应变云图变化如图 10-34 和图 10-35 所示。当加载到 71.80 kN 时(图 10-34(a)),跨中出现较为明显的拉应力集中现象,随后,在左侧四等分点的拱顶处附近出现较大的拉应变(图 10-34(b))。当加载到 108.51 kN 时(图 10-34(c)),上述两处的拉应变(表征的就是此处裂缝开展情况)进一步开展。之后,随着加载的继续,拱的承载力逐渐降低,当荷载下降至 102.72 kN 时(图 10-34(d)),部分散斑开始无法识别。最终,跨中和右侧四等分点处同时突然断裂,试件完全破坏。

如图 10-35(a)所示,当加载至 104.65 kN 时,Arch-3-120-Y 试件的加载头边缘处存在明显应力集中,这是由于加载头边缘处剪力最大而导致。当加载到 146.83 kN 时(图 10-35(b)),加载头右边缘处出现裂缝,该处应变显著增大。当荷载降至 142.32 kN(图 10-35(c))时,加载头边缘处拱身断裂,应变云图无法覆盖,同时,右侧四等分点处出现应力集中,拱顶受拉,拱底受压。荷载降至

139.43 kN（图10-35(d)）时，加载头边缘右侧因裂缝开展过大而无法识别。

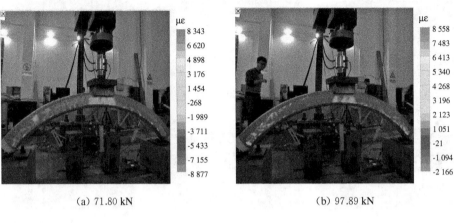

(a) 71.80 kN

(b) 97.89 kN

(c) 108.51 kN

(d) 102.72 kN

图 10-34　Arch-3-120-N 试件 DIC 应变云图

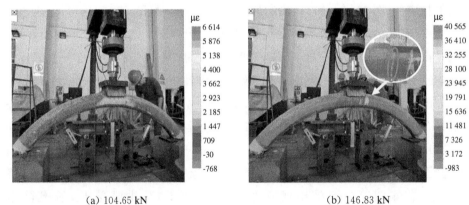

(a) 104.65 kN

(b) 146.83 kN

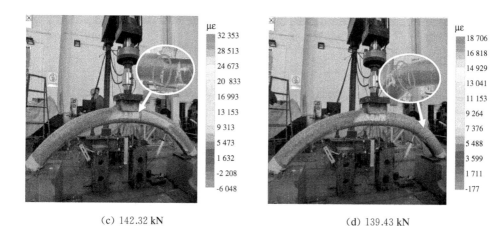

(c) 142.32 kN　　　　　　　　　(d) 139.43 kN

图 10-35　Arch-3-120-Y 试件 DIC 应变云图

2）荷载-位移曲线

实测拱试件的荷载-跨中挠度曲线如图 10-36 和图 10-37 所示。各试件的极限荷载和对应的跨中位移如表 10-10 所示，其中跨中极限位移为 Δ，面向无散斑侧的左、右四等分点处的位移分别为 Δ_l 和 Δ_r，极限荷载为 P_u。

（1）荷载-跨中位移曲线

图 10-36 所示为 BFRP 管壁厚度和是否含有 BFRP 筋对试件 $P\text{-}\Delta$ 曲线的影响。由图 10-36(a) 可以看出，在加载初期，荷载与位移大致成线性关系。随着荷载不断增大，试件进入塑性阶段，拱底受拉区混凝土破坏，BFRP 管承受纵向拉应力。当拱底 BFRP 管达到纵向抗拉强度，管壁被拉断，荷载出现下降。由于试件跨中处破坏，整体受力形式发生改变，拱体上出现了三个明显的损伤集中区域，分别位于两个四分点处和跨中处，荷载在略微下降后继续上升。当某四等分点处拱顶破坏，荷载瞬间下降，试件发生破坏。另外，从图 10-36(a) 可知，增加 BFRP 管壁厚度可以延缓跨中的初次破坏，提高试验拱的极限承载力。相比 Arch-2-150-N 试件，试件 Arch-3-150-N、Arch-4-150-N 极限承载力分别提高了 33.1% 和 71.7%。

表 10-10　BFRP 管拱试件的极限荷载和跨中极限位移

试件编号	FRP 管厚度 t/mm	圆心角/(°)	P_u/kN	Δ_u/mm
Arch-2-150-Y	2	150	128.8	19.17
Arch-3-150-Y	3	150	189.4	13.31
Arch-4-150-Y	4	150	203.2	22.09

（续表）

试件编号	FRP 管厚度 t/mm	圆心角/(°)	P_u/kN	Δ_u/mm
Arch-3-120-Y	3	120	151.3	16.05
Arch-3-180-Y	3	180	79.2	10.48
Arch-2-150-N	2	150	40.9	15.76
Arch-3-150-N	3	150	54.4	36.76
Arch-4-150-N	4	150	70.2	33.39
Arch-3-120-N	3	180	108.5	9.75
Arch-3-180-N	3	120	46.7	3.79

注：Δ_u 为 P_u 对应的跨中处位移值。

比较图 10-36(a)和图 10-36(b)可以看出，BFRP 筋的增强作用对试验拱极限承载力有着显著提升，对于管壁厚为 2 mm、3 mm 和 4 mm 的试件，在管壁预粘结 BFRP 筋使得拱的极限承载力显著地提升了 215%、248%和 189%，3 mm 管壁试件的承载力提升效果最为明显。观察图 10-36(b)中曲线发现，试件 Arch-2-150-Y、Arch-3-150-Y 和 Arch-4-150-Y 在加载初期的 P-Δ 曲线近乎重合，说明 BFRP 管壁厚度对带筋拱试件在弹性刚度影响不大。Arch-3-150-Y 和 Arch-4-150-Y 基本同时进入塑性阶段，P-Δ 曲线在跨中位移小于 10 mm 时基本重合。在跨中位移达到 10 mm 时，Arch-3-150-Y 接近极限荷载 P_u，而 Arch-4-150-Y 的荷载继续增长。Arch-3-150-Y 和 Arch-4-150-Y 的破坏模式在 P-Δ 曲线中显示为脆性破坏，而 Arch-2-150-Y 较早进入下降阶段，在达到极限荷载

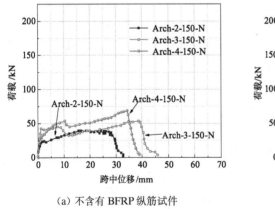

（a）不含有 BFRP 纵筋试件

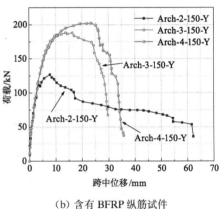

（b）含有 BFRP 纵筋试件

图 10-36　不同 BFRP 管壁厚度试件的 P-Δ 曲线

后,位移继续增大,表现出明显的延性特征。这是因为跨中断面两侧受力不均匀,试件的左半部分过早出现破坏,缺陷状态下受压使得拱的整体性较差。

控制变量 BFRP 管壁厚度不变,图 10-37 中显示了起拱弧度对 P-Δ 曲线的影响。如图 10-37(a)所示,对于不含有 BFRP 纵筋的拱,随着拱的圆心角和矢跨比的增大,拱的极限承载力逐渐降低。矢跨比的改变导致拱体内应力分布发生改变,Arch-3-120-N 和 Arch-3-180-N 的 P-Δ 曲线并没有显示出如 Arch-3-150-N 试件那样的荷载下降后再次上升的趋势。试件 Arch-3-120-N 破坏模式为跨中和左侧四等分点处同时发生断裂,Arch-3-180-N 的破坏截面不居中(加载头边缘),导致试件整体性较差,达到极限荷载后承载力迅速下降,表现出明显脆性特征。图 10-37(b)中所示为带 BFRP 纵筋试件的 P-Δ 曲线,增设 BFRP 筋对承载力的提升效果与圆心角的大小有关。例如:圆心角为 150°的试件极限承载力提升 248%,圆心角为 120°和 180°的试件极限承载力只提升了 39%和 70%。可以看出,本书所提出的配筋形式,对圆心角 150°的试件增强效果最好。

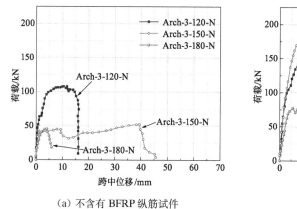
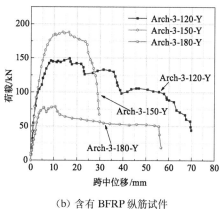

(a) 不含有 BFRP 纵筋试件　　　　　　(b) 含有 BFRP 纵筋试件

图 10-37　不同起拱弧度试件的 P-Δ 曲线

(2) 荷载-四分点径向位移曲线

图 10-38 所示为典型荷载与四分点处径向位移的关系曲线(跨中位移也在图中给出用于比较)。在此以 Arch-3-150-Y 和 Arch-4-150-Y 试件为例。在整个试验过程中,左右两侧四等分点位置处的位移均为负,且两侧四等分点的荷载-位移曲线在达到极限荷载前接近或近乎重合,四等分点的负位移始终小于跨中的正位移。这一现象说明 Arch-3-150-Y 和 Arch-4-150-Y 在变形特征上具有对

称性,拱体受力均匀。

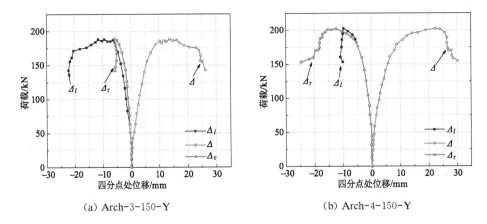

（a）Arch-3-150-Y　　　　　　　（b）Arch-4-150-Y

图 10-38　代表性的荷载-四等分点处径向位移关系曲线

3）荷载-应变曲线

（1）荷载-竖向应变曲线

图 10-39（a）所示为代表性试件 Arch-3-150-Y 在拱顶和拱底位置处的纵向应变的发展规律。在试验初期,拱顶和拱底不同位置处的应变均随荷载线性增加,四等分点拱底处受压;跨中拱底和四等分点拱顶处受拉,其中跨中拱底处的纵向应变增长速度最快,伴随着跨中拱底处发生初次破坏,该处应变片因受损读数消失。跨中拱底破坏后,拱体内部应力分布不断重分布,此时四等分点处受拉侧和受压侧应变增长速率逐渐加快,且受拉侧应变的增长速率大于受压侧。图 10-39（b）所示为代表性试件 Arch-3-150-Y 的轴线上不同位置处的纵向应变发展规律,可以看出,跨中的纵向应变增长速度明显高于四等分点处,四等分点中轴线处纵向应变的发展趋势和拱顶处相似。

选取的另一个代表性试件 Arch-4-150-Y 的 BFRP 管表面应变测试结果如图 10-40 所示,可以看出,曲线的规律与壁厚相对较薄的 Arch-3-150-Y 基本一致。不同的是,在加载初期试件 Arch-4-150-Y 跨中拱底纵向应变的增长速率没有明显大于四等分点拱顶,这说明增加管壁厚度降低了跨中拱底处的 BFRP 管在加载初期的纵向应变。图 10-40（b）所示为试件 Arch-4-150-Y 在中轴线不同位置处的纵向应变,可以看出跨中位置处的应变要大于四分点处,且与 Arch-3-150-Y 试件相比,跨中位置处在相同荷载下的应变值要明显减小。

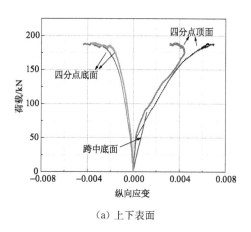

（a）上下表面

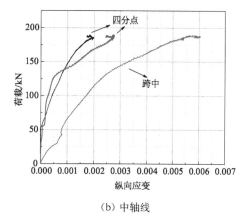

（b）中轴线

图 10-39　Arch-3-150-Y 纵向应变

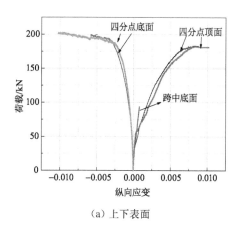

（a）上下表面

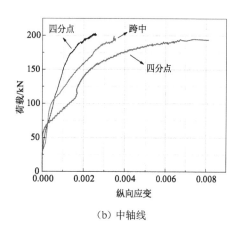

（b）中轴线

图 10-40　Arch-4-150-Y 纵向应变

（2）荷载-环向应变曲线

图 10-41 和图 10-42 展示了代表性试件 Arch-3-150-Y 和 Arch-4-150-Y 的荷载- BFRP 管环向应变曲线。可以看出，Arch-3-150-Y 试件在不同位置处的环向应变均小于纵向应变，这是因为在本试验中，对试验拱的加载方式为单点集中力加载，拱体在试验过程中受压弯作用，弯矩对拱的变形和破坏起较大影响，BFRP 管在环向上良好的力学性能得不到充分发挥。受压最明显的区域为四等分点拱底处，是因为混凝土轴向压应力越大的区域，其附近的 BFRP 管的环向应变越大。中轴线上的 3 个位置中，跨中处的环向应变增长最快，是因为在加载初期，拱在跨中单点荷载作用下，支承处不仅产生竖向反力，而且还产生水平推力，

水平推力导致拱在跨中截面处产生与水平推力方向相同的水平轴向内力。图 10-42 中 Arch-4-150-Y 因为 BFRP 管壁厚度的增加,环向应变在受相同荷载的情况下均小于 Arch-3-150-Y,这一结论表明增大管壁厚度会抑制环向应变的增加。

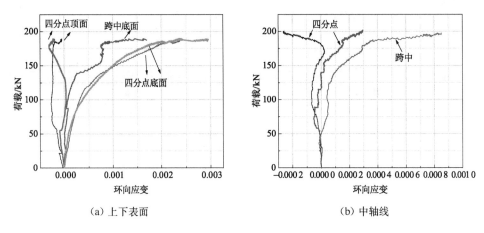

（a）上下表面　　　　　　　　　（b）中轴线

图 10-41　Arch-3-150-Y 环向应变

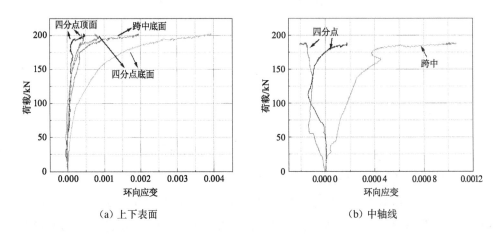

（a）上下表面　　　　　　　　　（b）中轴线

图 10-42　Arch-4-150-Y 环向应变

4）挠曲线形状变化

本节以 Arch-3-120-N 和 Arch-3-120-Y 试件为例,借助 DIC 数据,对拱轴线随荷载的变化进行了介绍。如图 10-43 所示,选取轴线上的 14 个点绘制挠度曲线。为了更清晰地分辨出不同荷载下挠曲线的形状,图中挠度值放大了 30 倍。从图 10-43（a）可知,加载初期,Arch-3-120-N 试件的挠度基本保持不变。当荷载低于 49.6 kN 时,仅有加载头附近的部分区域发生微小的竖向位移,当荷载达到 74.3 kN 时,发生位移的区域明显扩大。试件在达到 98.5 kN 荷载附近后,伴随着 BFRP 管首次出现裂纹,跨中 ±750 mm 范围内挠度快速发展。图 10-43(b) 所示为 Arch-3-120-Y 试件挠度曲线,其变化规律在加载初期与 Arch-3-120-N 相近,但由于 BFRP 筋的增强作用,Arch-3-120-Y 在进入塑性阶段时的跨中挠度提升了 71.3%。另外,Arch-3-120-N 在进入塑性阶段前左右两侧挠曲线总体对称发展,而 Arch-3-120-Y 有明显的偏向一边的趋势。

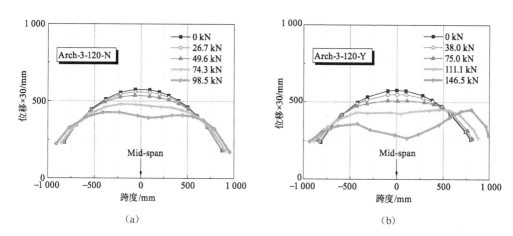

（a）　　　　　　　　　　　　　　　（b）

图 10-43　Arch-3-120-N 及 Arch-3-120-Y 挠曲线形状变化

10.5　本章小结

本章提出了一种新型海水海砂珊瑚混凝土填充 BFRP 管拱结构,并通过试验研究和数值模拟分析,对拱体自身的轴压性能、偏压性能以及拱在跨中集中荷载作用下的力学性能进行了深入研究。分析了不同 BFRP 管厚度、不同矢跨比以及是否预粘 BFRP 筋等因素的影响,主要得出了以下结论:

（1）对于轴压短柱试件:在 BFRP 管约束的基础上,BFRP 筋的存在使得 BFRP 管约束试件的极限承载力进一步提升,BFRP 筋对于壁厚为 3 mm、4 mm 的 BFRP 管约束试件极限承载力的提高作用显著高于 2 mm 壁厚的试件,是因为 2 mm BFRP 管约束试件在 BFRP 筋还未完全发挥作用时,管壁已达到极限状态并断裂。BFRP 筋改变了厚 BFRP 管壁试件的应力-应变曲线发展趋势。

（2）对于偏压短柱试件:偏心距越大,P_u 和 Δ_u 越小,增加 BFRP 管壁厚度和预粘结 BFRP 筋可显著提高 P_u 和 Δ_u。BFRP 筋的存在显著提高了试件在极限荷载时的环向应变,使得 FRP 管良好的环向力学性能得到充分发挥。BFRP 筋有效减缓了试件尤其是大偏心距受压试件的曲率发展速度。数值模拟分析结果表明,提升配筋率能够有效提高构件的承载力,但是当配筋率进一步增大时,承载力的涨幅在缩小;BFRP 管越厚,核心混凝土峰值应力越高,从而构件的承载力也越高,尽管随着偏心距的增大,这种提升作用被削弱,但构件的极限承载力仍然得到了很明显的改善。

(3) 对于拱试件的承载能力:部分不带 BFRP 筋拱试件在试验过程中,由于跨中处拱体的破坏,受力形式由无铰拱向三铰拱发展,荷载在跨中初次破坏时下降,随后拱体受力形式发生变化,荷载继续上升;对于带 BFRP 筋拱试件而言,BFRP 筋的增强作用对试验拱极限承载力有着显著提升,BFRP 筋的增强使BFRP 管壁厚为 2 mm、3 mm 和 4 mm 试件的极限承载力增加了 215%、248% 和189%,同时 BFRP 筋的存在改变了拱的受力形式。在不同形状的不带筋试件中,矢跨比越大,拱试件的极限承载力越低,BFRP 筋对圆心角为 120° 和 180° 的试件极限承载力只提升了 39% 和 70%,对圆心角 150° 试件的提升效果最为明显。

(4) 对于拱试件的变形性能:跨中拱底、四等分点拱顶为受拉侧,轴向应变为正;四等分点拱底为受压侧,轴向应变为负。BFRP 管壁厚度影响应变的发展速率,BFRP 管壁越厚,应变增长越慢。基于 DIC 分析数据,通过对试件 Arch-3-120-N 和 Arch-3-120-Y 在加载过程中不同工况下挠曲线的绘制和分析,BFRP 筋的增强使试件具有了更良好的变形能力,相比于不带筋试件,带筋试件在进入塑性阶段时的跨中挠度提升了 71.3%。

本章参考文献

[1] Mirmiran A, Shahawy M. A new concrete-filled hollow FRP composite column[J]. Composites Part B: Engineering, 1996, 27(3/4): 263-268.

[2] 于清.FRP 的特点及其在土木工程中的应用[J].哈尔滨建筑大学学报,2000(6):26-30.

[3] Mirmiran A. Innovative combinations of frp and traditional materials [J]. FRP Composites in Civil Engineering, 2001(2): 1289-1298.

[4] 孟宪楠,王洪辉.新型 CFFT 拱桥研究现状及其问题分析[J].中国金属通报,2018(7): 291-292.

[5] Dagher H J, Bannon D J, Davids W G, et al. Bending behavior of concrete-filled

tubular FRP arches for bridge structures[J]. Construction and Building Materials，2012，37：432-439.

［6］ Wen Y，Teng J G，Yu T，et al. Nonlinear finite element modeling of concrete-filled circular FRP arch tubes under monotonic loading[J]. Advanced Materials Research，2012，446/447/448/449：69-72.

［7］ Walton H J，Davids W G，Landon M E，et al. Experimental evaluation of buried arch bridge response to backfilling and live loading[J]. Journal of Bridge Engineering，2016，21(9)：04016053.

［8］ Tomblin J. Buried FRP-concrete arches[D].Tokyo：Tokyo University of Marine，2006.

［9］ AIT-bridges. https：//www.aitbridges.com.

［10］ 王洪辉,陈海龙.碳纤维增强复合材料管混凝土拱的制备和抗爆试验[J].兵器装备工程学报,2018,39(10):149-154.

［11］ Wang H H，Chen H L，Zhou Y Z，et al. Blast responses and damage evaluation of CFRP tubular arches[J]. Construction and Building Materials，2019,196：233-244.

［12］ Leo D W，Shuan J，Torres J，et al. Design and construction of a hybrid double-skin tubular arch bridge[C]//International Institute for FRP in Construction (IIFC)，2018：878-887.

［13］ Dagher H J，Bannon D J，Davids W G，et al. Bending behavior of concrete-filled tubular FRP arches for bridge structures[J]. Construction and Building Materials，2012，37：432-439.

［14］ Mohamed H M，Masmoudi R. Flexural strength and behavior of steel and FRP-reinforced concrete-filled FRP tube beams[J]. Engineering Structures，2010,32(11)：3789-3800.

［15］ Park J H，Jo B W，Yoon S J，et al. Experimental investigation on the structural behavior of concrete filled FRP tubes with/without steel re-bar[J].KSCE Journal of Civil Engineering，2011，15(2)：337-345.

［16］ Cole B，Fam A. Flexural load testing of concrete-filled FRP tubes with longitudinal steel and FRP rebar[J]. Journal of Composites for Construction，2006,10(2)：161-171.

［17］ 伊超.复材增强复材管约束珊瑚骨料混凝土柱抗震性能试验研究[D].沈阳:沈阳建筑大学,2019.

［18］ ASTM. D7565/D7565M Standard Test Method for Tensile Properties of Fiber Reinforced Polymer Matrix Composite Bars[S].ASTM International,2021.

［19］ ASTM. D2290-19 Standard test method for apparent hoop tensile strength of plastic or reinforced plastic pipe[S].ASTM International,2019.

［20］ ASTM D1141 - 98 （Reapproved 2003）. Standard practice for the preparation of substitute ocean water［S］.ASTM International,2013.

［21］ China Ministry of Transport. Test methods of aggregate for highway engineering：JTG E42—2005［S］.Beijing：China Communication Press,2005.

［22］ 吴刚,吕志涛.FRP 约束混凝土圆柱无软化段时的应力-应变关系研究［J］.建筑结构学报, 2003,24(5):1-9.

［23］ Hashin Z. Fatigue failure criteria for unidirectional fiber composites［J］. Journal of Applied Mechanics,1981,48(4):846-852.

［24］ Jayasuriya S, Chegeni B, Das S. Use of BFRP wrap for rehabilitation of pipeline in bending with various corrosion depths［J］. Journal of Pipeline Systems Engineering and Practice, 2020, 11(1):04019038.

［25］ Wang J, Feng P, Hao T Y, et al. Axial compressive behavior of seawater coral aggregate concrete-filled FRP tubes［J］. Construction and Building Materials, 2017,147: 272-285.

［26］ Zhou W, Feng P, Lin H W. Constitutive relations of coral aggregate concrete under uniaxial and triaxial compression［J］. Construction and Building Materials, 2020, 251:118957.

［27］ 中华人民共和国住房和城乡建设部.混凝土结构设计规范：GB 50010—2010［S］.北京：中国建筑工业出版社,2011.

［28］ Ma D Y, Han L H, Zhao X L. Seismic performance of the concrete-encased CFST column to RC beam joint analytical study［J］.Steel and Composite Structures, 2021, 36 (5):533-551.